"十三五"
国家重点图书

新型城镇化　规划与设计丛书

新型城镇住宅建筑设计

骆中钊　张惠芳　骆集莹　等编著

U0309289

化学工业出版社

·北京·

本书是《新型城镇化　规划与设计丛书》中的一个分册，书中在分析城镇住宅的建设概况和发展趋向中，重点阐明了弘扬中华建筑家居环境文化的重要意义；深入地对城镇住宅的设计理念、城镇住宅的分类和城镇住宅的建筑设计进行了系统探索；编入城镇住宅的生态设计，并特辟专章介绍城镇低层、多层、中高层、高层住宅的设计实例，以便于广大读者阅读参考。

　　本书内容丰富、观念新颖，具有通俗易懂和实用性、文化性、可读性强的特点，是一本较为全面、系统地介绍新型城镇化住宅建筑设计的专业性实用读物，可供从事城镇建设规划设计和管理的建筑师、规划师和管理人员参考，也可供高等学校相关专业师生教学参考，还可作为对从事城镇建设的管理人员进行培训的教材。

图书在版编目（CIP）数据

新型城镇住宅建筑设计/骆中钊等编著. —北京：化学
工业出版社，2017.3
（新型城镇化　规划与设计丛书）
ISBN 978-7-122-24610-3

Ⅰ.①新…　Ⅱ.①骆…　Ⅲ.①城镇-住宅-建筑设计-研究
Ⅳ.①TU241

中国版本图书馆 CIP 数据核字（2015）第 156669 号

责任编辑：刘兴春　刘　婧　　　　　　　　　装帧设计：史利平
责任校对：吴　静

出版发行：化学工业出版社（北京市东城区青年湖南街 13 号　邮政编码 100011）
印　　装：大厂聚鑫印刷有限责任公司
787mm×1092mm　1/16　印张 23　字数 560 千字　2017 年 3 月北京第 1 版第 1 次印刷

购书咨询：010-64518888（传真：010-64519686）　　售后服务：010-64518899
网　　址：http://www.cip.com.cn
凡购买本书，如有缺损质量问题，本社销售中心负责调换。

定　　价：88.00 元

丛 书 前 言

从 20 世纪 80 年代费孝通提出"小城镇，大问题"到国家层面的"小城镇，大战略"，尤其是改革开放以来，以专业镇、重点镇、中心镇等为主要表现形式的特色镇，其发展壮大、联城进村，越来越成为做强镇域经济，壮大县区域经济，建设社会主义新农村，推动工业化、信息化、城镇化、农业现代化同步发展的重要力量。特色镇是大中小城市和小城镇协调发展的重要核心，对联城进村起着重要作用，是城市发展的重要梯度增长空间，是小城镇发展最显活力与竞争力的表现形态，是以"万镇千城"为主要内容的新型城镇化发展的关键节点，已成为城镇经济最具代表性的核心竞争力，是我国数万个镇形成县区域经济增长的最佳平台。特色与创新是新型城镇可持续发展的核心动力，生态文明、科学发展是中国新型城镇永恒的主题。发展中国新型城镇化是坚持和发展中国特色社会主义的具体实践。建设美丽新型城镇是推进城镇化、推动城乡发展一体化的重要载体与平台，是丰富美丽中国内涵的重要内容，是实现"中国梦"的基础元素。新型城镇的建设与发展，对于积极扩大国内有效需求，大力发展服务业，开发和培育信息消费、医疗、养老、文化等新的消费热点，增强消费的拉动作用，夯实农业基础，着力保障和改善民生，深化改革开放等方面，都会产生现实的积极意义。而对新型城镇的发展规律、建设路径等展开学术探讨与研究，必将对解决城镇发展的模式转变、建设新型城镇化、打造中国经济的升级版，起着实践、探索、提升、影响的重大作用。

随着社会进步和经济发展，城镇规模不断扩大，城镇化进程日益加快。党的十五届三中全会明确提出："发展小城镇，是带动农村经济和社会发展的一个大战略"。党的十六届五中全会通过的《中共中央关于制定国民经济和社会发展第十一个五年规划的建议》中明确提出了建设社会主义新农村的重大历史任务。2012 年 11 月党的十八大第一次明确提出了"新型城镇化"概念，新型城镇化是以城乡统筹、城乡一体、产城互动、节约集约、生态宜居、和谐发展为基本特征的城镇化，是大中小城市、小城镇、新型农村社区协调发展、互促共进的城镇化。2013 年党的十八届三中全会则进一步阐明新型城镇化的内涵和目标，即"坚持走中国特色新型城镇化道路，推进以人为核心的城镇化，推动大中小城市和小城镇协调发展"。稳步推进新型城镇化建设，实现新型城镇的可持续发展，其社会经济发展必须要与自然生态环境相协调，必须重视新型城镇的环境保护工作。

中共十八大明确提出坚持走中国特色的新型工业化、信息化、城镇化、农业现代化道路，推动信息化和工业化的深度融合、工业化和城镇化的良性互动、城镇化和农业现代化的相互协调，促进工业化、信息化、城镇化、农业现代化同步发展。以改善需求结构、优化结构、促进区域协调发展、推进城镇化为重点，科学规划城市群规模和布局，增强中小城市和小城镇产业发展、公共服务、吸纳就业、人口集聚功能，推动城乡发展一体化。

城镇化对任何国家来说，都是实现现代化进程中不可跨越的环节，没有城镇化就不可能有现代化。城镇化水平是一个国家或地区经济发展的重要标志，也是衡量一个国家或地区社会组织强度和管理水平的标志，城镇化综合体现一国或地区的发展水平。

十八届三中全会审议通过的《中共中央关于全面深化改革若干重大问题的决定》中，明确提出完善城镇化体制机制，坚持走中国特色新型城镇化道路，推进以人为核心的城镇化，成为中国新一轮持续发展的新形势下全面深化改革的纲领性文件。发展中国新型城镇也是全面深化改革不可缺少的内容之一。正如习近平同志所指出的"当前城镇化的重点应该放在使中小城市、小城镇得到良性的、健康的、较快的发展上"，由"小城镇，大战略"到"新型城镇化"，发展中国新型城镇是坚持和发展中国特色社会主义的具体实践，中国新型城镇的发展已成为推动中国特色的新型工业化、信息化、城镇化、农业现代化同步发展的核心力量之一。建设美丽新型城镇是推动城镇化、推动城乡一体化的重要载体与平台，是丰富美丽中国内涵的重要内容，是实现"中国梦"的基础元素。实现中国梦，需要走中国道路、弘扬中国精神、凝聚中国力量，更需要中国行动与中国实践。建设、发展中国新型城镇，就是实现中国梦最直接的中国行动与中国实践。

2013年12月12～13日，中央城镇化工作会议在北京举行。在本次会议上，中央对新型城镇化工作方向和内容做了很大调整，在城镇化的核心目标、主要任务、实现路径、城镇化特色、城镇体系布局、空间规划等多个方面，都有很多新的提法。新型城镇化成为未来我国城镇化发展的主要方向和战略。

新型城镇化指农村人口不断向城镇转移，第二、第三产业不断向城镇聚集，从而使城镇数量增加，城镇规模扩大的一种历史过程，它主要表现为随着一个国家或地区社会生产力的发展、科学技术的进步以及产业结构的调整，其农村人口居住地点向城镇的迁移和农村劳动力从事职业向城镇第二、第三产业的转移。城镇化的过程也是各个国家在实现工业化、现代化过程中所经历社会变迁的一种反映。新型城镇化的核心在于不以牺牲农业和粮食、生态和环境为代价，着眼农民，涵盖农村，实现城乡基础设施一体化和公共服务均等化，促进经济社会发展，实现共同富裕。

2015年12月20～21日，中央城市工作会议提出：要提升规划水平，增强城市规划的科学性和权威性，促进"多规合一"，全面开展城市设计，完善新时期建筑方针，科学谋划城市"成长坐标"。2016年2月21日，新华社发布了与中央城市工作会议配套文件《中共中央 国务院关于进一步加强城市规划建设管理工作的若干意见》，在第三节以"塑造城市特色风貌"为题目，提出了"提高城市设计水平、加强建筑设计管理、保护历史文化风貌"三条内容，其中关于提高城市设计水平提出"城市设计是落实城市规划、指导建筑设计、塑造城市特色风貌的有效手段。"

在化学工业出版社支持下，特组织专家、学者编写了《新型城镇化 规划与设计丛书》（共6个分册）。丛书的编写坚持3个原则。

（1）弘扬传统文化 中华文明是世界四大文明中唯一没有中断而且至今依然生机勃勃的人类文明，是中华民族的精神纽带和凝聚力所在。中华文化中的"天人合一"思想，是最传统的生态哲学思想。丛书各分册开篇都优先介绍了我国优秀传统建筑文化中的精华，并以科学历史的态度和辩证唯物主义的观点来认识和对待，取其精华，去其糟粕，运用到城镇生态建设中。

（2）突出实用技术 城镇化涉及广大人民群众的切身利益，城镇规划和建设必须让群众得到好处，才能得以顺利实施。丛书各分册注重实用技术的筛选和介绍，力争通过简单的理论介绍说明原理，通过详实的案例和分析指导城镇的规划和建设。

（3）注重文化创意 随着城镇化建设的突飞猛进，我国不少城镇建设不约而同地大拆大建，缺乏对自然历史文化遗产的保护，形成"千城一面"的局面。但我国幅员辽阔，区域气候、地形、资源、文化乃至传统差异大，社会经济发展不平衡，城镇化建设必须因地制宜，分类实施。丛书各分册注重城镇建设中的区域差异，突出因地制宜原则，充分运用当地的资源、风俗、传统文化等，给出不同的建设规划与设计实用技术。

发展新型城镇化是面向21世纪国家的重要发展战略，要建设好城镇，规划是龙头。城镇规划涉及政治、经济、文化、建筑、技术、艺术、生态、环境和管理等诸多领域，是一个正在发展的综合性、实践性很强的学科。建设管理即是规划编制、设计、审批、建设及经营等管理的统称，是城镇建设全过程顺利实施的有效保证。新型城镇化建设目标要清晰、特色要突出，这就要求规划观念要新、起点要高。在《新型城镇建设总体规划》中，提出了繁荣新农村，积极推进新型城镇化建设；系统地阐述了城镇与城镇规划、城镇镇域体系规划、城镇建设规划的各项规划的基本原理、原则、依据和内容；针对当前城镇建设中亟待解决的问题特辟专章对城镇的城市设计规划、历史文化名镇（村）的保护与发展规划以及城镇特色风貌规划进行探讨，并介绍了城镇建设管理。同时还编入规划案例。

住宅是人类赖以生存的基本条件之一，住宅必然成为一个人类关心的永恒话题。城镇有着规模小、贴近自然、人际关系密切、传统文化深厚的特点，使得城镇居民对住宅的要求是一般的城市住宅远不能满足的，也是城市住宅所不能替代的。新型城镇化建设目标要清晰、特色要突出，这就要求城镇住宅的建筑设计观念要新、起点要高。《新型城镇住宅建筑设计》一书，在分析城镇住宅的建设概况和发展趋向中，重点阐明了弘扬中华建筑家居环境文化的重要意义；深入地对城镇住宅的设计理念、城镇住宅的分类和城镇住宅的建筑设计进行了系统的探索；编入城镇住宅的生态设计，并特辟专章介绍城镇低层、多层、中高层、高层住宅的设计实例。

住宅小区规划是城镇详细规划的主要组成部分，是实现城镇总体规划的重要步骤。现在人们已经开始追求适应小康生活的居住水平，这不仅要求住宅的建设必须适应可持续发展的需要，同时还要求必须具备与其相配套的居住环境，城镇的住宅建设必然趋向于小区开放化。在《新型城镇住宅小区规划》中，扼要地介绍了城镇住宅小区的演变和发展趋向，综述了弘扬优秀传统融于自然的聚落布局意境的意义；分章详细地阐明了城镇住宅小区的规划原则和指导思想、城镇住宅小区住宅用地的规划布局、城镇公共服务设施的规划布局、城镇住宅小区道路交通规划和城镇住宅小区绿化景观设计；特辟专章论述了城镇生态住区的规划与设计，并精选历史文化名镇中的住宅小区、城镇小康住宅小区和福建省村镇住宅小区规划实例以及住宅小区规划设计范例进行介绍。

城镇的街道和广场，作为最能直接展现新型城镇化特色风貌的具体形象，在城镇建设的规划设计中必须引起足够的重视，不但要使各项设施布局合理，为居民创造方便、合理的生产、生活条件，同时亦应使它具有优美的景观，给人们提供整洁、文明、舒适的居住环境。在《新型城镇街道广场设计》中，试图针对城镇街道和广场设计的理念和方法进行探讨，以期能够对新型城镇化建设中的街道和广场设计有所帮助。书中阐述了我国传统聚落街道和广场的历史演变和作用，分析了传统聚落街道和广场的空间特点；在剖析当代城镇街道和广场的发展现状和主要问题的基础上，结合当代城镇环境空间设计的相关理论，提出了现代城镇街道和广场的设计理念；分别对城镇的街道和广场设计进行了系统阐述，分析了城镇街道和广场的功能和作用，街道和广场设计的影响因素以及相应的设计要点；针对我国城镇中的历史文化街区的保护与发展做了深入的探讨，以引导传统城镇在新型城镇化建设中进行较为合理地保护与更新；同时分类对城镇街道和广场环境设施设计做了介绍。为了方便读者参考，还分别编入历史文化街区保护、城镇广场和城镇街道道路设计实例。

城镇园林景观建设是营造优美舒适的生活环境和特色的重要途径。城镇园林景观是农村与城市景观的过渡与纽带，城镇的园林景观建设必须与住区、住宅、街道、广场、公共建筑和生产性建筑的建设紧密配合，形成统一和谐、各具特色的城镇风貌。做好城镇园林景观建设是社会进步的展现，是城镇统筹发展的需要，是城市人回归自然的追崇，是广大群众的强烈愿望。在《新型城镇园林景观设计》中，系统地介绍了城镇园林景观建设的特点及发展趋势；阐述了世界园林景观探异；探述了传统聚落乡村园林的弘扬与发展；深入地分析了城镇园林景观设计的指导思想与设计原则、提出了城镇园林景观设计的主要模式和设计要素；着重地探析了城镇园林景观中住宅小区、道路、街旁绿地、水系、山地等与自然景观紧密结合的城镇园林景观的设计方法与设计要点以及城镇园林景观建设的管理；并分章推荐了一些规划设计实例。

新型城镇生态环境保护是城镇可持续发展的前提条件和重要保障。因此，在城镇建设规划中，应充分利用环境要素和资源循环利用规律，科学设计水资源保护、能源利用、交通、建筑、景观和固废处置的基础设施，力求城镇生态环境建设做到科学和自然人文特色的完整结合。在《新型城镇生态环保设计》中，明确了城镇的定义和范围，介绍了国内外的城镇生态环保建设概况；分章阐述了城镇生态建设的理论基础、城镇生态功能区划、可持续生态城镇的指标体系和城镇生态环境建设；系统探述了城镇环境保护规划与环境基础设施建设、城镇水资源保护与合理利用以及城镇能源系统规划与建设。该书亮点在于，从实用技术角度出发，以理论结合生动的实例，集中介绍了城镇化建设过程中，如何从水、能源、交通、建筑、景观和固废处置等具体环节实现污染防治和资源高效利用的双赢目标，从而保证新型城镇化建设的可持续发展。

《新型城镇化 规划与设计丛书》的编写，得到很多领导、专家、学者的关心和指导，借此特致以衷心的感谢！

《新型城镇化 规划与设计丛书》编委会

2016 年夏于北京

前言
FOREWORD

　　衣食住行为人生四大要素，住宅是人类赖以生存的基本条件之一，住宅必然成为人类关心的永恒话题。

　　孟子云："居移气，养移体，大哉居乎。"意思是说，摄取有营养的食物，可使一个人身体健康，而居所却能改变一个人的气质。成书于唐代的《黄帝宅经》也指出："凡人所居，无不在宅。""故宅者，人之本，人以宅为家，居若安，即家代昌吉。"《子夏》指出："人因宅而立，宅因人得存，人宅相扶，感通天地。"《三元经》指出："地善即苗茂，宅吉即人荣。"这里不仅指出住宅为人之根本，而且还极为深刻地阐明了人与住宅的密切关系。

　　住宅的本意是静默养气、安身立命。住宅即生活。因此，设计住宅也就是设计生活。如今城市中的住宅，由于种种原因导致人与自然远离了，人与人疏冷了，人与社会冷漠了。这使得被围困在钢筋混凝土丛林之中的城市人向往着回归自然。

　　城镇介于城市和乡村之间，它既有城市发展的基本元素，但又由于处在广阔的乡村包围之中，是地域的中心。因此具有环境优美、接近自然、乡土文化丰富多彩、民情风俗淳朴真诚、传统风貌鲜明等特点。在城镇中，人与自然、人与人、人与社会和谐共融。

　　城镇由于具有规模小、贴近自然、人际关系密切、传统文化深厚的特点，使得城镇居民对住宅的要求是一般的城市住宅远不能满足的，也是城市住宅所不能替代的。然而，在过去相当长的一段时间，由于对城镇住宅的设计缺乏深入系统的研究，导致设计者要么不加分析地套用一般的城市住宅的形式，要么是采用简单化了的城市住宅；建筑造型也是跟着城市转，"跟风"现象普遍存在，这不仅难以适应城镇居民的生活要求，更是造成"千镇一面，百城同貌"的局面，使得城镇建设丧失了中国特色和地方风貌。

　　十八届三中全会审议通过的《中共中央关于全面深化改革若干重大问题的决定》中，明确提出完善城镇化体制机制，坚持走中国特色新型城镇化道路，推进以人为核心的城镇化。2013年12月12～13日，中央城镇化工作会议在北京举行。在本次会议上，中央对新型城镇化工作方向和内容做了很大调整，在城镇化的核心目标、主要任务、实现路径、城镇化特色、城镇体系布局、空间规划等多个方面，都有很多新的提法。新型城镇化成为未来我国城镇化发展的主要方向和战略。

　　新型城镇化是指农村人口不断向城镇转移，第二、三产业不断向城镇聚集，从而使城镇数量增加，城镇规模扩大的一种历史过程，它主要表现为随着一个国家或地区社会生产力的发展、科学技术的进步以及产业结构的调整，其农村人口居住地点向城镇的迁移和农村劳动力从事职业向城镇第二、三产业的转移。城镇化的过程也是各个国家在实现工业化、现代化过程中所经历社会变迁的一种反映。新型城镇化则是以城乡统筹、城乡一体、产城互动、节约集约、生态宜居、和谐发展为基本特征的城镇化，是大中小城市、小城镇、新型农村社区协调发展、互促共进的城镇化。新型城镇化的核心在于不以牺牲农业和粮食、生态和环境为代价，着眼农民，涵盖农村，实现城乡基础设施一体化和公共服务均等化，促进经济社会发展，实现共同富裕。

贯彻"天人合一"哲学思想的我国优秀传统庭院民居，大多以庭院为中心组织各具变化的院落，使群体空间的组织千变万化，在居民庭院和房前屋后种植的花卉树木烘托下，与聚落中虽由人作，宛自天开的乡村园林，共同组成了生态平衡的宜人环境，形成了各具特色，古朴典雅、秀丽恬静的村镇聚落。具有无限的生命力，耐人寻味。在城镇的住宅设计时，应该从传统民居建筑的"形"与"神"的精髓中汲取营养，寻求"新"与"旧"功能上的结合、地域上的结合、时间上的结合，突出社会、经济、自然环境、时间和技术上的协调发展，创造出具有传统文化内涵、独具特色的现代城镇住宅。

本书是《新型城镇化　规划与设计丛书》中的一册，书中在分析城镇住宅的建设概况和发展趋向中，重点阐明了弘扬中华建筑家居环境文化的重要意义；深入地对城镇住宅的设计理念、城镇住宅的分类和城镇住宅的建筑设计进行了系统的探索；编入城镇住宅的生态设计，并特辟专章介绍城镇低层、多层、中高层、高层住宅的设计实例，以便于广大读者阅读参考。书中内容丰富、观念新颖，具有通俗易懂和实用性、文化性、可读性强的特点，是一本较为全面、系统地介绍新型城镇化住宅建筑设计的专业性实用读物。可供从事城镇建设规划设计和管理的建筑师、规划师和管理人员参考，也可供大专院校相关专业师生教学参考，还可作为对从事城镇建设的管理人员进行培训的教材。

本书在编著时得到许多领导、专家、学者的指导和支持；引用了许多专家、学者的专著、论文和资料；冯惠玲、李松梅、刘蔚、刘静、张志兴、骆毅、黄山、庄耿、柳碧波、王倩等参加资料的整理和编著工作，借此一并致以衷心的感谢。

限于水平，书中不足和疏漏之处在所难免，敬请广大读者批评指正。

骆中钊

2016 年夏于北京什刹海畔滋善轩乡魂建筑研究学社

目 录
CONTENTS

❺ 城镇住宅的建筑设计　　103

6　城镇住宅的坡屋顶设计　134

7　城镇住宅的生态设计　167

8　城镇住宅庭院的景观设计　　184

9　城镇住宅设计实例　　215

1 城镇住宅的建设概况和发展趋向

近代社会发展的历史表明，城镇化已经成为一个全球性的趋势，正在世界范围内轰轰烈烈地演变着，城镇化是历史的选择。

1998 年 10 月在中国共产党十五届三中全会上通过的《中共中央关于农业和农村工作若干重大问题的决定》指出："发展小城镇，是带动农村经济和社会发展的一个大战略"。从而，为我国确立了一个面向 21 世纪的国家发展战略："小城镇，大战略。"城镇，在中华民族五千年的浩荡文明中第一次被历史凸现出来。

1999 年 3 月 5 日，全国九届人大第二次会议的《政府工作报告》中指出："加快小城镇建设，是经济社会发展的一个大战略。"

2000 年 6 月 13 日，中共中央、国务院《关于促进小城镇健康发展的若干意见》中又指出："发展小城镇，是实现我国农村现代化的必由之路。""当前，加快城镇化进程的时机和条件已经成熟。抓住机遇，适时引导小城镇健康发展，应当作为当前和今后较长时期农村改革与发展的一项重要任务。"

2002 年，中国共产党的十六大提出："全面繁荣农村经济，加快城镇化进程。统筹城乡经济社会发展，建设现代农业，发展农村经济，增加农民收入，是全面建设小康社会的重大任务。农村富余劳动力向非农产业和城镇转移，是工业化和现代化的必然趋势。要逐步提高城镇化水平，坚持大中城市和小城镇协调发展，走中国特色的城镇化道路。发展小城镇要以现有的县城和有条件的建制镇为基础，科学规划，合理布局，同发展乡镇企业和农村服务业结合起来。消除不利于城镇化发展的体制和政策障碍，引导农村劳动力合理有序流动。"党的十六大做出的加快城镇化进程的重要部署，立足于我国国情和农村实际，是今后一个时期城镇建设工作的指导方针和行动纲领。可以预见，城镇在我国社会经济发展和城镇化进程中，会起着越来越重要的作用。

如今，城镇建设已被国家各级领导列入重要的工作日程。

党的十六届五中全会和"十一五"规划纲要提出了"建设社会主义新农村"的重大历史任务。2006 年中共中央 1 号文件对社会主义新农村建设做了"生产发展、生活宽裕、乡风文明、村容整洁、管理民主"全面深刻的阐述，是我们党和政府解决"三农"问题的政策方针的全面升华，是对农村全面发展和进步的新要求，是进行社会主义新农村规划的根本性指导思想，对城镇的建设起着更为积极的推动作用。

1.1 城镇及其特点

1.1.1　城镇

城镇在我国是一个使用频率较高的通用名词，但我国对城镇概念的运用很不规范，因而在我国对城镇概念的覆盖范围，无论是理论工作者，还是实际工作者，往往存在着许多不同的看法。

概括地说，主要有以下 4 种观点。

① 城镇＝小城市＋建制镇＋集镇。显然，这一城镇概念分属城与乡两个范畴，从发展的观点看，集镇只宜称为"未建制镇"。

② 城镇＝小城市＋建制镇。这一城镇概念指城镇范畴中规模较小、人口少于 20 万的小城市（县级市）和建制镇。

③ 城镇＝建制镇。这一城镇概念属于城镇范畴，是建制镇（包括县城镇）在城镇体系中的同义词。

④ 城镇＝建制镇＋集镇。这一城镇概念属城与乡两个范畴，包括小于城市，从属于县的县城镇、县城以外的建制镇和尚未设镇建制但相对发达的农村集镇。

城镇介于城乡之间，地位特殊。归纳起来，不同的学科对城镇概念的理解可以有狭义和广义两种。

我国狭义上的城镇是指除设市以外的建制镇，包括县城。这一概念，较符合《中华人民共和国城市规划法》的法定含义。建制镇是农村一定区域内政治、经济、文化和生活服务的中心。1984 年国务院转批的民政部《关于调整建制镇标准的报告》中关于设镇的规定调整如下：a. 凡县级地方国家机关所在地，均应设置镇的建制；b. 总人口在 2 万以下的乡，乡政府驻地非农业人口超过 20％的，可以建镇；总人口在 2 万以上的乡、乡政府驻地非农业人口占全乡人口 10％以上的亦可建镇；c. 少数民族地区，人口稀少的边远地区，山区和小型工矿区，小港口，风景旅游，边境口岸等地，非农业人口虽不足 20％，如确有必要也可设置镇的建制。

我国广义上的城镇，除了狭义概念中所指的县城和建制镇外，还包括了集镇的概念。这一观点强调了城镇发展的动态性和乡村性，是我国目前城镇研究领域更为普遍的观点。根据1993 年发布的《村庄和集镇规划建设管理条例》对集镇提出的明确界定："集镇是指乡、民族乡人民政府所在地和经县级人民政府确认由集市发展而成的作为农村一定区域经济、文化和生活服务中心的非建制镇。"因而集镇是农村中工农结合、城乡结合，有利生产、方便生活的社会和生产活动中心，是今后我国农村城市化的重点。

虽然《中华人民共和国城市规划法》确认建制镇属城市范畴，但是城镇的经济与周边农村紧密联系，大量居民由农民转化而来，还有一些仍在从事农业生产，因此有着城乡混合的多种表现。国家在解决农业、农民、农村问题的工作部署中，十分重视城镇的作用，视城镇为区域发展的支撑点。各级政府的建设行政主管部门虽然把"村"和"镇"并提，但也注意到城镇与狭义农村、与大、中城市核心区的差别。城镇是指人口在 20 万以下设市的城市、县城和建制镇。在建设管理中，还包括广大的乡镇和农村。就实际情况而言，所有县（县级市）的城关镇、建制镇和集镇都包括周边的行政村和自然村。为此，本书所介绍的"城镇住宅"包括县城关镇、建制镇、集镇和农村的住宅。

城镇建设是一项量大面广的任务。搞好城镇建设关系到我国九亿多村镇人口全面建设小康社会的重大任务。

最基础、最接近人民生活的是城镇。因此，搞好城镇建设对于广泛提高全体人民的生活水平和文化素质有着极为紧密的关系。

1.1.2　城镇的特点

（1）规模小，功能复合

城镇人口规模及其用地规模和城市相比，属"小"字辈，然而"麻雀虽小，五脏齐全"，一般大、中城市拥有的功能，在城镇中都有可能出现，但各种功能又不能像大、中城市那样界定较为分明、独立性较强，往往表现为各种功能集中、交叉和互补互存的特点。

（2）环境好，接近自然

城镇是介于城市与乡村之间的一种状态，是城乡的过渡体，是城市的缓冲带。小城镇既是城市体系的最基本单元，同城市有着很多关联，同时又是周围乡村地域的中心，比城市保留着更多的"乡村性"。城镇介于城市和乡村之间，具备优美的自然环境、地理特征和独特的乡土文化、民情风俗，形成了城镇独特的二元化复合的自然因素和外在形态。

城镇多数地处广阔的农村，接近自然，有利于创造优美、舒适的居住环境。城镇乡土文化和民情风俗的地方性也更加鲜明。这对于构建人与自然的和谐，达到人与人、人与社会的交融，以营造环境优美、富有情趣、体现地方特色的城镇，都有着极为重要的作用。

（3）发展好，服务农村

多数城镇处于广阔的农村之中，是地域的中心，担负着直接为周围农村服务的任务。在以农业为主的今天，农业的发展、农民收入的增加，都将促进城镇的发展，而城镇的发展又将带动农业的发展，加快农业现代化进程，吸引广大的农民进入城镇务工和兴办第三产业，从而促进了城镇化的发展。

1.2　城镇住宅建设的发展概况

我国的城镇住宅建设，从新中国成立以来大致已经历了三个阶段。

第一阶段为 1979 年以前，是一个低水平的发展阶段，尽管在侨乡也个别盖了"小洋楼"，但就全国而言基本上沿袭着传统形式，以平房为主，只是逐步把草房改为瓦房。20 世纪 60～70 年代，在江浙一带个别地方建筑了一批一样长、一条线、一样高的低标准二层行列式民居。

第二阶段为 20 世纪 80 年代，是城镇住宅建设的高潮阶段，开始进行新型村镇住宅的探索。平房建设越来越少，逐渐为楼房所代替。宅基地面积逐步缩小，建筑面积却有所扩大，标准和质量由低到高，在江浙一带开始出现按照规划设计进行建设的小型村落。

第三阶段为 20 世纪 90 年代，是城镇低层住宅和多层楼房大量发展的阶段。尤其是在经济较为发达的东南沿海地带，平房建设已消失，成规模的楼房建设已成风尚。城镇住宅和住宅小区规划工作已引起普遍的重视。

我国有 70% 以上的人口居住在城镇（包括农村）。解决好城镇住宅建设，对解决"三农"问题无疑具有重大的意义。城镇住宅的建设，不仅关系到广大城镇居民和农民居住条件的改善，而且对于节约土地、节约能源以及进行经济发展、缩小城乡差别、加快城镇化进程等都具有十分重要的意义。

经过多年的改革和发展，我国农村经济、社会发展水平日益提高，农村面貌发生了历史性的巨大变化。城镇的经济实力和聚集效应增强、人口规模扩大，住宅建设也随之蓬勃发展，基础设施和公共设施也日益完善。全国各地涌现了一大批各具特色、欣欣向荣的新型小城镇，这些城镇也都成为各具特色的区域发展中心。城镇建设，在国家经济发展大局中的地位和作用不断提升，形势十分喜人。

进入 20 世纪 90 年代后，城镇住宅建设保持稳定的规模，质量明显提高。居民不仅看重室内外设施配套和住宅的室内外装修，更为可喜的是已经认识到居住环境优化、绿化、美化的重要性。

1990～2000 年期间，全国建制镇与集镇累计住宅建设投资 4567 亿元，累计竣工住宅 16 亿平方米。人均建设面积从 19.5m² 增加到 22.6m²。到 2000 年年底，当年新建住宅的 76％ 是楼房，大多实现内外设施配套、功能合理、环境优美，并有适度装修。

现在人们已经开始追求适应小康生活的居住水平。小康是由贫穷向比较富裕过渡的一个特殊历史阶段。因此，现阶段的城镇住宅应该是一种由生存型向舒适性过渡的实用住宅，它应能承上启下，既要适应当前城镇居民生活的需要，又要适应经济不断发展引起居住形态发生变化可持续发展的需要，这就要求必须进行深入的调查研究和分析，树立新的观念，用新的设计理念进行设计，以满足广大群众的需要。

1.3 城镇住宅建设当前存在的主要问题

过去，对城镇住宅建设存在问题的分析，往往把造成高、大、空的弊端都认为是群众的互相攀比，将脏、乱、差说是群众不重视规划，以此掩盖了很多实际工作不到位的问题。在城镇低层住宅建设中，高、大、空和脏、乱、差确实存在，但究其根源，若都归为群众中的相互攀比和对规划不重视，就十分值得深思。在深入基层进行反复的调查研究中，一些现象颇为值得思考。

很多城镇低层住宅出现了"一层养猪、三层'养耗子'、二层才能住人"的情况。这是因为新建低层住宅屋面多数为不加任何隔热、保温和防水处理的平屋顶，三层夏天闷热烘烤，且时有漏水，实在难居住，只好放空或堆放杂物，作为保证二层居住的隔热架空层，成了耗子的繁殖场所；而一层则由于施工技术不到位，造成地面墙体极为潮湿，不适宜人们居住，只能用作堆放杂物和个别的对外活动空间。由于缺少技术指导，简陋的平屋顶，不管是低层住宅或多层住宅都普遍采用，是一个应认真解决的技术问题。

在一些城镇规划中，只做总体规划和用地分析，不做详细规划。而管理部门只管批地，却不管住宅问题，更不管层数控制，导致住宅间距太小、密度太大。这种情况，愈演愈烈，造成恶性循环，房子高度和间距没有得到很好的控制。居住环境的日照和通风得不到保证，导致人居环境恶化。

从中央到地方都搞了不少的住宅设计方案竞赛，甚至出了不少的标准图和施工图。由于脱离实际需要，得到推广应用的甚少。

不少住宅按规划进行建设，但仍旧杂乱无章。究其原因，一是规划深度不够、规划布局单调或规划布局不合理；二是规划做了，但不加分析套用标准的住宅设计图，照搬城市住宅的设计方案，缺乏地方特色。

国家和地方制订了很多规范、规定和管理办法，但很少能真正得到执行。这主要是设计人员不能认真学习规范、规程和规定，同时缺乏审批监督的管理措施。

生态环境破坏严重。不少城镇的住宅建设，占用大量良田好土，把自然环境改变为人工环境，人为的影响和干预超出了生态系统的调节能力，打破了原有的生态平衡。

对于人文环境缺少保护，对于弘扬优秀传统文化更是缺乏应有的研究，许多优秀传统文化遭受了扼制，缺乏文化内涵，导致城镇建设失去了文化底蕴，造成杂乱无章的"千城一面，百镇同貌"的局面。

专家们还指出，不管是采用什么形式，以种种面目出现的城镇住宅，南北不分，如出一辙，单调乏味。几乎相同的功能、平面就涵盖了全国各地所有人们对住宅的需求。

综上所述，不难看出，当前城镇住宅建设中出现的一些不良现象，根本问题就是缺乏对规划设计重要性的正确认识和如何提高规划设计水平的问题。

城镇的住宅建设量大面广，是城镇建设的重中之重，比起城市来，其所占比重更大。因此，各级政府、各级领导也都十分关注城镇（包括农村）的住宅设计，全国性及地方性设计竞赛时有组织，个别地方甚至不惜重金开展国际性的设计竞赛，通过竞赛评比，也向群众推荐一些优秀方案，甚至编制成套的施工图。这一切努力，旨在帮助群众，本意很好。但从各地的反应来看，收效甚微。其原因如下。

① 缺乏专门从事城镇住宅研究的人才　当前由于种种原因，特别是由于城镇条件差、经济效益低、设计难度大，很难吸引研究设计人才对城镇住宅进行系统深入的研究，很多设计任务和设计竞赛，都是根据行政命令下达，作为政治任务，未加深入调查研究，依据个人的理解去应付完成的，很难适应群众的需要。

② 某些专门从事城镇建设的研究人员目光短浅　他们认为眼前的城市就是未来的城镇，片面地认为城镇住宅设计只不过是简单化了的城市住宅设计。在观念上，又认为群众的认识水平低，自己比群众聪明，仍习惯于在高楼深院里进行研究，极少甚至长期不深入基层，也就很难能对城镇住宅建设提出较为有益的研究报告，用以指导设计。

③ 设计期限短，任务急　即使想去调查研究，根本也没有足够时间。

④ 研究缺乏总结交流　理论水平难以提高，很难用于更好地指导规划设计实践。

当前住宅设计的十个不良倾向如下所述：（a）小区规划超型化；（b）策划理念贵族化；（c）规划布局图案化；（d）道路交通绝对化；（e）铺地广场城市化；（f）景观绿地公园化；（g）建筑造型猎奇化；（h）空间尺度大型化；（i）装饰装修宾馆化；（j）城镇配套小区化。

1.4 新型城镇住宅建设的发展趋势

1.4.1　设计住宅就是设计生活

住宅作为人类日常生活的物质载体，为生活提供了一定的必要客观环境，与千家万户息息相关。住宅的设计直接影响到人的生理和心理需求。

孟子云："居移气，养移体，大哉居乎！"意思是说：摄取有营养的食物，可使一个人身体健康，而居住环境却足以改变一个人的气质。

成书于唐代的建筑传统学说的《黄帝宅经》中指出："人宅相扶，感通天地。"《三元经》曰："地善即苗茂，宅吉即人荣。"这些都充分地总结了人与住宅的密切关系。

通过人类长期的实践，特别是经过依附自然—干预与顺应自然—干预自然—回归自然的认识过程，人们越来越认识到住宅在生活中的重要作用。住宅文化的研究也随之得到重视。

随着研究的深入，人们发现住宅对人健康的影响是多层次的。人们开始从单一倡导改善住宅的声、光、热、水、室内空气质量，逐步向注重室内家居环境对人精神上、心理上的影响，向强化住区医疗条件，修建健身场所、改变邻里交往模式方向发展。对居住环境的要求，已从无损健康向有益健康发展。在现代住宅小区中，对心理健康的培养与呵护主要体现在以下3方面。

① 注意规划的科学性　努力使人们能够亲近大自然，让蓝天和绿树依然能够经常出现在视野之中。

② 力求体现人性化　居住环境应根据不同的地方，建造花园或凉亭。营造非常轻松的氛围，以缓解疲惫的身心，释放工作的压力，有益于身心健康。

③ 营造和谐的邻里关系，积极消除安全顾虑　对中国传统建筑文化中住宅文化的研究，必然进一步促进住宅设计的发展，也必然会为人们创造更加美好的家居环境。

1.4.2　更新观念，做好新型城镇住宅设计

在城镇住宅设计中普遍存在的问题可以概括为：规划设计简陋、设计理念陈旧、建筑材料原始、建造技术落后，基础设计薄弱、组织管理不善等。这一切最根本的关键是规划设计落后，严重缺少文化内涵。

针对这些问题，为了推进新型城镇住宅的建设，各地纷纷提出了"高起点规划、高标准设计、高水平管理"的要求，并且都十分积极和认真地组织试点。

通过研究和实践发现，只有改变重住宅轻环境、重数量轻质量、重面积轻设施、重现实轻科技、重近期轻远期、重现代轻传统和重建设轻管理等的旧观念，树立以人为本的思想，注重经济效益，增强科学意识，环境意识、公众意识、超前意识和精品意识，才能用科学的态度和发展的观念来进行新型城镇住宅建设。

多年来的经验教训，已促使各级领导和群众大大地增强了规划设计意识，当前要搞好城镇的住宅建设，摆在我们面前紧迫的关键任务就是必须提高城镇住宅的设计水平，才能适应发展的需要。

在新型城镇住宅设计中，应该努力做到：不能只用城市的生活方式来进行设计；不能只用现在的观念来进行设计；不能只用自"我"的观点来进行设计（要深入群众、熟悉群众、理解群众和尊重群众，改变自"我"）；不能只用简陋的技术来进行设计；不能只用模式化进行设计。

只有更新观念，才能做好新型城镇住宅的设计。

1.4.3　住宅设计的发展趋向

（1）居住环境质量向科学化靠拢

在经济飞速发展的同时，人们对环境质量越来越重视，要求也越来越高，所谓的科学化

发展趋势，也就是与自然和谐共处，生态才是最重要的。

（2）居住模式向舒适性发展

舒适性已成为当前住宅设计的重要课题。怎样使住宅变得更舒适，具备什么样的条件才能舒适。在设计中，应以人们的日常生活轨迹为依据，现在的动静分离、洁污分离、方正实用的户型是人们所欢迎的。厅带阳台、前厅后卧、厨卧分离、厨房带生活阳台是适应日常家居需要的。不仅通风、采光条件得到普遍的重视，而且对住宅的方位和门窗的开启方式以及家居环境给人们在精神上、心理上带来的舒适性也已得到普遍的重视。

① 板式的单元组合得到普遍的欢迎，而点式（或塔式）即向短板式发展。

② 街坊式布置也正在取代常用的住区行列式布局。

③ 研究表明，现在所提倡的健康住宅和生态建筑与我国传统建筑文化所推崇的安全、健康、舒适理念是十分一致的。因此，对中国传统建筑文化中关于家居环境文化的研究将引起更为广泛的重视。

（3）居住功能向细化发展

更加强调可持续发展，增加居住气氛。

居住功能的提高绝对不是扩大建筑面积，简单地把房间放大而已，而是要向功能的单一化、细分化、人性化发展。现在有些住宅已开始考虑书房、儿童室或者活动室、起居厅（也称家庭厅或影视厅）等以及景观门窗和阳台的设计。设计合理的户型，住起来才会让人感到舒适，才能提高生活质量，这才是真正的物有所值。

① 起居厅的面积只要舒适实用就够了，太大的起居厅只会增加建筑面积（即增加很多不必要的走道面积），从而提高建筑总价。而单纯地缩小房间面积，平时休息也不会觉得舒适。一般情况下，三人之家的客厅和餐厅加在一起有 $25\sim40m^2$ 就已合适。太大了不但不会给人带来舒适感，还会由于面积太大、高度太低而感到压抑，而做成挑空的吹拔也没有实用价值和必要。

② 主卧室要求方位必须做到采光、通风、景观和私密性好，并应尽可能附带卫生间和更衣室，条件许可时还可加带书房。较大的卫生间应尽可能做到淋浴和浴缸分开、干湿分区。一般主卧室在 $15\sim25m^2$ 已经是十分舒适了。

③ 宽敞好用的厨房，可以大大提高家庭的生活质量，从居住的功能角度分析，厨房的合理面积不应小于 $6m^2$。

（4）更加重视住宅的安全性

住宅的安全问题，不仅局限于结构的安全和防灾、抗震性能。在住宅设计中还应注重邻里关系，强化厕所的安全理念和消防设施的布置（如增设烟雾报警和厨房灶具、燃气热水器的限时器等）以及建材产品的生态化。同时，对于住宅门窗安全防护网的设置也应有足够的认识，它不仅是为了防盗，而且也是为了避免居住者不慎跌落的保护措施。因此对安全网的设置必须加以规范化，否则，自行添加，杂乱无章，极为不雅，甚至不能起到防护效果。

（5）降低住宅的平均层数

多层住宅会更加普遍，低层的住宅会越来越多，高层住宅会向中高层发展。四五层的多层住宅会成为一种导向性趋势。对于广大的城镇和乡村、平房住宅会受到限制，也将随着经济的发展向四五层的多层住宅和低层住宅发展。

罗哲文先生指出："高楼并不是现代化，现在有一种观点，认为高楼就是洋，洋就是现代化。其实并不然，高楼在中国自古有之，在几千年前，中国就有过高达数十米，上百米的高楼。在春秋战国时期，各诸侯相互以高台榭、美宫室相夸耀。秦始皇的鸿台高达百米，秦二世的云阁高与南山齐。汉武帝时期的井干楼、神明台、凉风台高数十米、百余米。唐武则天的明堂、天枢、天堂也都高数十米、百余米。佛教传入之后，在高层建筑中增加了新的品种，高达一百多米的塔不计其数。现在还保存着的千年古塔料敌塔，就有84m之高。可见高楼并非现代才有，也非外国才有，因而不能认为高楼是现代化的标志。那么，高楼为什么在中国没有继续发展呢？因为它还有许多缺点，除了增加拥挤、上下困难、设施费用增大之外，最大的问题就是对人的身心健康不利。因而在2000年前的汉代经过一场大辩论之后，就以'远天地之和也'的结论而罢了。几年前，在《北京晚报》《中国老年报》曾报道过，根据日本厚生省医学专家的调查，住在高楼上层儿童的身体和智力都比住在低层的儿童差得多。《中国老年报》上说，住在高层楼上的老人身体也差，并奉劝带起搏器的老人不要住在高楼上。"

（6）简约风格是现代先进文化的发展潮流

简约的设计不是简单化，而是要求更加精心、更加准确地进行设计、施工和选材。正如世界建筑大师密斯·凡德罗所说的"少就是多"，是更加简练、精致，是设计更高、更深、更精的层次。简约可以说是现代的国际流行，更加讲究人性化，讲究材料的特性、质感，讲求块面、阴影和尺度、比例的关系。"简约即美"的说法并非空穴来风。这是艺术设计大师范思哲留给我们的艺术启示，是经过许许多多经验教训的总结。

（7）实用性的住宅，科技引领住宅品质的提高

随着对中国传统建筑文化中家居环境文化研究的深入，人们现在更加重视的是内在品质，而不是表面化的东西，以实用性的住宅科技引领住宅品质的提高，呈现出很好的势头。

1.4.4　健康住宅

健康住宅真正引起社会的普遍关注，应该追溯到2003年春天那个非常时期，突发的非典疫情不但提升了人们对生存环境的关注程度，也转变了人们对住宅的选择标准。健康住宅得到认同，是与人的健康要素紧密联系在一起的，是提高住宅品质的重要部分。健康住宅将会得到普及；私密性将得到保护；声、光、热和空气等环境质量将得到保证；居住的自然生态环境、营造密切的邻里关系和安全保障体系也将得到重视。

健康住宅是个循序渐进的过程，并非高档住宅专有，与花钱多少无关。

（1）健康住宅的概念

有关键康住宅的几种基本相似的说法如下所述。

① 所谓健康住宅是指在满足住宅建设基本要素的基础上，提升健康要素，以可持续发展的理念，保障居住者生活、心理和社会等多层次的健康需求，进一步完善和提高住宅质量与生活质量，营造出舒适、安全、卫生、健康的家居环境。

② 健康住宅　人们把健康住宅归纳为：（a）优良的生态环境是健康住宅的前提；（b）卓越的产品设计是健康住宅的根本；（c）环保的建筑材料是健康住宅的基础；（d）健全的管理系统是健康住宅的保障。

③ 健康住宅总释义　根据世界卫生组织（WHO）的定义，健康是指人在身体上、精神上、社会上完全处于良好的状态。据此定义，健康住宅不仅是住宅＋绿化＋社区医疗保健，

还应该包括具有令人身心愉悦的居住环境。这就是指在生态环境、生活、卫生、立体绿化、自然景观、降低噪声、建筑和装饰材料、采光、空气流通等方面住宅都必须满足以人长期居住的健康性为本的物质条件，而且应该努力营造培育人们高尚情操的精神环境。它具体包括以下 4 方面的内容。

1）规划方面。生态小区的总体布局、单体空间组合、房屋构造、自然能源的利用、节能措施、绿化系统以及生活服务的配套设计，都必须以改善、提高人的生态环境、生命质量为出发点和目标。

2）设计方面。注重绿化布局的层次、风格以及与建筑物的相互辉映；注重不同植物的相互补充、配合；注意发挥绿化在整个生态小区更深层次的作用，比如隔热、防风、防尘、防噪声、消除毒害物质、杀灭细菌病毒，甚至从视觉感官和心理上能消除精神疲劳等作用。

3）房屋构造方面。考虑自然生态和社会生态等多方面需要，注意节省能源、注意居住者对自然空间和人际关系交往的需求。

4）健康管理方面。根据社区人群、文化和社会特点及存在的健康问题，制订和实施个人、社区的保健计划，并对实施过程做出评价。

（2）健康住宅的三大主题

① 应能减少建筑对地球资源与环境的负荷和影响。

② 应能创造健康、舒适的居住环境。

③ 应能与自然环境相融合。

（3）健康住宅的四大方面

① 住宅产品本身，即人居环境的健康性。包括平面设计软性要求，热环境质量、空气环境质量和光环境质量等硬件方面的要求。

② 环境的亲和性，即自然环境的亲和性。最大化地利用项目现状条件，保证住户能够享受到的阳光、空气、水，充分保持与自然的亲和性。

③ 环境保护，即居住环境的保护性。我们享受大自然给予的东西，不可避免又有一些排弃物，只有对它们进行处理和重复利用，才会使我们生活得更健康。

④ 健康行为，即健康环境的保障。强调软、硬件建设相结合。除了生病以后必须保障正常的医疗、保健外，还应培养良好的行为准则，培养良好的生活习惯，培养良好的社区文化。这一良性循环必须有赖于一套完善的健康管理系统。

（4）健康住宅八大指标

① 能源系统　避免多条动力管道入户，对围护结构和供热、空调系统等要进行节能设计，建筑节能至少要达到 50% 以上。

② 水循环系统　设计中水系统，雨水收集利用系统等。景观用水系统专门设计并将其纳入中水一并考虑。

③ 空气环境系统　室外空气质量要达到二级标准，室内自然通风、卫生间具备通风换气设施。厨房设有烟气集中排放系统。

④ 声环境系统　采用隔声降噪措施，使室内声环境系统日间噪声小于 35dB，夜间小于 30dB。

⑤ 光环境系统　室内尽量采用自然光。居住区内适宜温度：20～24℃，夏季 22～27℃。

⑥ 绿化系统　应具备三个功能：一是生态环境功能；二是休闲活动功能；三是景观文化功能。

⑦ 废弃物管理与处置系统　生活垃圾收集要全部袋装，密闭容器存放，收集率达100％，垃圾实行分类收集，分类率达50％。

⑧ 绿色建筑材料系统　提倡使用3R材料（3R即可重复使用、可循环使用、可再生使用），选用无毒无害，有益人体健康的建筑材料和产品。

（5）健康住宅的十五项标准

① 会引起过敏症的化学物质（如氡气等）浓度很低。

② 为满足标准①的要求，尽可能不使用易散发化学物质的胶合板、墙体装修材料等。

③ 设有换气性能良好的换气设备，能将室内空气污染物排至室外，特别是对高气密性、高隔热性居室来说，必须采用具有风管的中央换气系统，进行定时换气。

④ 在厨房灶具或吸烟处要设局部排气设备。

⑤ 起居室、卧室、厨房、厕所、走廊、浴室等的温度要全年保持在 $17\sim27℃$ 之间。

⑥ 室内湿度全年保持在 $40\%\sim70\%$ 之间。

⑦ 二氧化碳含量要低于 1000×10^{-6}。

⑧ 悬浮粉尘浓度要低于 $0.15\mathrm{mg/m^3}$。

⑨ 噪声小于 50dB。

⑩ 每天的日照时间确保在 3h 以上。

⑪ 设有足够亮度的照明设备。

⑫ 住宅具有足够的抗自然灾害的能力。

⑬ 具有足够的人均建筑面积，并确保私密性。

⑭ 住宅要便于护理老龄者和残障人士。

⑮ 因建筑材料中含有有害挥发性的有机物质，所有住宅竣工后要隔一段时间才能入住，在此期间要进行换气。

（6）健康住宅有关环境质量的要求

在《健康住宅建设技术要点》（2004 年版）中，已对住宅的环境质量提出一系列的规定，以确保住区通风良好，防止室内空气污染，避免对人体健康的损害。

1.5 传承民居建筑文化，创造特色城镇住宅

传统民居建筑文化是一部活动的人类生活史，它记载着人类社会发展的历史。传统民居文化是复杂的动态体系，它涉及历史的和现实的社会、经济、文化、历史、自然生态、民族心理特征等多种因素。需要以历史的、发展的、整体的观念进行研究，才能从深层次中揭示传统民居的内在特征和生生不息的生命力。研究传统民居的目的，是要传承和发扬我国传统民居中规划布局、空间利用、构架装修以及材料选择等方面的建筑精华及其文化内涵，古为今用，创造有中国特色、地方风貌和时代气息的新型城镇住宅。

1.5.1　传统民居建筑文化的传承

我国传统村镇聚落的规划布局，一方面奉行"天人合一""人与自然共存"的传统宇宙观；另一方面，又受儒、道传统思想的影响，多以"礼"这一特定伦理、精神和文化意识为核心的传统社会观、审美观来作为指导。因此，在聚落建设中，讲究"境态的藏风聚气，形态的礼乐

秩序，势态的形势并重，动态的静动互释"等。十分重视与自然环境的协调，强调人与自然融为一体。在处理居住环境与自然环境关系时，注意巧妙地利用自然形成的"天趣"，以适应人们居住、贸易、文化交流、社群交往以及民族的心理、生理需要。重视建筑群体的有机组合和内在理性的逻辑安排。建筑单体形式虽然千篇一律，但群体空间组合则千变万化，加上民居的内院天井和房前屋后种植的花卉林木，与聚落中"虽由人作，宛自天开"的园林景观组成生态平衡的宜人环境，形成各具特色的古朴典雅、秀丽恬静的村镇聚落。

在传统的民居中，大多都以"天井"为中心，四周围以房间；外围是基本不开窗的高厚墙垣，以避风沙侵袭；主房朝南，各房间面向天井，这个被称作"天井"的庭院，既满足采光、日照、通风、晒粮等的需要，又可作为社交的中心，并在其中种植花木、陈列假山盆景、筑池养鱼，引入自然情趣，面对天井有敞厅、檐廊，作为操持家务，进行副业、手工业活动和接待宾客的日常活动场所。

1.5.2　传统民居建筑文化的发展

传统民居建筑文化要传承、发展，延续其生命力，根本的出路在于变革，这就必须顺应时代，立足现实，坚持发展的观点，突出"变革""新陈代谢"，是一切事物发展的永恒规律。传统村镇聚落，作为人类生活、生产空间的实体，也是随时代的变迁而不断更新发展的动态系统。优秀的传统建筑文化之所以具有生命力，乃在于可持续发展，它能随着社会的变革、生产力的提高、技术的进步而不断地创新。因此，传统应包含着变革。只有通过与现代科学技术相结合的途径，将传统民居按新的居住理念加以变革，在传统民居中注入新的"血液"，使传统形式有所发展而获得新的生命力，才能展现出传统民居文脉的延伸和发展。综观各地民居的发展，它是人们根据具体的地理环境，依据文化的传承、历史的沉淀，形成了较为成熟的模式，具有无限的活力。其中的精髓值得我们借鉴。

1.5.3　传统民居建筑文化的弘扬

要创造有中国特色、地方风貌和时代气息的新民居，离不开传承、借鉴和弘扬。在弘扬传统民居建筑文化的实践中，应以整体的观念，分析掌握传统民居聚落整体的、内在的有机规律，切不可持固定、守旧的观念，采取"复古""仿古"的方法来简单模仿传统建筑形式，或在建筑上简单地加几个所谓传统的建筑符号。传统民居建筑的优秀文化是新建筑生长的沃土，是充满养分的乳汁。必须从传统民居建筑"形"与"神"的传统精神中吸取营养，寻求"新"与"旧"功能上的结合、地域上的结合、时间上的结合。突出社会、经济、自然环境、时间和技术上的协调发展，才能创造出具有中国特色、地方风貌和时代气息的新民居。在各界有识之士的大力呼吁下，在各级政府的支持下，我国很多传统的村镇聚落和优秀的传统民居得到保护，学术研究也取得了丰硕的成果。在研究、借鉴传统民居建筑文化，创造有中国特色的时代新民居方面也进行了很多可喜的探索。要传承、弘扬传统民居的优秀建筑文化，还必须在全民中树立保护、继承、弘扬地方文化的意识，充分依靠社会的整体力量，才能使珍贵的传统民居建筑文化得到弘扬光大，也才能共同营造富有浓郁地方优秀传统文化特色的新型居住环境。

2 传统民居建筑文化的探索研究

我国的各地民居体现了传统聚落住宅的精髓。北方以北京四合院为主，南方则风格迥异。本章从传统文化研究入手，尤其是从中华建筑文化理论对于城镇住宅的影响方面，并以北京四合院和福建古大厝民居为例，介绍传统聚落住宅的特点。

各地民居因受到历史文化、民情风俗、气候条件和自然环境等诸多因素的影响，以其深厚的建筑文化形成了具有鲜明地方特色的建筑风格。现代新型城镇住宅的设计，在充分体现以现代城镇居民生活为核心的设计思想指导下，传承民居建筑文化，探索城镇住宅设计的新途径。

传统城镇住宅中功能齐全，各种空间联系方便，并有直接对外的采光通风，平面布置有较大的灵活性，满足了动静分区、洁污分区、居寝分区等基本要求。并且在总体组合、平面布局、空间利用、结构构造、材料运用以及造型艺术等方面传承了传统民居的精华，在继承中创新，在创新中保持特色。传统城镇住宅因地制宜，突出地域特色。每一个地区、每一个村庄乃至每一幢建筑，都能在总体协调的基础上独具风采。因此是现代新型城镇住宅设计的模范，人们应当从中汲取更多的设计灵感。

2.1 中华建筑文化对住宅建造的影响

住宅的营造早已引起古人足够的重视。成书于唐代的《黄帝宅经》便在序中指出："凡人所居，无不在宅"。在总论中又指出"是以阳不独王，以阴为得。阴不独王，以阳为得。亦如冬以温暖为德，夏以凉冷为德……《易》诀云：阴得阳，如暑得凉，五姓咸和，百事俱昌，所以德位高壮蔼密即吉。"而所指出的"宅有五虚，暑令人贫耗；五实，令人富贵。宅大人少一虚；宅门大内小二虚；墙院不完三虚；井灶不处四虚；宅地多屋少庭院广五虚。"即应该引起住宅营造的足够重视。

我国优秀中华建筑文化是我国传统建筑的设计理论，是聚落规划、建筑选址和营造的指导思想。其目的在于维护并创造人的现在和未来。这些理念都是建立在我国古代人本主义宇宙观的基础之上，不是消极地顺应自然，而是积极地利用自然，自古以来，都发挥了其正面的意义，使得中国人能更坚实地生活在世，创造出了最为灿烂的文化。我国优秀的传统建筑文化，实际上是融合了多门科学、哲学、美学、伦理学以及宗教、民俗等众多智慧，最终形成内涵丰富，具有综合性、系统性很强的独特文化科学，也是一门家居环境文化的学科。住宅应该具有适度的居住面积、充足的采光通风、合理的卫生湿度、必要的寒暖调和、实用的功能布局、可靠的安全措施、和谐的家居环境和优雅的造型装饰等基本要求，与现代提倡的"健康住宅"所指的在生态环境、生活、卫生、立体绿化、自然景观、降低噪声、建筑和装饰材料、采光、空气流通等方面都必须以人长期居住的健康性为本等标准是极为融合的。因此新型城镇住宅的设计必须在弘扬优秀中华建筑文化的同时，努力满足城镇居民居住生活和生产的需要。

"宅为人之根本"。作为优秀的中华建筑文化，在注重室外环境的前提下，也应关注住宅内部空间的布局。在中华建筑文化的指导下，我国的传统民居特别强调人性化设计和宜居环境的营造。

2.1.1　中华建筑文化熏陶下的优秀传统民居

当人类摆脱野外生存的原始状态，开始有目的地营造有利于人类生存和发展的居住环境时，也是人类认识和调谐自然的开始。在历史的发展长河中，经历了顺其自然—改造自然—和谐共生的不同发展阶段，使人类充分认识到只有尊重自然、利用自然、顺应自然、与自然和谐共生，才能使人类获得优良的生存和发展环境，现存的很多优秀传统聚落都展现了具有优良生态特征的环境景观。只是到了近、现代，由于科技的迅猛发展，扩大了对人类能力的过度崇信。盲目的"现代化"和"工业化"以及"疯狂的城市化"，孤立地解决人类衣、食、住、行问题，导致了人与自然的矛盾，严重地恶化了居住环境。环境问题已成为 21 世纪亟待解决的重大问题，引起了人们的普遍关注。因此，人们才感悟到古代先民营造优良生态环境景观的聪明智慧。

传统聚落民居之所以美，之所以能引起当代人的共鸣，主要还在于传统的聚落民居蕴含着深厚的中华文化的传统。传统聚落民居的美与传统中国画的章法与黑色所形成的美，在形式上是一致的，这种美包括无形无色的空间美和疏密相间形成的造型美。传统聚落民居之所以具有魅人的感染力，乃在于宅具有融于自然的环境和人文的意境所形成的意境美。这种美，由于能够引人遐思，而给以人启迪。这些都是颇值得当代人追寻宜居环境时努力借鉴和弘扬的。

在优秀的中华建筑文化中，"千尺为势，百尺为形"的理论，对于民居宅舍的造型和群体组织都起着重要的指导作用。"千尺为势"指的是在远处（333mm 左右）观察聚落整体风貌，主要是看其气势和环境；"百尺为形"即是在近处（33m 左右）观察民居宅舍的形态、构图和细部装饰。在近距离内形态是主要的景观因素，而民居宅舍外在形态因素的景观效果取决于其结构形式、墙体构造、屋顶形式、院落空间和立面造型等诸多因素的不同组合方式。

（1）造型丰富

构成民居宅舍造型的独特之处，乃在于其空间、构架、色彩、质感等方面的不同表征。营造了各异的形体特色。其不同之处，源于各地居民的不同生活方式，所决定的不同空间组织，而空间要求又决定了采用何种结构形式，民居宅舍的就地取材充分利用地方材料，使得其承重及围护结构形式各富特色，造就了民居宅舍丰富多彩的造型风貌。

院落组织是中国民居建筑的独特所在，院落是由建筑和院墙围合的空间，院落空间与建筑内部空间相为穿插、彼此渗透，成为中国民居宅舍的"天人合一"使用方式而有别于西方建筑。院落的大小、封透、高低、分割与串联等不同的组织方式，给人以不同的感受。院落配以花木、叠石、鱼池和台凳等，在充实院落空间内涵中展现着中国人的自然情结和诗画情趣。

立面造型是民居宅舍整体（或组合体）及其相关部位以合宜的比例配置关系以及细节丰富多变的图案装饰配置的综合展现。

木结构坡屋顶的运用，充分展现了华夏意匠的聪明才智，各种坡屋顶、披檐的组织和配置以及封火山墙形成的建筑立面造型的垂直三段中屋顶部分的变化，形成了民居宅舍富于变化的个性所在。

中国民居宅舍以其外观独特、庭院多样、形体均衡、屋顶多变的造型美，而成为世界建筑的一朵璀璨的奇葩。

（2）院门多样

中国传统的庭院式民居宅舍是门堂分立的，全宅的数幢建筑被建筑物和墙垣包围着，形成封闭的院落。院门是院落的入口，也是一座民居宅舍的个性表现最为重要的部分，它是"门第"高低的标志。因此，院门的规格、形式、色彩、装饰便成为人们极为重视的关键所在。北京合院民居的院门有王府大门、合院大门和随墙门之别，合院大门又分为广亮大门、金柱大门、蛮子门和如意门；山西中部民居院门分为三间屋宅式大门、单间木柱式大门和砖褪子大门；苏州民居院门有将军门（三开间大门）、大门（单开间大门）、库门（亦称墙门）和板门（店铺可装卸的大板门）等。院门的形制可分为：宫室式大门、屋宇式大门、门楼式门和贴墙式门。院门从实用角度分析，仅是一个可开闭的、有防卫功能的出入口，或兼有避雨、遮阳的功能要求。但人们为突出门户的标志性含义，对院门进行加工装饰，形成多变的形式和独特的构图，以达到美感的要求。纵观传统民居宅舍院门的艺术处理，主要集中在门扇及其周围的附件（包括槛框、门头、门枕、门饰等）、门罩（包括贴墙式、出桃式、立柱式等诸种门罩形式）和门口（包括周围的墙壁、山墙、廊心墙等）。不同地区的民居宅舍院门仅就其中的某个部分进行深入的设计加工，采用多样性和个性的手法，从而形成千变万化的造型效果，成为展现各具地方特色风貌的文脉传承。

（3）结构巧妙

在中国传统民居宅舍中占主导地位的是木结构，持续应用了近两千年。中国传统的木结构不仅坚固、稳定、合理，而且有着造型艺术美，这是华夏意匠聪明才智的展现。结构的美表现在其形式的有序性和多变性。结构，为了传力简单明确，方便施工，因此其形式都是有序的，有着极强的统一感。工匠们只能追求在统一中求变化，以显露其个性，结构的变化多表现在节点、端头及附属构件上，既不伤本又有变化。

木结构的形制包括抬梁式、插梁式、穿斗式和平置密檩式四大类，每种结构因构造形式的差异，而有着不同的艺术处理，使得中国传统民居宅舍具有结构美的特性。

（4）材料天然

优秀传统民居宅舍本着就地取材的原则，大量的建造材料是包括木、石、土、竹、草、石灰、石膏以及由土加工而成的砖、瓦等天然材料。天然材料不仅实用经济，工匠们还善于掌握材料的特性和质感、形体、颜色的美学价值，运用独特的雕、塑、绘等手工工艺进行艺术加工，使之增加思想表现的内涵，形成建筑装饰艺术。传统民居宅舍材料的美，包括材料运用的技巧性、材料搭配的对比性、材料加工的精细性、珍稀材料的独特性。

天然材料由于产地不同、地质状况差异，因此在材质、色泽方面也会产生变化。巧妙地利用视觉特征，创造不同的观感，天然材料的运用造就了传统民居融于自然的美感，天然材料也就成为传统民居美的源泉。

（5）装修精美

装修是在主体结构完成之后所进行的一项保护性、实用性和美观性的工作。传统民居建筑的装修主要表现在外墙和内隔墙两方面。

外墙包括山墙、后檐墙及朝向庭院的前檐墙。传统民居宅舍的前檐墙大部分为木制，具有灵活多变的形制，采光及出入的门窗种类十分多样，是造型艺术处理的重点。

山墙和檐墙均为以木结构为基础的围护墙，建筑材料都以天然的石、土和经烤制的砖为主。不同的材料运用和搭配、不同砌筑方法和细部处理、不同的颜色选择等都为传统民居宅舍增添了诱人的魅力。

2.1.2　中华建筑文化对人与家居环境关系的认识

当人类摆脱野外生存的原始状态，开始有目的地营造有利于人类生存和发展的居住环境时，也是人类认识和调谐自然的开始。中华建筑文化对人与家居环境关系有着下面的 6 点认识。

（1）人类具有对家居环境的顺应性

顺应性在家居环境的营造上是很重要的。

人类本身对于周围的环境，具有很强的顺应性。人类是一种极容易受环境支配的动物。因此，如果要使自己的生活更理想，便会对周围的环境加以选择和整理。

这一点，不仅表现在人对自然环境的顺应性方面，还表现在人际关系和人与社会之间的人文环境中。

了解人类的这种特征，然后善加应用，是生活所必须具有的智慧。研究这种生存之道也是人生中的一个大课题。

（2）住宅具有平衡温度变化的功能

住宅作为家居环境的主体，可以说发挥着调节四季温度、维持体温的功能。夏季要凉爽，冬季要暖和，对应季节的不同，有时需要通风好，有时则要求阳光照射时间有长短。

只有能够平衡调和大气变化的住宅，才能符合好的家居环境条件。

（3）夜晚是家最活跃的时段

按照常理来说，夜间是家人利用住宅最多的时刻，所以，夜晚被认为是家最活跃的时段。对此点缺乏理解的人却认为，夜间大部分的时间都在睡觉，家并没有想象中的重要。实质上家在夜里一直担负着非常重要的角色。

好的家居环境，可以让在家睡觉的人免受不良气候的影响，得到完全的保护，从而获得良好的睡眠质量。因此人们在家居室内环境的营造中，对卧室的布置，床的摆放等都特别重视。相反地，不良的家居环境，当人们处于无抵抗力的睡眠状态时，不良的气候便会侵犯人的大脑神经，由于家居环境毫无保护作用，久而久之，将会逐渐导致人的思维能力降低，大脑神经中枢是人体的指令神经，如果麻痹了，人就会失去正常的反应。

（4）人与植物之间有着密不可分的关系

氧气不但存在于空气之中，水中也包含大量的氧气成分。同时，植物吸入空气中的二氧化碳，排出氧气（相反的，动物吸入氧气，经过体内的细胞作用后，将体内的二氧化碳排出到空气中）。氧气是人类赖以生存的要素，正因为这个缘故，人类和植物之间就有着一种密不可分的关系。

（5）水汽与家居环境要有平衡的关系

通常，过多的水汽，对人体会有不良的影响。但是空气中若完全没有水汽，空气中会变得很干燥，因而会失去其本来所具有的功能。

人体必须具有一定程度的水分。但过量的水汽则会导致人体发冷，这是很不理想的。因此，从口中进入体内的水分是必要的，而从皮肤进入体内的水蒸气则应尽量避免。

水汽和家居环境的平衡关系，要求人们必须慎重考虑家居环境周围湿地范围的大小，以及四周水池、河流流向等问题。

（6）人类与大气的关系极为密切

人类如果缺乏空气，就不能生存。食物和水固然对人类也很重要，但人类一旦缺乏空气（大气），便会马上死亡。

大气随一年四季的变化而相应地有所变化。

在传统的家居环境文化中将一年分成"阴季"和"阳季"两个方面。所谓"阳季"，是从冬至到次年夏至（即 12 月 22 日到翌年的 6 月 22 日），也就是指太阳逐渐接近北极，白昼越来越长的这段时间。

春天的大气，氧气充足，适合万物成长。

夏天的大气次于春天，氧气也很充足，但由于阳光过于强烈，草木的呼吸旺盛，使水分中的氧气不断发散，故空气会比春天稀薄。

秋天的大气中，氧气较少，氮气较多。人到这个时期，全身细胞组织会不断地成长，并且会产生要储存脂肪而进行凝结作用的指令。这是为了应付即将来临的冬天所做的准备。

到了冬天，草木都处在冬眠状态，大气中的氧气成分会减少。

在七月、八月和一月、二月这两个时段，氧气都较稀薄，而外界温度和人体体温有着明显的差异，所以人的死亡率也就提高，正因为这样，为了提醒人们，将其分别称为"里鬼门"和"鬼门月"。

2.1.3 中华建筑文化对住宅建造的要求

住宅作为家居环境的主体，在中华建筑文化中认为应该具有足够的户外空间、适度的居住面积、充足的采光通风、适宜的地球磁场、合理的湿度卫生、必要的寒暖调和、实用的功能布局、可靠的安全措施、和谐的家居环境和优雅的造型装饰 10 个方面的基本要求。

（1）足够的户外空间

在崇尚"天人合一"有机宇宙观的中华文明孕育下的中华建筑文化，特别强调人、建筑与自然的和谐相生，住宅不应该仅仅是人们蜗居的场所，更应该注重营造人与人、人与自然以及人与社会的和谐关系。因此，户外空间是住宅不可缺少的功能空间，包括住宅底层的庭院、楼层阳台庭院和露台庭院都是住宅的户外空间。足够的户外空间不仅是敦亲睦邻的重要空间，更是住宅沟通周围自然环境的户外过渡空间。因此，住宅的户外空间是住宅不可缺的必要空间，而且还应有足够的面积，如楼层阳台的进深不应小于 1.8m。

在住宅设计时，必须在恰当的方位认真布置与厅等室内公共空间有着密切联系的户外空间。

（2）适度的居住面积

《吕氏春秋》指出："室大多阴，多阴则痿。"住宅居住面积的大小，应该和居住人数的多少成正比。人太多面积小，就会有拥挤的感觉。人少而面积大，就会显得冷冷清清，让人的心理健康受到损害。房屋的剩余空间太多，很少有人走动，就会缺少"人气"。按现代生态建筑学理论，一个成年人每小时约需要 $30m^3$ 的新鲜空气，一般情况下，居室可每小时换 $1 \sim 2$ 次空气，这个新鲜空气的体积可大致认为是居室的容积。这样以每人的居室容积 $25 \sim 30m^3$ 和我国目前流行的住宅层高为 2.7m 左右计算，可得出每人应有居住面积为 $9.3 \sim 11.1m^2$。达到这个面积就可以保证室内空气质量。因此，居住面积也就不必过大。

（3）充足的采光通风

采光和通风是两件事。优良的家居室内环境卫生最具代表性的问题，就是采光和通风。

采光是指住宅接受到阳光的情况，采光以太阳直接照射到最好，或者是有亮度足够的折射光。阳光有消毒作用，不过，如果整个房间上午受阳光照射，过度的阳光，其紫外线反而会带来害处。夕阳照到的房子，入夜仍然很酷热，会影响身体健康。

通风是一个十分重要的问题，许多不理想的住宅，往往通风不良。特别是采用钢筋混凝土建造的住宅，本来就无法自行调节湿度，住宅中的各种房间空间又小，稍不注意通风，就容易造成湿度过大而导致身体小病不断。

清代曹庭栋在《养生随笔》卷三的《书室》中称："南北皆宜设窗，北则随设常关，盛夏偶开，通气而已。""窗作左右开阖者，槛必低，低则风多。宜上下两扇，俗谓之'合窗'。晴明时挂起上扇，仍有下扇作障，虽坐窗下，风不得侵。"这说明先贤们对居室开窗颇为讲究。

（4）适宜的地球磁场

地球磁场能保护地球上的生命，与空气、阳光、水及适宜的温度同样重要，被称为生命的第四要素。由于地磁场对地球上的生命，特别是对于人类具有多方面的有益效应，因此，就必须保证人们的居住环境具有对生命有益的适量磁场。

随着科学技术和经济的发展，人类赖以生存的自然环境也在发生变化，地磁场对人体的正常作用受到影响。城市里高楼林立，钢筋混凝土结构的围护结构和楼板对地磁场形成了屏蔽；纵横交错的电线、电缆、无线电波及川流不息的车流遮断以及生态的严重失衡，干扰了大自然的磁场，使得城市的地球磁场发生严重的紊乱，从而造成人体磁力缺乏及磁紊乱，出现"磁饥饿症"和"磁紊乱症候群"。这使得生活于城市的现代人，体内往往磁力不足，不利于血液循环而患心血管病，加快细胞衰老导致新陈代谢紊乱等。对此，应特别引起人们的重视。

（5）合理的湿度卫生

古人对家居环境的湿度要求已早有认识。

清代曹庭栋在《养生随笔》卷三的《书室》中亦称："卑湿之地不可居。"《黄帝内经》指出："地之湿气，感则害筋脉。"

现代城市里患风湿病的人越来越多，这都是由于住宅室内过于潮湿而引起的。厨房、卫生间又是产生水汽的地方，房间的通风不良，容易造成湿度过高，浴厕、厨房、垃圾桶处都易滋生细菌，危害人体健康。

（6）必要的寒暖调节

住宅的围护结构必须注意在一年内都能适应春、夏、秋、冬的变化。

《黄帝内经》指出："风者，百病之始也。""古人避风，如辟矢石焉。"清代曹庭栋在《养生随笔》卷四的《卧房》中指出："《易经》言'君子洗心以退藏于密，卧房为退藏之地，不可不密，冬月尤当加意。"

要让住宅能够具有冬暖夏凉的功能，就必须要有合理的设计。但是，如果住宅的冷暖设备过度的话，会使人们的新陈代谢不合理，甚至会因为体力损耗过大而导致衰退。因此，最好是以人体的体温为准，来调节住宅里温度的变化。

（7）实用的功能布局

住宅虽然是供人居住的，但人是主体，住宅是附属体。住宅的布局一定要功能合理，使用方便，符合人的生活习惯和家居的行为轨迹。与此同时，也还应该考虑到与自然和谐统一，达到"天人合一""人与自然共存"。因此，住宅除了方便使用外，还要合理地活用天地自然给予的恩惠，只有同时考虑到这两点，才能具有真正的合理性。同时，如果设计只重视眼前短期的实用性，而不考虑更广泛和可持续发展的实用性，那么，就很容易造成顾此失彼的结果。

（8）可靠的安全措施

安居才能乐业，安全便是住宅的一个关键所在。住宅的安全除了体现在结构设计和施工中，对住宅的结构、抗震和消防等有周密的考虑外，还应该考虑防灾的问题。住宅的防灾应包括火灾、盗难以及家人不慎跌撞之伤害。

目前，人们把住宅的安全都集中在防盗问题上，防盗门已成为住宅必不可少的内容，与此同时，也几乎家家都做了封闭阳台，并在所有窗户上也都装了各式各样的防盗网，使得住宅都变成了"鸟笼"，这固然是安全了，但一旦火灾发生便会出现缺乏避难场所的问题。因此，在考虑防盗的同时，也应考虑到防火等的避难和救难问题。住宅中的阳台防盗设施一定要加设便于避难的太平门，否则发生灾难和紧急事故时，将会后悔莫及。这也就是传统家居环境文化中指出住宅必须要有两个门的原因所在。

近期，人从窗户跌下挂在防盗网上的事故时有发生，从多、高层住宅上掉下致死亡的现象也常有报道。这都提醒人们，必须从各方面配套考虑住宅的安全问题。

（9）和谐的家居环境

家居室外环境可分大环境和小环境。大环境指的是住宅所在大区域，而小环境即指住宅邻近周围的环境。空气清新、绿树成荫、鸟语花香以及邻里关怀构成的和谐的家居环境是人们所向往的家居环境，也是人类生存的共同追求。

（10）优雅的造型装饰

造型是住宅的外观，而装饰则是住宅内部的装修和陈设。住宅的造型和装饰不仅应给人以家的温馨感，而且还应该具有文化品位。住宅立面造型单调和呆板令人感到枯燥乏味，而矫揉造作又会令人心烦意乱。住宅内部的装饰，如果布置得像咖啡厅、酒吧和灯红酒绿的舞厅，不仅会失去家的温馨，久而久之，往往还会让家人濡染上庸俗的不良习气。

一般人很容易将优雅和奢侈混在一起，其实两者是有差异的。虽然作为家居场所的住宅不一定要奢侈，但优雅却是不可或缺的条件。这是因为人是精神性的动物，如果想要拥有充沛的体力和蓬勃的生气，借助家居的优雅来培养是一个极为重要的因素。

善加利用室内装饰设计和色彩的调配，以及家具用品的配置，可以在相当的程度上改善住宅的室内环境，营造温馨的家居气息。

2.1.4 经营好住宅的"精、气、神"

我国传统的中医养生，强调养精、养气、养神。住宅的本意是静默养气、安身立命，其实质在中华建筑文化的家居理念中也就是讲究住宅的"精、气、神"。

（1）人身三宝"精、气、神"

生命物质起源于精；生命能量有赖于气；生命活力表现为神。

《黄帝内经》虽然没有把"精、气、神"三个字连在一起加以阐述，但"精气"和"精神"的概念却时常出现，这充分说明"精"、"气"、"神"三者的密切关系。例如，"阴平阳秘，精神乃至；阴阳离决，精气乃绝。"又如，"呼吸精气，独立守神"。后世道家把它归纳为"精、气、神"，并称"天有三宝，日、月、星；地有三宝，水、火、风；人有三宝，精、气、神"。又说"上药三品，神与气精"。

世界卫生组织提出养生的"四大基石"是合理膳食、心理平衡、适量运动、戒烟戒酒。中国人把它归纳为养生的三大法宝，即养精、养气、养神。对于怎样养精、怎样养气和怎样养神，几千年来，积累了极为丰富的养生经验，摸索出多种多样的养生方法，还特别提到了住宅的精、气、神对家居养生的重要作用。

其实，精、气、神三方面的养生不是孤立的，而是相互有着密切的联系。古人云"形神合一、精神合一、神气合一、动静合一"就是这个意思。古代所有善于养生的人都能做到精、气、神三者的相互结合，都能做到《黄帝内经》所总结的"恬淡虚无，真气从之，精神内守"和"呼吸精气，独立守神"。

（2）住宅的精神

住宅的本意是静默养气，安身立命。这就要求住宅的功能首先必须做到阻隔外界、包容自我，使自己的家庭生活与精神气质有所依托。

住宅作为人生四大要素中的居住场所，对人的身心健康影响极大。因此，借鉴中华建筑文化做好布局至关重要。这就要求我们的住宅设计和室内外环境的营造都应该因地制宜，根据不同的气候条件努力做到防风、防热、防潮、防燥，选择良好的方位和朝向，以获得适当的日照时间和均匀的风力风向，从而调和四时的阴阳。

（3）住宅的静默

静与动是一对矛盾的两个不同表现形式。住宅要达到阻隔外界，让人们能够在静默中使天地和自我澄明通达，让俗世的烦恼杂念被荡涤一空，在动态中生活，在静态中思考，从而构成完美人生。中华建筑文化的家居理念所讲究的"喜回旋，忌直冲"与造园学中的"曲径通幽"异曲同工。弯曲之妙、回旋之巧，均在于藏风聚气，不仅符合中国人传统的温婉中庸的文化思想，更可以指导人们营造一个温馨的家居环境。

《黄帝内经》指出："气者，人之根本也。"在社会的烦躁生活中，气息为外界干扰，易于涣散。静默的居所则令人的精神得到凝聚而养成浩然生气，因此，现代住宅应特别强调动静、功能、干湿的分区，这与优秀传统文化的住宅中华建筑文化所强调的思想完全相符合。从住宅的位置能否避开喧嚣器，其功能空间的布局是否舒展，能不能让人感到安全祥和、神清气爽，从而获得静默养气的效果，利于人们的身心健康，并以此辨别住宅之优劣。

（4）住宅的气色

传统中医诊察疾病的四大方法是"望、闻、问、切"。把"望"放在首位，即从观察人的神色、形态上观察其健康与否。从住宅的气色，也很容易让人体察到住宅的优劣。清代学者魏青江在《辨宅气色》中说："祯祥娇孽，先见乎气色。屋宇虽旧，气色光明，精彩润泽，其家必定兴发。屋宇虽新，气色暗淡，灰颓寂寞，其家必落。一进厅内，无人，觉闹烘气象似有多人在内嚷哄一般，其家必大发旺。一进厅内，人有似无，觉得寒冷阴森、阴气袭人，其家必渐退败……"这便说明充满生气的住宅给人带来了温馨、安全、健康、舒适的家居环境，可以让人达到养精蓄锐、精气旺盛，从而催人奋进。反之，阴气十足的住宅，即会导致人们难能安居，精神萎靡，造成身体罹患疾病，而难以发现。因此，在家居环境的营造中，必须对住宅的气色给予足够的重视。

（5）弘扬传统，深入研究

对于现代住宅室内的空间格局、色彩运用、家具摆设、字画照片、植物饰品等，皆应弘扬中华建筑文化的家居文化，充分认识住宅的精、气、神对家居环境起着极为重要的作用。因此，在现代住宅的建筑设计和室内装修中，应积极和认真地借鉴住宅中华建筑文化的精髓，努力经营好住宅的精气神，并把它作为一个重要的课题，加以深入分析研究和运用。

2.2 北京四合院建筑文化与细部设计

北京四合院民居（见图2-1、图2-2）是北方地区有代表性的民居建筑，其严谨的布局体现了我国传统文化的精髓，达到了天人合一，以人为本的境界。

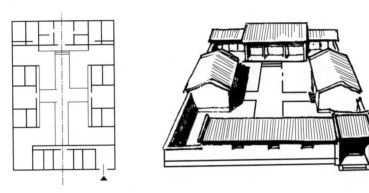

图 2-1　北京小型四合院平面布局及外观

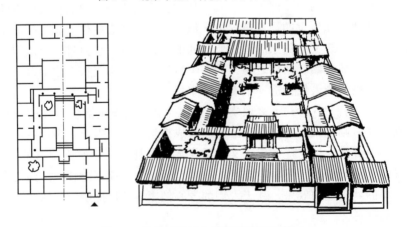

图 2-2　北京三进四合院平面布局及外观

自元代正式建都北京，大规模规划建设都城时起，四合院就与北京的宫殿、衙署、街区、坊巷和胡同同时出现了。据元末熊梦祥所著《析津志》记载："大街制，自南以至于北谓之经，自东至西谓之纬。大街二十四步阔，三百八十四火巷，二十九街通。"这里所谓"街通"即我们今日所称胡同，胡同与胡同之间是供臣民建造住宅的地皮。当时，元世祖忽必烈"诏旧城居民之过京城老，以赀高（有钱人）及居职（在朝廷供职）者为先，乃定制以地八亩为一分"，分给迁京之官贾营建住宅，北京传统四合院住宅大规模形成即由此开始。

2.2.1　四合院的文化

北京四合院，天下闻名。旧时的北京，除了紫禁城、皇家苑囿、寺观庙坛及王府衙署外，大量的建筑，便是那数不清的四合院百姓住宅。

《日下旧闻考》中引元人诗云："云开间阖三千丈，雾暗楼台百万家。"这"百万家"的住宅，便是如今所说的北京四合院。

它虽为居住建筑，却蕴含着深刻的文化内涵，是中华传统文化的载体。四合院的营建从择地、定位到确定每幢建筑的具体尺度，都要按中国传统建筑文化理论来进行。

北京四合院最大的特点就是以院落为中心组织建筑，形成了严谨的序列空间。大门、影壁、外院、垂花门、内院、厢房、正房、耳房、后罩房等，都按照秩序排列在轴线上，形成了内外有别、尊卑有序的居住文化。

2.2.2　四合院的格局

四合院在中国有相当悠久的历史，根据现有的文物资料分析，早在两千多年前就有四合院形式的建筑出现。这是因为北京四合院的形制规整，十分具有典型性，在各种各样的四合院当中，北京四合院可以代表其主要特点。

所谓四合，"四"指东、西、南、北四面，"合"即四面房屋围在一起，形成一个"口"字形的结构。经过数百年的营建，北京四合院从平面布局到内部结构、细部装修都形成了特有的京味风格。

北京正规四合院一般以东西方向的胡同而坐北朝南，基本形制是分居四面的北房（正房）、南房（倒座房）和东、西厢房，四周再围以高墙形成四合，开一个门。大门辟于宅院东南角"巽"位。房间总数一般是北房3正2耳5间，东、西房各3间，南屋不算大门4间，连大门洞、垂花门共17间。如以每间11～12m^2 计算，全部面积约200m^2。

四合院由正房（北房）、倒座（南座）、东厢房和西厢房四座房屋在四面围合，形成一个"口"字形，里面是一个中心庭院，所以这种院落式民居被称为四合院。

首先，北京四合院的中心庭院从平面上看基本为一个正方形，其他地区的民居有些就不是这样。譬如山西、陕西一带的四合院民居，院落是一个南北长而东西窄的纵长方形，而四川等地的四合院，庭院又多为东西长而南北窄的横长方形。

其次，北京四合院的东、西、南、北四个方向的房方向的房屋各自独立，东西厢房与正房、倒座的建筑本身并不连接，而且正房、厢房、倒座等所有房屋都为一层，没有楼房，连接这些房屋的只是转角处的游廊。这样，北京四合院从空中鸟瞰，就像是四座小盒子围合一个院落。

而南方许多地区的四合院，四面的房屋多为楼房，而且在庭院的四个拐角处，房屋相连，东西、南北四面房屋并不独立存在了。所以南方人将庭院称为"天井"，可见江南庭院之小，犹如一"井"。

四合院中间是庭院，院落宽敞，庭院中植树栽花，备缸饲养金鱼，是四合院布局的中心，也是人们穿行、采光、通风、纳凉、休息、家务劳动的场所。四合院是封闭式的住宅，对外只有一个街门，关起门来自成天地，具有很强的私密性，非常适合独家居住。院内，四面房子都向院落方向开门，一家人在里面和和美美，其乐融融。

由于院落宽敞，可在院内植树栽花，饲鸟养鱼，叠石造景。居住者不仅享有舒适的住房，还可分享大自然赐予的一片美好天地。

2.2.3　北京四合院的细部设计

四合院的檩、柱、梁、槛、椽以及门窗、隔扇等均为木制，木制房架子周围则以砖砌墙。梁柱门窗及檐口椽头都要油漆彩画，虽然没有宫廷苑囿那样金碧辉煌，但也是色彩缤纷。墙习惯用磨砖、碎砖垒墙，所谓"北京城有三宝……烂砖头垒墙墙不倒"。屋瓦大多用青板瓦，正反互扣，檐前装滴水，或者不铺瓦，全用青灰抹顶，称"灰棚"。

（1）大门

四合院的大门一般占一间房的面积，其零配件相当复杂，仅营造名称就有门楼、门洞、大门（门扇）、门框、腰枋、塞余板、走马板、门枕、连槛、门槛、门簪、大边、抹头、穿带、门心板、门钹、插关、兽面、门钉、门联等，四合院的大门就由这些零部件组成。大门一般是油黑大门，可加红油黑字的对联。进了大门还有垂花门、月亮门等。垂花门是四合院内最华丽的装饰门，称"垂花"是因此门外檐用牌楼做法，作用是分隔里外院，门外是客厅、门房、车房马号等"外宅"，门内是主要起居的卧室"内宅"。没有垂花门则可用月亮门分隔内外宅。垂花门油漆得十分漂亮，檐口椽头椽子油成蓝绿色，望木油成红色，圆椽头油成蓝白黑相套如晕圈之宝珠图案，方椽头则是蓝底子金万字绞或菱花图案。前檐正面中心锦纹、花卉、博古等，两边倒垂的垂莲柱头根据所雕花纹更是油漆得五彩缤纷。四合院的雕饰图案以各种吉祥图案为主，如以蝙蝠、寿字组成的"福寿双全"，以插月季的花瓶寓意"四季平安"，还有"子孙万代""岁寒三友""玉棠富贵""福禄寿喜"等，展示了老北京人对美好生活的向往。

（2）窗户和槛墙

窗户和槛墙都嵌在上槛（无下槛）及左右抱柱中间的大框子里，上扇都可支起，下扇一般固定。冬季糊窗多用高丽纸或者玻璃纸，自内视外则明，自外视内则暗，既防止寒气内侵，又能保持室内光线充足。夏季糊窗用纱或冷布，这是京南各县用木同织出的窗纱，似布而又非布，可透风透气，解除室内暑热。冷布外面加幅纸，白天卷起，夜晚放下，因此又称"卷窗"。有的人家则采用上支下摘的窗户。

（3）门帘

北京冬季和春季风沙较多，居民住宅多用门帘。一般人家，冬季要挂有夹板的棉门帘，春、秋要挂有夹板的夹门帘，夏季要挂有夹板的竹门帘。贫苦人家则可用稻草帘或破毡帘。门帘可吊起，上、中、下三部分装夹板的目的是增加重量，以免得被风掀起。后来，门帘被风门所取代，但夏天仍然用竹帘，凉爽透亮而实用。

（4）顶棚

四合院的顶棚都是用高粱秆作架子，外面糊纸。北京糊顶棚是一门技术，四合院内，由顶棚到墙壁、窗帘、窗户全部用白纸裱糊，称之"四白到底"。普通人家几年裱一次，有钱人家则是"一年四易"。

（5）采暖

北京冬季非常寒冷，四合院内的居民均睡火炕，炕前一个陷入地下的煤炉，炉中生火。

土炕内空，火进入炕洞，炕床便被烤热，人睡热炕上，顿觉暖融融的。烧炕用煤多产自北京西山，有生煤和煤末的区别，煤末与黄土摇成煤球，供烧炕或做饭使用。

室内取暖多用火炉，火炉以质地可分为泥、铁、铜三种，泥炉以北京出产的锅盔木制造，透热力极强，轻而易搬，富贵之家常常备有几个炉子。一般人家常用炕前炉火做饭煮菜，不另烧火灶，所谓"锅台连着炉"，生活起居很难分开。炉子可将火封住，因此常常是经年不熄，以备不时之需。如果熄灭，则以干柴、木炭燃之，家庭主妇每天早晨起床就将炉子提至屋外（为防煤气中毒）生火，成为北京一景。

（6）排水

四合院内生活用水的排泄多采用渗坑的形式，俗称"渗井""渗沟"。四合院内一般不设厕所，厕所多设于胡同之中，称"官茅房"。

（7）绿化

北京四合院讲究绿化，院内种树栽花，确是花木扶疏，幽雅宜人。老北京爱种的花有丁香、海棠、榆叶梅、山桃花等，树多是枣树、槐树。花草除栽种外，还可盆栽、水养。盆栽花木最常见的是石榴树、夹竹桃、金桂、银桂、杜鹃、栀子等，种石榴取石榴"多子"之兆。至于阶前花圃中的草茉莉、凤仙花、牵牛花、扁豆花，更是四合院的家常美景了。清代有句俗语形容四合院内的生活："天棚、鱼缸、石榴树、老爷、小姐、胖丫头"，可以说是四合院生活比较典型的写照。

2.3 闽南红砖"古大厝"建筑文化初探

地处闽南泉州湾畔的惠安，是著名的侨乡和台、港、澳同胞的祖籍地之一。

出自惠安工匠营造的富丽堂皇、古色古香的五间张"古大厝"（见图 2-3），通常被人们称为"皇宫起"或"双燕归脊"。该建筑遍布在闽南语系的各个乡村，是这一带民间最富有特色的传统民居。"古大厝"也成为海外侨胞和外出乡人思念故土、追寻根祖的寄托。远望这一座座红瓦屋面、红砖白石相映衬的屋宇，都有高啄的檐牙，长龙似的凌空欲飞的雕甍和双燕归脊的厝脊。近瞻一家家白石门廊，镶满镏金石刻的题匾、门联、书画卷轴。精美的木雕和各种人物、花卉、飞禽走兽的青石浮雕，两旁是大幅衬有青石透雕窗棂的红砖拼砌花墙，墙基柱础也尽是珍禽异兽、花草鱼虫浮雕，就连那檐部也缀

图 2-3　富丽堂皇、古色古香的"古大厝"

满一出出白垩泥彩戏文塑像，更使人大有满目琳琅，美不胜收之感。登堂入室，则见雕梁画栋，"雕玉填以居楹，裁金璧以饰珰""发五色之渥彩，光焰朗以景彰"。不但梁木斗拱雕工十分精细，厅堂门屏窗饰尽都镂空雕花，而且一式是大红砖地，一式是石砌的庭阶栏楯，真可谓"朱门绮户""雕栏玉砌"。每一座"古大厝"，都是一件凝结着时代精神典雅华贵的雕刻精品，是用独特的建筑艺术语言写成的一首感人肺腑的诗，是用雕刻艺术塑造起凝固的故乡魂。

"古大厝"的典雅华贵，精美绚丽，在中国传统民居建筑中独树一帜。那么"古大厝"为什么会这样精美？

2.3.1 优美的传说

据载，唐朝末年，王审知随兄唐威节度使王潮入闽，光化庚申（公元 900 年），唐昭宗封王审知为闽王。不久，审知聘惠安黄田（锦田）唐朝工部侍郎黄纳裕的侄女黄厥为妃。黄氏聪慧贤德，进宫后能保民女本色，明后妃之德，戒浮奢，倡耕织，对王劝谏恳切，深得王审知的宠爱与信赖，实为王审知治闽的得力助手。黄氏生了两个儿子，长子叫延钧，次子叫延政。后王延钧以时乱在闽称帝，建立了五代十国的闽国，年号龙启，尊黄妃为太后。黄氏在宫中常思念家人，每当风雨交加之时便秀眉深锁。有一天早晨，北风怒号，瓦霜棱棱，她见此状想到家乡父老，也便伤心流泪起来。闽王见她如此，问她有何心事。她说道："我家地处海边，虽序属秋日，也如同冬天一样，屋瓦常被海风刮走，父母兄嫂居住破屋，不像我们住在都市，深宫内院，有城郭围护，生活过得那么舒适。"于是闽王便下诏："赐汝母房屋可依照皇宫模式建造，"这时太后立即跪谢圣恩道："谢君王赐我府房屋可依照皇宫模式建造。"因闽南方言"母"与"府"谐音，她故意把"母"念成"府"。闽王听后，急更改道："我说的是'赐汝母'，不是'赐汝府'。"太后立即正色言道："君无戏言，适才君王说的确是赐汝府，焉可更改。"闽王没有办法，只好照办。这便是五代以来泉州府一带房屋檐牙高啄，屋顶许用瓦粘的皇宫模式建筑的由来。泉州一带的建筑自古以来，确实以极其精美的独特风格深受赞誉。

2.3.2 惠安人倔强的意志、创美的本性、精湛的技艺，是"古大厝"的创作源泉

人类艺术发展史告诉我们，任何艺术最高成就的产生都需要该种艺术的群众性艺术行为作为它的基础土壤，大的艺术氛围环境孕育了其中的佼佼者。世界现代建筑大师莱特也指出："唯一真正的文化是土生土长的文化。"

建筑在生成过程中凝结了意念与追求，它的实体形态绝非自然界中的任意物象，而是经过设计者的立意构思，并通过某种方法表达出人的精神愿望、理想追求和审美意境，使人通过对建筑的解读而有所感悟。

满山遍野的石头，水瘦山寒、冷落沉寂。在那过去的年代，惠安曾到处呈现着一片贫困的景象，石头形成的"臭头山"也曾与番薯并列为惠安贫困落后的标志。在严峻冷酷的困难面前，先民们以不屈不挠的精神，以"三分天注定，七分靠拼命"和"敢拼才会赢"的坚强信念，使得"手工吃不会空"的观念深入人心。贫瘠的土地造就了惠安人艰苦奋斗、善于拼搏、勤俭节约的风尚。广大的惠安工匠经过长期的生活磨炼，赋予他们倔强的意志。用他们的亲身经历和内心感受，激发起创美的本性，练就了精湛的技艺，形成了推李周为"宗师"的五峰石雕、尊王益顺为"大木匠师"的溪底木雕和靠着祖传技艺远走他乡的龙西泥水匠为代表的惠安崇武建筑三匠。深入人心的"起厝功，居厝福"，使得他们用不断发展的高超技艺建筑起来的"古大厝"，美轮美奂，流光溢彩，赢得了人们的赞誉。

2.3.3 "古大厝" 是传统民居中建筑艺术与雕刻艺术有机结合的一朵奇葩

建筑艺术是一门实用性很强的艺术。建筑具有双重性，它既是一门技术科学，同时也是一门艺术，两者是统一的，不可分割的。

"古大厝"的魅力所在就是由于建筑艺术与雕刻艺术的完美结合，用其独特的造型语言，通过视觉传达、表现情感，唤起情感。它超越实用，以美观理想的视觉形象与高品位的艺术环境感化人，激发人们对于自然、生活的美好想象，提高环境的生存质量和民众的素养。

（1）凌空疾返的"双燕归脊"

利用各种屋顶的形式和屋脊的变化使得建筑的天际轮廓线丰富多彩，成为我国传统民居的一大特点。喜用灰塑雀鸟的屋脊装饰，犹如真鸟栖息，生动有趣。这种屋面装饰手法，是汉代建筑的特征之一。在我国各地民居中，至今仍采用龙、凤、鱼和雀鸟装饰或作为鸱吻。但以"归燕"作为厝角者，即是"古大厝"极为独特的所在。

用泥灰塑造的双燕凌空疾返所形成优美柔和的曲线，其中间低而两侧逐步向上弯曲高高翘起的"双燕归脊"（见图2-4），大大地丰富了"古大厝"的天际轮廓，使得立体感更加丰富强烈，其"如翚斯飞"的形象更加引人深思。被专家、学者们誉为"翘脊文化"，这优美柔和的曲线也常为建筑师们在现代建筑设计中加以运用。

图 2-4 "古大厝"如翚斯飞的"双燕归脊"

用泥灰塑造栩栩如生的双燕是对外出亲人的人性化比拟。用"双燕归脊"来表达在家父母、妻儿以一种"意恐迟迟归"的特殊心情，期盼着外出亲人能够早日平安回归，凌空疾返所形成的曲线具有强劲的力量，如同那远在他乡的亲人归心如箭的思乡之情。由一座座"双燕归脊"的"古大厝"组成的村落，屋顶起伏的曲线与那万顷碧波、那起伏连绵的山冈融为一体，互为呼应，相映成趣。这"古大厝"镶嵌在山水之间，与大自然彼此紧密的结合，显示了外出亲人对故土的眷恋。正是这用泥灰塑造的"双燕归脊"传递了父母盼儿归的信息，呼唤着外出亲人的乡思，才使得"古大厝"充满着无限的生机和魅力。

（2）典雅华贵的面前堂（正立面）

在传统的中国民居中，大门位于人们的视线最为集中的部位。因此"门"是中国传统民居最讲究一种形态构成。传统的中国民居，不论是徽州民居、浙江民居、山西民居、北京四合院……大多数为了突出大门实用功能和精神上的意象或标志。因此，除了着重对门进行重点装饰外，墙面即多为厚实简单。

图 2-5 "古大厝"的"门屋路"

"古大厝"不仅沿袭传统民居重视大门入口的装饰外，而且更加注重面前堂的装饰，这就使得"古大厝"更具感染力，更富风采。"古大厝"的大门，称为塌寿式的"门屋路"（见图2-5）。从它的表现形式，就可分辨出厝宅所有者的身份、族系、地位及财力的厚薄。"古大厝"在"门厅路"内设仅供重大典礼使用的正大门和供日常家居进出的两边角门。大门一般采用花岗岩雕制而成，并镌刻对联，多数嵌有起厝者名字的冠头联。大门之上，另雕横匾一方，上面镌刻厝主姓氏之郡望、人望或意望。大门楣的两侧，各嵌一枚雕花短圆柱体的"门乳"。

从前墙凹进大门这片小天地的塌寿式"门厅路"，这里有大门、两角门和门厅路壁垛通常用石板或木材雕刻花鸟或名人诗词及人物故事，也有用水灰、剪五色瓷片粘成花卉图案。

"门厅路"的装饰，有全用石雕的或木雕的，也有下部用石雕的、上部用木雕的〔即在角门前方转角石柱上，用两段短木柱衔接，上面挑出木制半拱、半拱末端垂下两段精雕加工的木吊筒（如同北京四合院垂花门上的垂花），上面雕刻花瓣或人物，然后油漆安上金箔〕，极为华丽，使得"门厅路"更为精湛华丽，令人叹为观止。

图2-6　"古大厝"的"面前堂"

"古大厝"不仅以塌寿式"门厅路"的装饰那独特的精湛雕刻艺术而享誉海内外，"面前堂"的整体装饰，更是令人赞不绝口。典型的"五间张古大厝"，由檐部、墙壁和须弥座的垂直三段和以"门厅路"居中的水平五段组成（见图2-6），其立面的划分和黄金比例的几何尺寸，似乎也和西方文艺复兴的古典建筑甚为相似，其中有些柱子甚至采用了欧洲的古典柱式。尽管这样，但采用各种独特的雕刻艺术装饰起来的"古大厝"的"面前堂"，依然是那么传统，那么古色古香。"古大厝"以其独特的"面前堂"，依然给人们对故乡无限眷恋的感受。"古大厝"面前堂的须弥座常以虎脚兽足起坐式"马季垛座"石雕的勒脚（见图2-7）和裙垛石雕组成。

由"垂珠瓦""花头瓦当"组成锯齿状、起伏变化、富有节奏、整齐美观的檐口和运路，水车垛组成了装饰华丽、层次丰富的檐部。

水车垛在壁垛的上部，檐口的下面，特别砌了一道凹垛，因整道垛长如水车，故俗称"水车垛。"垛内装塑了人物故事，花鸟树木，是泥水师傅精细工艺集中表现的天地，塑成后，再加彩绘，惟妙惟肖，栩栩如生。垛外用玻璃密封保护。这种装饰多为豪富之家采用。最具代表性的是泉州亭店村杨

图2-7　"古大厝"的虎脚兽足起坐式"马季垛座"

阿苗的"古大厝"，整道"水车垛"均用辉绿岩精雕人物故事，且多镂空细雕，须眉毕现，为石雕工艺精品（见图2-8）。

运路，则常用几种不同规格的砖块，錾砌不同花纹，逐行向墙外挑出，以增加屋檐外伸的长度，并丰富了立面造型。整条"运路"围绕四周，为古大厝创造了一条风格独特而优美厚重的檐口线。

墙壁由壁垛和角牌组成（见图2-9）。

壁垛是位于"古大厝"正面须弥座以上和檐部下面的砖壁。由于穿斗木构的"古大厝"，

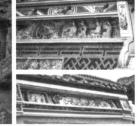

图 2-8　"古大厝"的"水车堵"　　　　图 2-9　由壁堵和角牌组成的古大厝墙壁

其墙体仅仅是围护结构，能工巧匠们充分利用这非承重外墙的结构特点，利用当地独特的红砖，发挥其精湛的技艺。在这里，工匠们对红砖封堵的外墙采用拼、砌、嵌工艺的古钱花堵、海棠花堵、梅花封堵、葫芦塞花、龟背、蟹壳以及人字体、工字体等花样，展现其追求吉祥如意，对富贵长寿的期盼。而在角牌（壁柱）上的红砖壁柱即常用红砖鬘砌成隶书或古篆书的对联。整堵墙壁用几种不同规格的红料，经泥水工横、竖、倒砌筑，白灰砖缝粘合成红白线条优美的拼花图案，其色泽典雅艳丽。常被专家、学者们赞誉为最具特色的"红砖文化"。

政治、经济和文化的多种反复影响，势必在建筑形式和风格等方面得到体现。

① 竞争的需要　从唐至宋、元时期，在惠安所处的泉州，因海外贸易的逐渐发展而一跃成为"民夷杂处""梯航万国"的东方贸易大港，成为中世纪我国对外贸易的四大海港之一，被著名的意大利旅行家马可·波罗誉为可与埃及亚历山大港并称的"东方巨港"。在这样国际性贸易的大都会中，很多的艺术作品都很难完全保持自身"纯正"的风格，而体现出一种艺术融合的特征。在这里，各国、各地区、各民族的艺术家们，一方面力图表现自身的艺术才华与本民族的文化特色，以提高本民族、本地区的商业贸易可信度，增强其内部的凝聚力；另一方面，在人才云集贯通交融的氛围中，又常常无意识地受到外来文化的影响，特别是宋元鼎盛时期的宽松气氛，也加强了这种相互学习的特征。因此，出现互争展现其雄厚实力的风尚。

② 勤奋的表现　在闽南一带，长期受贫困煎熬的人们，惧怕贫困，努力排除贫困。"富裕"是勤奋敢于拼搏的表现，受到人们的尊重和敬仰，成为人们竞相追求的愿望。

③ 幸福的期盼　"古大厝"的"面前堂"所采用的各种雕刻、泥塑和砖砌拼花图案，如琴棋书画、八仙渔鼓、梅兰菊竹、花鸟鱼虫和故事人物等，用以祈求丰登、人财两旺和消灾灭病的良好愿望，寄托对外出亲人吉祥平安的祝福，也是外出亲人对家乡父母妻儿的思念。而那虎脚兽足的马季堵是稳固基础的展现，红色的墙壁更使得整幢"古大厝"光彩夺目，尽显喜庆的气氛，以满足人们对幸福的期盼。

④ 聚族的象征　由于外出的游子大多是在族人、亲朋的提携和照顾下，与当地群众和睦相处，通过艰苦奋斗，求得生活出路，兴旺发达，以接济贫困的家庭，报效父母先祖，努力为家中的父母妻儿创造美好的家居环境，以展现其勤劳奋斗的雄厚财力。他们的成功都时时感念着先辈的养育之恩。

（3）雕梁画栋的厅堂

厅堂是家族最主要的室内公共活动场所，也是举行婚丧寿庆和佳节盛会宴请宾客的重要场所，是集中体现"古大厝"文化的核心。因此，为了显耀主人的社会地位、财力、文化教

图 2-10 "古大厝"雕梁画栋的厅堂

养等，常把所有的风俗习惯、文化信仰、荣誉财富……统统堆集在厅中。有名人题写的匾额诗词；有松鹤延年、牡丹富贵、福禄寿喜、盛世升平的年画挂图；还有家谱、神位、佛龛，作为供奉祖先神灵的祭坛，也是满目生辉、堂皇高雅。对于厅堂中的樑枋、椽头、托拱、柱础、门窗及屏风隔扇，甚至家具陈设也都尽力地精雕细刻，加以表现他们通过勤奋努力"报得三春晖"，见图 2-10。

（4）含情遥望的"绣球狮"

惠安石雕技艺源于黄河流域，又融会糅合了通过古代"海上丝绸之路"传入的外来技艺的精华，形成独特的风格。在历史上被誉为"南匠"的惠安石雕艺人，经受长期外出谋生的苦难生活，将期望寄托在所有雕刻作品中，使得作为守护狮原本的北狮变为独具特色的惠安蹲坐南狮（绣球狮）。

北狮在外貌神态上虽然有异于唐宋蹲坐狮，但还是威然蹲坐在石座上，脚长爪利，龇牙咧嘴，低眉怒目，眼不斜视，头部微侧，两耳长垂，神态肃然，依然保留凶悍本色，给人以凛然不可侵犯之势。而南狮（绣球狮）中的雄狮蹲坐在雕花石座上，胸披彩带，前足抱一彩球，头部向右仰侧，双目含笑斜视着遥遥相对的雌狮；雌狮前爪抚摸着两只衔尾戏耍的幼仔，头向左仰侧，脉脉含情地望着"郎君"（见图 2-11）。

图 2-11 出自惠安名匠的绣球狮

2.3.4 弘扬"古大厝"的传统建筑文化，再创建筑艺术的辉煌

惠安的"古大厝"以其优美柔和的曲线、富于变化的层次、吉祥艳丽的色彩和精湛华丽的装饰所形成的独特风格而备受赞誉。这其中，惠安的工匠们匠心独运的石雕、木雕、砖雕、泥塑和红砖拼砌等堪称一绝的技艺，充分展现了先民们用亲身的感受而创造了这颇富文化内涵的"古大厝"。

尽管受到文化交融、社会发展和技术进步的影响，新建的民居虽然已不再是"双燕归脊"的"古大厝"，但不管是融东西方建筑文化于一体的"洋楼"，还是既注重美观又注重实用的现代建筑，它们也无不仍然保存着传统砖石结构的精湛技艺，依然保留着喜饰石刻题匾、门联的风习。

"古大厝"是用雕刻艺术塑造起凝固的故乡魂。她是一首用建筑艺术的特殊语言诗就孟郊（唐）笔下的"游子吟"，是一曲崇尚忠孝、仁义、吉祥、平安、富贵、和睦的千古绝唱。

由于"古大厝"有着深厚的文化内涵才能成为传统民居中的一朵奇葩。只有对传统民居文化深入进行探讨，树立高尚的情操，才能在对新材料和新技术进行创造性的运用中，努力发挥雕刻艺术在建筑中的作用，也才能使现代建筑不仅反映出时代精神，而且更富有耐人寻味的文化内涵。

2.4 台湾原住民住宅的设计与研究

台湾原住民，是原住台湾地区的少数民族的总称。据专家考证台湾原住民是我国古代百越族的一部分，是台湾地区现存最早的土著民族，他们的祖先从东南沿海漂洋过海，在台湾阿里山山麓及东部山地发展繁衍，安居乐业，其共分 9 个族群。

目前，共有 150 多位第一代台湾原住民同胞散居在祖国大陆各地，而定居在福建省华安县的就有 35 户 119 人，华安成为祖国大陆台籍台湾原住民同胞聚居最多最集中的县份，他们主要分布在沙建、仙都、华丰 3 个乡镇的偏远山村。为发展旅游业，促进地方经济，华安县建立了台湾原住民民俗风情园、风情歌舞厅、台湾原住民民俗器具展览馆，并建了一支台湾原住民民俗表演队及运动队。每逢游人到来，台湾原住民民俗表演队身着鲜艳的台湾原住民服装、跳起激情奔放的舞蹈，成为华安生态之旅一道美丽的风景线。为了更好地帮助台湾原住民同胞发展经济，促进华安旅游业的发展，2000 年福建省漳州市华安县各级政府决定投资 400 多万元，在华安县城关规划占地约 30 亩的山地作为台湾原住民同胞迁入新居后种菜、发展果竹等生产项目的用地。

通过翻阅资料和调查研究，人们对台湾原住民的建筑形式有了初步的认识。

2.4.1 台湾原住民住屋的特点

（1）干阑式建筑

中国台湾原住民同胞与越人居住完全一样，均是采用干阑式建筑（见图 2-12）。其最主要的作用是避免动物、昆虫以及湿气的侵袭，继而发展为住宅室内与室外的过渡空间，这对于夏季闷热的气候有纳凉的作用，同时也是交谊聚会的地方。

（2）形式特色

①"舌"式进口及门在山墙面是台湾原住民的住屋特色（见图 2-13）。

②鸟尾巴式屋顶。越人崇拜鸟神，以鸟为图腾，把鸟作为至上的象征物饰于器物。台湾原住民同胞也有崇鸟风俗，传说中"鸟神"曾为台湾原住民同胞取来火种，在如今台湾原住民同胞房屋的屋脊上，仍然点缀有鸟形的饰物。

③倒梯形墙壁。台湾原住民同胞住屋的墙壁用芦苇编制外抹泥土，为避免雨水冲刷，特采用倒梯形墙壁，可使雨水直接排至地面。

④红色玻璃珠的饰物。据有关资料介绍，台湾原住民对红色玻璃相当重视，他们往往把象征吉祥的红色玻璃珠作为建筑的饰物。

图 2-12 台湾原住民干阑式民居

图 2-13 "舌"式进口及门在山墙面

2.4.2 华安台湾原住民民俗村的住宅设计

福建省的华安县也是一个潮湿多雨的地方，因此华安台湾原住民民俗村的住宅设计应从台湾原住民的建筑文化出发，采用现代建筑技术进行建造。

通过反复比较，推荐了 A、B、C 3 个设计方案供华安的台湾原住民同胞选择（见图 2-14～图 2-16），这 3 个设计方案的共同特点如下所述。

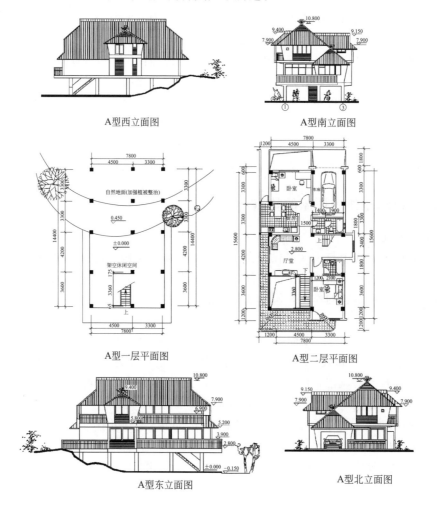

A型西立面图

A型南立面图

A型一层平面图

A型二层平面图

A型东立面图

A型北立面图

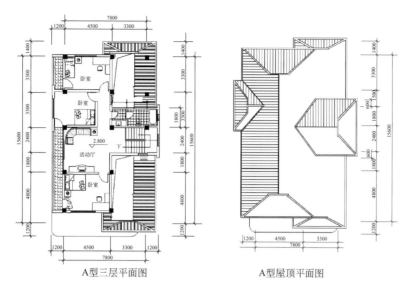

A型三层平面图　　　　A型屋顶平面图

A 型住宅效果图

图 2-14　A 型住宅

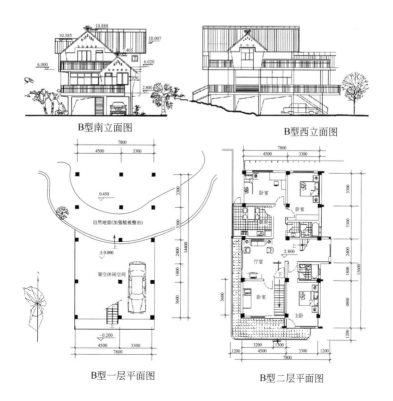

B型南立面图　　　　B型西立面图

B型一层平面图　　　　B型二层平面图

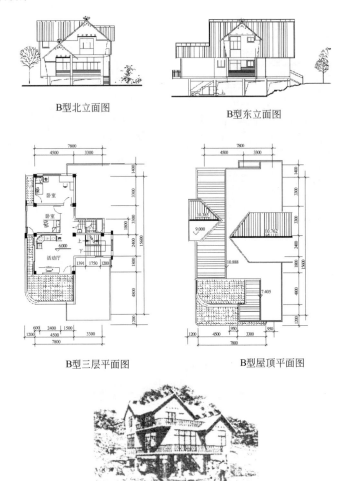

图 2-15 B 型住宅

（1）平面布局

① 为了适应华安的气候条件和地处山坡的建筑场地，采用底层架空作为休闲空间的干阑式建筑。

② 入口楼梯为布置在山墙面的"舌"式楼梯。

③ 在平面布置中，较为宽敞的厨房，可供炊事及在厨房举行祭祖的巴律令仪式；可供家庭自用的卧室和卫生间，一般均布置在二层；而供游客居住的客房一般布置在三层；并有宽敞的车库。C 型住宅布置了自室外直达三层的室外楼梯。此外，还布置了露天的挑廊和露台，以便于游客参加及欣赏各种台湾原住民同胞富有特色的表演活动等，如露天石板烧烤、中心顶竿球及广场歌舞和体育比赛等。

（2）立面造型

在立面造型上采用了带有鸟尾造型屋脊的双坡顶或歇山顶及倒梯形的墙面，并以红色玻璃作为山墙面的装饰。

华安台湾原住民民俗村的 3 种住宅以其传统的风貌展现了独具特色的台湾原住民建筑文化，其简洁明快，通透轻巧的立面造型又极具时代气息。

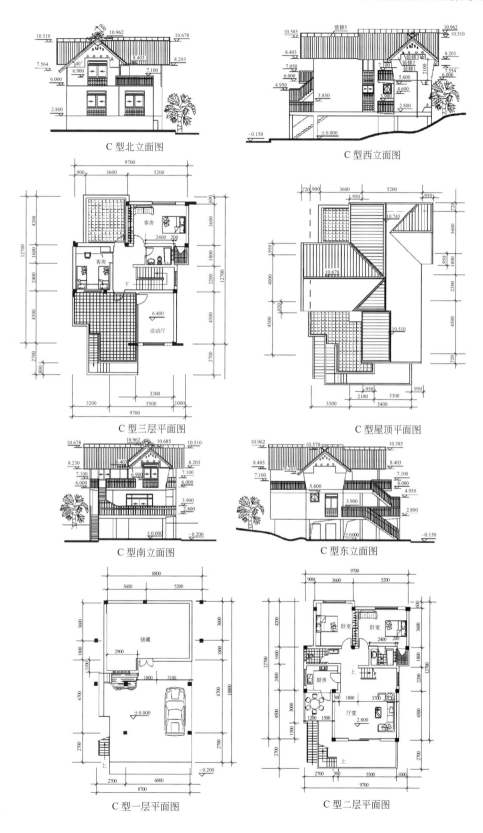

C 型北立面图

C 型西立面图

C 型三层平面图

C 型屋顶平面图

C 型南立面图

C 型东立面图

C 型一层平面图

C 型二层平面图

图 2-16

图 2-16　C 型住宅效果图

2.5 畲族与建筑文化的研究和新型畲寮设计

2.5.1　畲族与建筑文化的研究

（1）渊源历史

畲族是我国东南沿海的一个古老民族。至迟在公元 6 世纪末 7 世纪初，以广东省潮州凤凰山为中心，在闽、粤、赣三省交界地区出现了畲族的先民，形成一个比较稳定的人们共同体。史籍中称为"南蛮""百越""峒僚"或"畲瑶"等。"畲民"的称呼最早出现在南宋末年刘克庄的《后村先生大全集・漳州谕畲》。畲族自称"山哈"。1956 年 12 月国务院正式公布畲族为单一民族。

畲族聚落以山地为主，与山地结下不解之缘。

畲族有自己传统的信仰，主要是盘瓠图腾和祖先崇拜，绘有"祖图"，刻有"祖杖"，编有称赞其始祖盘瓠为高皇的（盘瓠也称为"龙麒""盘护""高皇""盘大护""盘古大王"和"龙猛"）《高皇歌》，印有《开山公据》或《抚瑶券牒》。祭祖是畲族最崇高的宗教活动，它是团结本民族的精神支柱。

畲族是喜爱唱歌的民族，认为"歌是山哈写文章，大小男女学点唱，谁人不学山哈歌，好比学子断书堂"。畲族"俗不离歌"，各种民俗事物中都能体现出朴实、热烈、真诚的生活艺术化倾向。

畲族是开发我国东南沿海的先驱者，具有坚贞不屈、百折不挠的民族性格和诚挚、友善、团结、谦让的精神。

畲族人以自身的聪明才智缔造独特而灿烂的精神文化、物质文化。在我国东南沿海的文明史中有着畲族极其辉煌而为世人瞩目的篇章。

畲族的族称，与"畲"字含义密切相关。"畲"字来历甚古，《诗经・周颂》的"新畲"，《周易・无妄》的"菑畲"，这里的"畲"是指将荒地垦治成为可以种植的畲田。而《集韵》和《漳州谕畲》的所谓"畲，火种也"，其含义是用火烧去地里的杂草后种植农作物，其田称为火烧田。二者都含开天辟地、刀耕火种的意思。

而在广东一带有一俗字"輋"，其音 she（奢）。汉化檀萃《说蛮》云："輋，巢居也。"这说明"輋"的含义是侧重于居位形式，反映了畲族的山居特点。正如清光绪时《龙泉县志》所载："名义畲名，其善田者也。"可见，"畲"是很美好的字眼。

（2）祖先崇拜

畲族始祖盘瓠征服番王有功，高辛皇帝赐其为"忠勇王"，并招为三公主之驸马。盘瓠与三公主成婚后，入居深山，开山种田。生下三男一女，帝赐姓"长子姓盘，名自能；次子姓蓝，名光辉；三子姓雷，名巨佑；女称淑女，许配钟志深"。还封了爵号领地，盘自能封武骑侯处南阳郡，蓝光辉封护国侯处汝南郡，雷巨佑封立国侯处冯翊郡，女婿钟志深封敌国侯处颍州郡。后蓝、雷、钟成为当今畲族三大姓，并在其祖宗牌位上落款标明相应的地望"汝南郡"、"冯翊郡"和"颍州郡"。

畲族图腾的"祖图"，图文并茂，以盘瓠传说为依托，展示畲族历史发展、社会生产、文化习俗等。"祖杖"又称"龙手杖""法杖"，是畲家显示远祖权威的象征物。"祖图"和"祖杖"是畲家传世之宝，平时秘而不露。唯有祭祀仪式才得以展示。

三公主是畲家的女始祖。她不贪婪宫廷富贵、随夫携子，举家迁往岭南、躬耕陇亩、开发山区。由于她是宇宙之神，最终辞别子孙，变为凤凰、踏上彩云、升上青天。因此，三公主作为畲族的女性象征，得到畲家子孙的爱戴和崇拜，畲族将她的石像或牌位奉以尊位。畲家女头饰的凤冠和各种双凤朝阳的图案饰物，都展现了畲族以凤凰图腾，来展示对三公主的崇敬。

（3）民间信仰

畲族宗教信仰是以氏族神灵与世俗神灵相结合的崇拜对象的多神崇拜。畲族民间信仰的世俗神灵如下所列。

① 神圣化的族内英雄与历史传统人物。

② 职业性神灵。如猎神、农神崇拜。

③ 神格化的自然体。如谷神、谷娘、谷仙以及石母、树神崇拜。

④ 汉族社区深入的民间俗神。如供奉灶神、土地公。每家厅堂都供奉着"天地君亲师位"的牌位。

⑤ 世俗化的道释诸教尊神。

⑥ 鬼魂幽灵。

（4）畲寮演变

畲家宅舍称为"寮"。寮的主要形式有以下3种。

① 茅寮 畲族游耕时期或初迁阶段的宅舍，茅寮分为山棚（山寮）和泥间（土寮）。

1）山棚（山寮）。以树丫架上横条为主架，上盖茅草或杉树皮。

2）泥间（土寮）。寮内以数根竹木为支柱与主架。以泥土夯成围墙，或以小竹、菅草、芦秆编成篱笆墙，再涂上泥巴。俗称"千枝落地"墙。

② 草房 山棚与泥间的混合体，畲族定居的最初一批宅舍样式，是由茅寮向瓦房转化的过渡性宅舍。整体为以"个"字形、"介"字形和复合"介"字形结构为主的木结构，屋面多为双坡悬山顶，茅草为盖。筑土为墙、墙体低矮、内多统间、门户极小、无特制烟囱。范绍质在《瑶氏纪略》中云："结庐山谷，诛茅为瓦，编竹为篱，伐荻为户牖，临清溪栖茂树，有翳翳郁目然深曲。"

③ 瓦房 俗称"瓦寮"，是当今畲族最主要的宅舍样式。以木为柱梁，榫合结构，屋架为抬梁式，上铺木椽，椽上覆瓦，屋面多为悬山顶。四周筑以围墙，土墙前后各开一门。前门正对前厅稍大，后门偏小。

（5）聚落布局

畲家所居均为山地，按农耕文化的特点，聚落择基主要凭借经验，选择山水田俱佳之处。畲村传统聚落布局和畲寮的特点如下。

① 村多为集聚型村庄　散村因极为分散且户数少，故也称为"单座寮"或"几栋厝"。

② 少有拘束　虽然没有严格地按中华建筑文化理念进行畲寮的内部布局，但十分讲究宅门和灶门的朝向。

③ 注重实用　畲寮重实用，朴实无华，极少装饰。大多随势建造，少见斜门、假窗等。

④ 重视种树　畲村的村前屋后注重栽培树木。认为树木能"培荫风水"。畲族有："造成风水画成龙"的谚语，畲村的村口、后门山或者紧靠村旁的厝兜山都留有拔地参天的松、杉、樟、榕、柯、枫等大乔木。很多宗谱中都有严格要求护卫风水林，不得任意砍伐的家训。

（6）居住形态

畲寮居住形态注重人畜之别、长幼之别与喜丧之别。

畲寮内突出厅堂的重要位置，厅堂居中，卧室都置在厅堂两侧的前后间，前间叫"厅堂间"，后间叫"后厅间"。一般户主多住在前间，一旦年老，后辈继任户主，老人便退居后间。新婚洞房设在前间，而病人临危多移至后间，一旦死亡，遗体便安放于后厅。

畲民居住山地，畲寮多为两层。为防野兽侵害，底层土墙围舍较为封闭，用作牲畜和家禽饲养。二层敞开的木构架和大挑檐利于通风遮阳，用作家人居住。随着发展，现在畲寮均用作居住，而把禽畜饲养另辟与居住分开专门用作饲养的屋寮。

（7）建造工艺

畲家泥瓦匠、"大木师傅"手艺高明，北京紫禁城的建设便是出自畲民样式雷之手。畲家建房以族内的大木师傅为主。凭经验绘草图，在家备料，择日进行。一户建房，亲邻相助，责无旁贷，农闲多干，农忙少干，只管酒饭，不付工钱，一派和谐气氛，展现了畲民的凝聚精神。

2.5.2　时代畲寮设计（安国寺畲族乡村公园住宅小区住宅的设计创作）

（1）苦寻与立意

在苦苦的寻找和推敲中，从对畲族优秀的历史文化和居住形态中得到启迪，笔者斗胆地提出了时代畲寮的创作立意："功能齐全类型多，邻里关爱情意浓，庭院风光楼层化，人天和谐融自然。忠勇传芳四龙柱，颂扬公主凤吻脊，素雅淡妆添木韵，屋寮展现畲乡魂。"

（2）设计与展现

畲族是我国55个少数民族中人数较少，且分布地域较广的一个少数民族，居住在福建的畲族同胞占畲族总人数的一半。但长期以来，由于较为分散，其住宅形式随着时间流逝，特点也不突出。为了保护和弘扬畲族文化，2011年在福建建瓯市东游镇安国寺畲族乡村公园住宅小区的规划设计中，开创性地对住宅设计的文化性做了较为深入的研究。由于畲族同胞多数分散居住于山地，畲寮底层饲养家禽、牲畜，为避免各种侵害，常采用较封闭的做法，上面二层或者三层即利用木构架作了较为开放的布置方法。福建省建瓯市东游镇安国寺乡村公园居住小区的设计，旨在努力展现畲族民居文化的特点。

① 平面布置，以厅堂和起居厅分别作为家庭对外和内部活动的中心，并尤其重视厅堂民居的作用和布置要求。

② 功能齐全，并为了提高居住的舒适性和卫生性，设计中都确保所有的功能空间均能有直接对外的采光通风。

③ 厨房的布置以及前、后门的设置都能确保方便邻里往来。

④ 立面造型特别重视畲族文化的展现。以忠勇传芳四龙柱，突出畲族先祖是为高辛皇

帝所赐的忠勇王，后裔分别为盘、蓝、雷和钟四个姓氏，设计中在厅堂的门廊处设四根柱并饰以经简化的龙纹线雕。畲族女始祖三公主之贤惠、善良为畲族同胞所拥戴。因此，双凤朝阳成为畲族的图腾，设计中特借鉴中国传统民居吻脊的处理方法，于屋脊处设置双凤吻脊。同时在立面造型设计中充分展示畲寮底层封闭、上部开敞木结构的造型特点。

（3）兴奋与期待

历经十个月的创作研究，福建省建瓯市东游镇安国寺乡村公园居住小区的设计方案在众多同行的协助下得以完成。

（4）住宅设计与小区规划图

图 2-17 为甲型住宅、图 2-18 为乙型住宅、图 2-19 为丙型住宅、图 2-20 为丁型住宅、图 2-21 为戊型住宅、图 2-22 为己型住宅、图 2-23 为规划总平面图、图 2-24 为鸟瞰图。

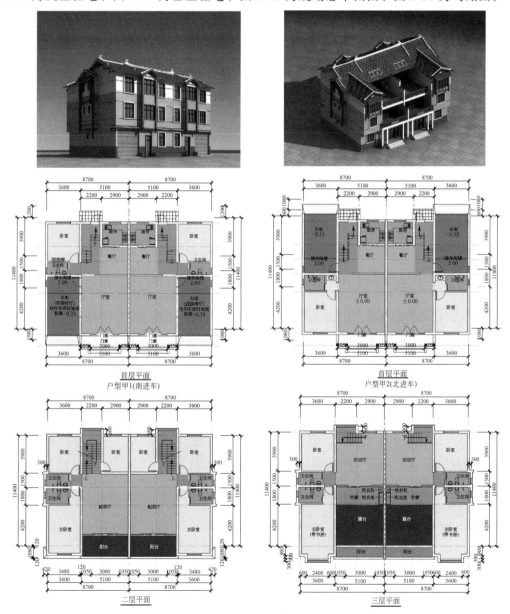

图 2-17　甲型住宅

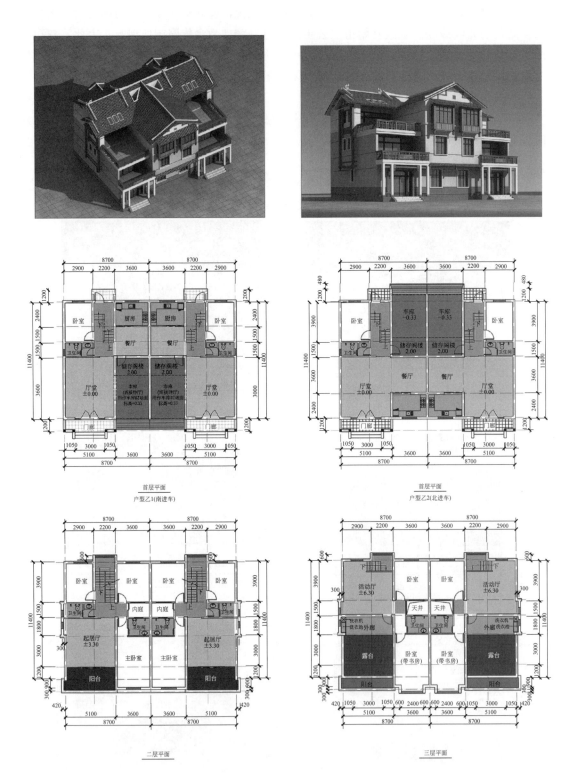

图 2-18　乙型住宅

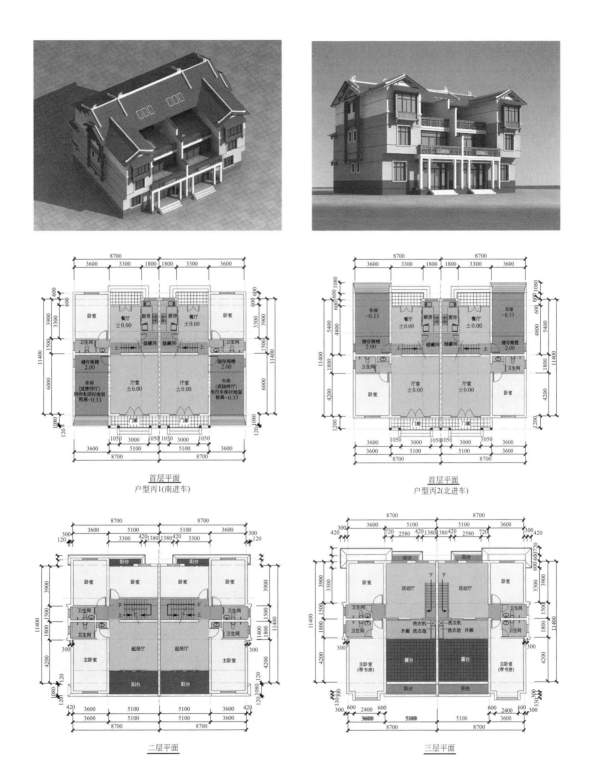

图 2-19　丙型住宅图

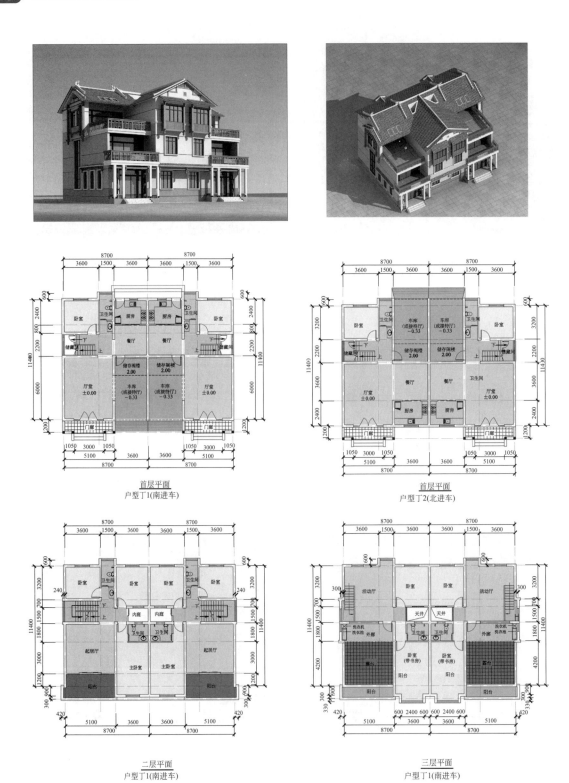

图 2-20　丁型住宅

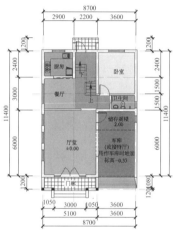

首层平面
户型戊1(南进车)

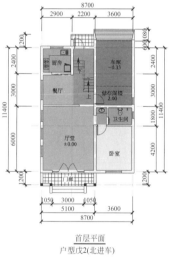

首层平面
户型戊2(北进车)

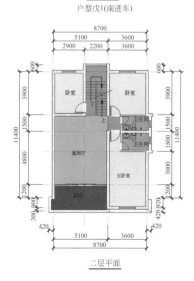

二层平面

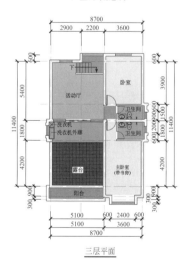

三层平面

图 2-21 戊型住宅

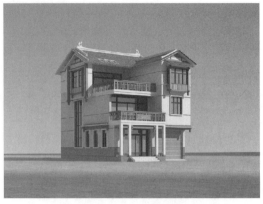

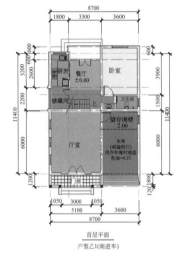

首层平面
户型乙1(南进车)

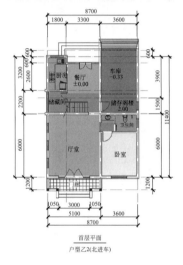

首层平面
户型乙2(北进车)

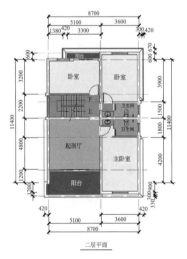

二层平面

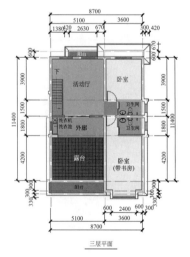

三层平面

图 2-22　己型住宅

图 2-23 规划总平面

图 2-24 鸟瞰图

3 城镇住宅的设计理念

　　住宅作为人类日常生活的载体，为生活提供了一定的必要客观环境，与千家万户息息相关。住宅的设计直接影响到人的生理和心理需求。通过人类长期的实践，特别是经过依附自然—干预与顺应自然—干预自然—回归自然的认识过程，使人们越来越认识到住宅在生活中的重要作用。住宅文化的研究也随之得到重视。住宅即生活。有什么样的人，就有什么样的生活；有什么样的生活，就有什么样的住宅。家不是作秀的地方，必须自然大方。经常生活其中的居家，也不是旅馆，必须可居可玩，可观可聊，要有生活的情趣变化。因此设计住宅也就是设计生活。

　　随着研究的深入，人们发现住宅对人健康的影响是多层次的。在现代社会中，人们在心理上对健康的需求在很多时候显得比生理上对健康的需求更重要。因此，对家居的内涵也逐渐扩展到了心理和社会需求等方面。也就是对家居环境的要求已经从"无损健康"向"有益健康"的方向发展，从单一倡导改善住宅的声、光、热、水、室内空气质量，逐步向注重住区医疗条件的完善，健身场所的修建，邻里交往模式的改变方向发展。这与中国传统建筑文化中所推崇的"天人之和""人际之和"以及"身心之和"极为契合。

3.1 城镇住宅的特点及建筑文化

　　城镇介于城市和乡村之间，处在广阔的乡村包围之中，是地域的中心。因此，有着优美的自然环境、地理特征和独特的乡土文化、民风民俗。城镇的居民与农村仍然有着千丝万缕的关系，人际关系和亲属关系十分密切，对功能空间的要求除了日常的居住空间外，还要求有一定的接待空间、接待客人的住宿及较多的储存空间，使得城镇住宅建设与大、中城市住宅有着不少的差异，所以不能套用一般的城市住宅或简单化了的城市住宅。城镇住宅与传统的农村独院式单层住宅也有着许多不同。传统的农村独院式单层住宅，不仅占地大、基础设施差、人畜混居、环境条件差等，而且使用功能不能适应现代家居生活的需要。所以在城镇住宅建设中，一般不采用独院式单层住宅。

3.1.1 城镇住宅的特点

（1）贴近自然

　　为了与优美的自然环境和谐共处，在城镇的住宅设计中，应布置有较多、较大的室外活动空间，具有较好的接地性，并与周围环境融为一体。

（2）多代同堂

在城镇的家庭中，很多都是三代同堂，这就要求必须更多地考虑为老年人和小孩居住创造舒适、方便的条件。

① 起居厅、厅堂等应朝南布置，且与阳台或其他室外活动空间有着较为直接的联系。

② 考虑到代际之间的关系，应具有代际之间的亲切联系，又具有相对的独立性，以避免相互干扰，因此，代际型住宅的设计在城镇中比起城市更具现实意义。

③ 邻里交往、亲属探访比起城市更为频繁，因此更应重视楼梯设置的朝向和位置；要为户外邻里交往创造条件；要为亲友探访提供留宿的可能。

（3）尊重民俗

中华民族有着很多优良的民情风俗。崇尚吉祥、和睦和亲善。因此，有着很多民间禁忌，这就要求城镇住宅在平面布局以及造型设计中引起足够的重视，以适应居民的需要。例如，大门就要为喜庆和过年张贴春联留有位置；对餐厅、厨房的布置有较高要求；对卫生间的位置和布置要求也都较为慎重等。

（4）方便经营

城镇有着很多颇具地方特色的传统家庭作坊，其服务设施规模小、布点多、距离近，以方便居民的生活。在城镇的建设中，住宅一般都是呈街坊式布置。因此底商住宅既便于生活，又方便经营便成为城镇住宅设计中一种颇为独特的形式。在城镇的建设中，不可能像大、中城市那样，有着很多的办公楼、写字楼、大商号可作为临街建筑的情况下，这种底商住宅对于构成城镇的街道景观具有十分重要的意义。

（5）街坊布局

城镇的住宅多以街坊布局的方式来组织住宅组群，便于居民的生活组织街道景观。

（6）空间灵活

为了适应时代变化对生活形态的影响以及各种不同的要求，城镇住宅的室内空间应有较大变化的灵活性。如厅与阳台之间的围护最好是采用可拆卸的推拉门，以适应某些喜庆活动较多亲属、聚会之所需等。

（7）多设储藏空间

城镇住宅对于储藏空间都有着较多的要求，车库的设置不是一种时髦，而是实际生活之所需。

（8）区位差别

城镇住宅，即使在同一个城镇，也会因其所在位置的不同而有一定的差别。例如，住宅越接近农村，对于储藏空间的要求就越多越高，贴近自然的要求也就越高。

（9）特色鲜明

每个城镇、每个村庄，不管其历史的久远，在中国传统建筑文化精髓的熏陶下，其民宅和街巷都会随自然环境、文化传统和经济条件等影响有着各自独特的风貌，也比较适应广大群众的需要。因此，必须更加重视民居建筑文化，营造特色。

3.1.2　城镇住宅的建筑文化

长期以来，城镇周边的农村和广大农村一样，由于其自然环境和对外相对封闭的经济形式，使得从事农业生产的广大农民对赖以生存的生态环境倍加爱护，十分珍惜自然所赐予的一切，充分利用白天的阳光，日出而作，日落而歇。因此，除了田间劳动，在家也使每一时刻都用在财富的创造之中，这种吃苦耐劳的精神使得在城镇范围内的住宅和农村住宅一样，其居住形态与城市住宅有着很大的不同，表现在必须满足居住生活和部分农副业生产的双重功能、多代同居的功能、密切邻里关系的功能以及大自然互为融合的功能。由此而形成了独特的建筑文化，主要包括厅堂文化、庭院文化和乡土文化。

（1）厅堂文化

我国的城镇范围内的周边农村和广大村庄一样，多以聚族而居，宗族的繁衍使得一个个相对独立的小家庭不断涌现，每个家庭又形成了相对独立的经济和社会氛围，住宅的厅堂（或称堂屋）在平面布局上居于中心位置和组织生活的关系所在，是住宅的核心，是居民起居生活和对外交往的中心。其大门即是农村住宅组织自然通风，接纳清新空气的"气口"，为此，厅堂是集对外和内部公共活动于一体的室内功能空间。厅堂的位置都要求居于住宅朝向最好的方位，而大门即需居中布置，以适应各种活动的需要。正对大门的墙壁即要求必须是实墙，在日常生活中用以布置展示其宗族亲缘的象征，如天地国亲师的牌位，或所崇拜的伟人、古人的圣像，或所祈求吉祥如意的中堂（见图3-1），尊奉祖先，师拜伟人，祈福求祥的追崇，以其朴实的民情风俗，展现了中华民族祭祖敬祖的优秀传统文化的传承和延伸。而在喜庆中布置红幅，更可烘托喜庆的气氛等，形成了独具特色的厅堂文化。厅堂文化在弘扬中华民族优秀传统文化和构建和谐社会方面有着极其积极的意义，在设计中应必须予以足够的重视。

(a)"福"字中堂　　　　　(b)佛像雕塑　　　　　(c)祖先牌位

图3-1　厅堂主墙壁的布置

为了节省用地，除个别用地比较宽松和偏僻的山地外，城镇低层住宅和新农村住宅已由低层楼房替代了传统的平房农村住宅，但住宅的厅堂依然是人们最为重视的功能空间，传承着平房住宅的要求。在面积较大的楼房中住宅厅堂的功能也开始分为一层厅堂作为对外的公共活动空间和二层起居厅作为家庭内部的公共活动空间，有条件的地方还在三层设置活动厅。这时，一层的厅堂要求仍继承着传统民居厅堂的布置要求，只是把对内部活动功能分别安排在二层的起居厅和三层的活动厅。

传统民居的厅堂都与庭院有着极为密切的联系，"有厅必有庭"。因此，在城镇低层住宅楼层的起居厅、活动厅也相应与阳台、露台这一楼层的室外活动空间保持密切的联系。

（2）庭院文化

传统民居的庭院，不论是有明确以围墙为界的庭院或者是无明确界限的庭院，都是优美自然环境和田园风光的延伸，也还是利用阳光进行户外活动和交往的场所，这是传统民居居住生活和进行部分农副业生产（如晾晒谷物、衣被、储存农具、谷物，饲养禽畜，种植瓜果蔬菜等）之所需，也是家庭多代同居老人、小孩和家人进行户外活动以及邻里交往的居住生活之必需，同时还是贴近自然，融合于自然环境之所在。广大群众极为重视户外活动，因此传统民居的庭院有前院、后院、侧院和天井内庭，都充分展现了天人合一的居住形态，构成了极富情趣的庭院文化。图 3-2 是北方传统低层住宅的庭院，是当代人崇尚的田园风光和乡村文明之所在，也是城镇低层住宅设计中应该努力弘扬和发展的重要内容。特别应引起重视的是作为城镇低层住宅楼层的阳台和露台也都具有如同地面庭院的功能，其面积也都应较大，并布置在厅的南面，在南方阳台和露台往往还是培栽盆景和花卉的副业场地或主要的消夏纳凉场所。住宅由于阳台和露台的设置所形成的退台，还可丰富立面造型，使其与自然环境更好地融为一体。带有可开启活动玻璃屋顶的天井内庭，不仅是传统民居建筑文化的传承，更是调节居住环境小气候的重要措施，得到学术界的重视和广大群众的欢迎，成为现代城镇住宅庭院文化的亮点。图 3-3 是城镇现代多层住宅底层的入户庭院，图 3-4 是带有可开启活动玻璃屋顶的天井内庭示意。

(a) 种植菜蔬 邻里交往

(b) 晾晒谷物 种植菜蔬

(c) 堆放谷物 晾晒衣被

(d) 家禽饲养 堆放农具

图 3-2　北方传统低层住宅的庭院

（3）乡土文化

在长期的实践中，人们认识到，人的一切活动要顺应自然的发展，人与自然的和谐相生是人类的永恒追求，以儒、道、释为代表的中国传统文化更是主张和谐统一，也常被称为"和合文化"。

在人与自然的关系上，传统民居和聚落遵循顺应自然、相融于自然，巧妙地利用自然形成"天趣"。在物质与精神关系上，中国广大聚落在二者关系上也是协调统一的，人们把对黄天厚土的崇敬与对长寿、富贵、康宁、好德、善终"五福临门"的追求紧密地结合起来，形成了环境优美、贴近自然、明清风俗淳朴真诚、传统风貌鲜明独特和形式别致丰富多彩的乡土文化，具有无限的生命力。

（a）入户庭院鸟瞰

（b）入户庭院园路

图 3-3

（c）入户庭院石茶座

（d）入户庭院花架

图 3-3

（e）入户庭院的浓荫

（f）入户庭院原木茶座

图 3-3　城镇现代多层住宅底层的入户庭院

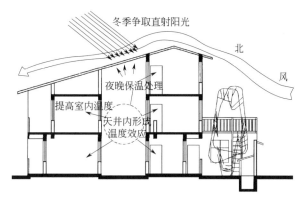

(a) 冬季遮挡北风示意

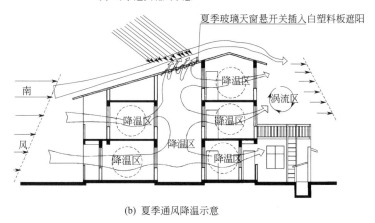

(b) 夏季通风降温示意

图 3-4　带有可开启活动玻璃屋顶的天井内庭示意

我们必须认真深入地发掘富有中华民族特色的优秀乡土文化，在新型城镇建设中加以弘扬，使其焕发更为璀璨的光芒，创造融于环境、因地制宜、各具独特地方风貌的新型城镇。

3.2 城镇住宅的设计原则和指导思想

3.2.1　城镇住宅的设计原则

（1）建筑设计的基本原则

建筑设计的基本原则是安全、适用、经济和美观。这对于城镇的住宅设计同样是适合的。

① 安全　就是指住宅必须具有足够的强度、刚度、抗震性和稳定性，满足防火规范和防灾要求，以保证居民的人身财产安全，达到坚固耐久的要求。

② 适用　就是方便居住生活，有利于农业生产和经营，适应不同地区、不同民族的生活习惯需要。包括各种功能空间（即房间）的面积大小、院落各组成部分的相互关系，以及采光、通风、御寒、隔热和卫生等设施是否满足生活、生产的需要。

③ 经济　就是指住宅建设应该在因地制宜、就地取材的基础上，要合理地布置平面，充分利用室内、室外空间，节约建筑材料，节约用地，节约能源消耗，降低住宅造价。

④ 美观　就是指在安全、适用、经济的原则下，弘扬传统民族文化，力求简洁明快大方，创造与环境相协调，具有地方特色的新型农村住宅。适当注意住宅内外的装饰，给人美的艺术感受。

城镇住宅由于使用功能上的要求，与大自然相协调的需要，为了方便生活，节省土地，城镇住宅应由多层公寓式住宅和二、三层的低层庭院住宅为主。因此，低层庭院住宅和多层住宅应是城镇住宅的研究重点，而小高层住宅乃至高层住宅即可参照城市住宅的同时，还应适当考虑城镇居民和城市居民不同的居住形态和乡土文化。

(2) 城镇住宅设计的基本原则

① 应以满足城镇不同层次的居民家居生活和生产的需求为依据。一切从住户舒适的生活和生产需要出发，充分保证城镇家居文明的实现。

② 应能适应当地的居住水平和生产发展的需要，并具有一定的超前意识和可持续发展的需要。

③ 努力提高城镇住宅的功能质量，合理组织齐全的功能空间并提高其专用程度。实现动静分离、公私分离、洁污分离、食居分离、居寝分离。充分体现出城镇住宅的安全性、适用性和舒适性。

④ 在充分考虑当地自然条件、民情风俗和居住发展需要的情况下，努力改进结构体系，突破落后的建造技术，以实现城镇住宅设计的灵活性、多样性、适应性和可改性。

⑤ 各功能空间的设计应为采用按照国家制定的统一模数和各项标准化措施所开发、推广运用的各种家用设备产品创造条件。

⑥ 城镇住宅的平面布局和立面造型应能反映城镇住宅的特点，并具有时代风貌和富有乡土气息。

3.2.2　城镇住宅设计的指导思想

(1) 努力排除影响居住环境质量的功能空间

居住形态是指为满足人们居住生活行为轨迹所需要的功能及其组合形式。20世纪60年代，日本的西山卯三先生在《住宅的未来》一书中提出的"生活社会化结构"理论认为，从建筑历史的演变来看，住居发展是从人类最初作为掩体的单一空间的初级住宅开始，生活的丰富带来了生活空间的复杂化，同时从住宅中排出了许多生活过程，分离成其他建筑，进一步发展又将居住生活许多部分社会化，诞生许多新的设施，从而使居住生活走向"纯化"。然而，近年来，随着科学技术的进步，家庭办公、家庭娱乐、家庭健身等设施的不断涌现，这就又将使居住生活再次走向"多元化"。但这是一个新的飞跃，它是在以提高居住生活环境质量为前提，在极大程度上是以不影响居住生活质量为条件的，也可以说是不会影响到居住生活的"纯化"。

千百年来，小农经济的生产模式导致我国城镇居民的居住形态极其复杂。城镇经济体制的改革促使经济飞速发展，农村剩余劳动力的转移，使得广大居民更多地接触到现代科学技术较为集中的城市，因而在观念上有了很大的变化。尤其是农业生产集约化和适度规模经营的推广，使得一些经济比较发达地区的城镇住宅已摆脱过去小农经济那种独门独院的农业户、庭院经济户、手工业户……亦农亦住、亦工亦住以及把异味熏天的猪圈、鸡窝同住宅组织在一起，严重影响居住环境质量的居住形态。那种猪满圈、鸡满院的杂乱现象已被动人的庭院绿化所替代，形成优雅温馨的家居环境。因此，要提高城镇住宅的功能质量，使其满足城镇居住水平和生活的需要，只有摆脱小农经济的发展模式，才能获得经济的高速发展，也才能促使思想意识的转变，进而在居住生活中排除那些影响居住环境质量的功能空间。

鉴于各地区城镇的发展情况极不平衡，在城镇边沿地带，当还需要饲养禽畜时，应努力实现"一池带三改"（即以沼气池带动低层住宅的改厕、改圈和改厨）。在有条件的地方，应统一把禽畜的饲养集中在城镇住区的下风向。并与住宅小区有防护隔离的地段，设置集中饲养场分户饲养。

（2）充分体现以现代城镇居民生活为核心的设计思想

城镇住宅的设计应以符合城镇居民的居住行为特征，突出"以人为核心"的设计原则。提倡住户参与精神，一切从住户舒适的生活和生产的需要出发，改变与现代居住文明生活不相适应的旧观念。因此，城镇住宅的设计必须建立在对当地城镇经济发展、居住水平、生产要求、民情风俗等的实态调查和发展趋势进行研究的基础上，才能充分保证家居文明的实现。为此，广大设计人员只有经过熟悉群众、理解群众、尊重群众，在尊重民情风俗的基础上，和群众交朋友，才能做好实际调查，也才能做出符合当地居民喜爱的设计。在设计中又必须留出较大的灵活性，以便群众参与，也才能在设计中充分体现以现代城镇居民生活和生产为核心的设计思想。

（3）弘扬传统建筑文化，在继承中创新，在创新中保持特色

我国传统民居，无论是平面布局、结构构造，还是造型艺术，都凝聚着我国历代先人们在顺应自然和适度改造大自然的历史长河中的聪明才智和光辉业绩，形成了风格特异的文化特征。作为建筑文化，它不仅受历史上经济和技术的制约，更受到历史上各种文化的影响。我国地域辽阔，幅员广大，民族众多，各地在经济水平、社会条件、自然资源、交通状况和民情风俗上都各不相同。可通风防湿和防御野兽蛇虫为害的傣族竹楼、外墙实多虚少的藏胞碉房、利于抵御寒风和拆装方便的蒙古包以及北京的四合院、安徽的徽州民居、福建东南沿海一带的皇宫式古民居、闽西的土楼等，都颇具神韵，各有特色。不仅如此，即便是在同一地区、同一村庄，能工巧匠们也能在统一中创造出很多各具特色的造型。同是起防火作用的封火墙，安徽的、浙江的、江西的、福建的……都各不相同，变化万千。建筑师们在创作中往往把它作为一种表现地方风貌和表现自我的手法，大加渲染。

在城镇住宅的设计时，对于我国灿烂的传统建筑文化，不能仅仅局限于造型上的探讨，还必须考虑到现代的经济条件，运用现代科学技术和从满足现代生活、生产发展的需要出发，从平面布局、空间利用和组织、结构构造、材料运用以及造型艺术等诸多方面努力汲取精华，在继承中创新，在创新中保持特色。因地制宜，突出当地优势和特色，使得每一个地区、每一个城镇乃至每一幢建筑，都能在总体协调的基础上独具风采。

（4）努力改进结构体系，善于运用灵活的轻质隔墙

经济的发展推动着社会进步，也必然促进居住条件和生活环境的改善。城镇住宅必须适应可持续发展的需要，才能适应城镇生产方式和生产关系所发生变化的需要。同时，由于住户的生活习惯各不相同，也应该为住户参与创造条件。城镇住宅的设计就要求有灵活性、多样性、适应性和可改性。为此，必须努力改进和突破传统落后的建造技术，推广应用和开发研究适用于不同地区的坚固耐用、灵活多变、施工简便的新型城镇住宅结构。目前，有条件的地方可以推广钢筋混凝土框架结构，而仍然采用以砖混结构为主的，也不要把所有的分隔墙都做成承重砖墙，而应该根据建筑布局的特点，尽量布置一些轻质的内隔墙，以便适应变化的要求。外墙应确保保温、隔热的热工计算要求，并为创造良好的室内声、光、热、空气

环境质量提供可靠的保证。

（5）必须对城镇住宅的室内装修善加引导

从上古时期所留下的壁画来看，古人也很懂得如何在简陋的洞穴里经营出属于自己和家人的小天地。

进入21世纪，人们的居住条件有了根本改变，随着住宅硬环境的改善，一场家庭装修革命也随之悄然兴起。纵观人们对住宅室内软环境的营造，折射出种种截然不同的心态，在某种意义上说，这也反映了人们的文化素养和心理情趣。

改革开放以来，人们的生活节奏加快了，客观上需要一个良好的居住环境，人们已逐步开始摆脱传统的无需装修的旧观念，而不断追求一种具有时代美感的家居环境。

随着城镇居民收入增加了，对于家庭装修也特别重视。家庭装修应以自然、简洁、温馨、高雅为居民提供安全舒适、有利于身体健康和节约空间的居住环境。但由于对城镇居民的装修意识缺乏引导，盲目追求欣赏效果、与人攀比、照搬饭店的设计和材料，造成了华而不实、档次过高、缺少个性，导致投入资金偏大，侵占室内空间较多，甚至对原有建筑结构的破坏较为严重及使用有毒有害的建筑材料等不良效果。住宅毕竟不是仅仅用来看的，对城镇住宅的室内装修应善加引导，本着经济实用、朴素大方、美观协调、就地取材的原则，充分利用有限资金、面积和空间进行装修，真正地为提高城镇住宅的功能质量，营造温馨的家居环境起到补充和完善的作用。

3.2.3　城镇住宅设计的基本要求

（1）套型设计

① 住宅都应功能齐全，各功能空间应保持不同程度的专用性和私密性要求。

② 充分吸收传统民居以客厅、起居厅作为家庭对外的内部活动中心的原则。合理布置客厅、起居厅的位置。用户楼梯应与客厅、起居厅有便捷的联系。

③ 应设置门厅作为每套住宅的室内外过渡空间，用来换鞋、换衣、放置雨具等。

④ 每套住宅应设置相对独立的餐厅，且应与厨房相邻并尽可能靠近客厅。

⑤ 室内空间分隔应根据功能要求尽可能采用可拆改的非承重的隔墙或灵活的推拉、折叠等隔断，以满足灵活性、可变性的要求。

⑥ 各功能空间应根据家居生活的各种要求及各地不同的生活习惯等特点，确定适宜的空间尺度和良好的视觉。合理安排设备、设施和家具，以保证各功能空间的相对稳定。

⑦ 套型设计各主要功能空间均应有直接对外的窗户，并应组织好自然通风。客厅、起居厅应有充足的光照和良好的视野。主要卧室（特别是老年人的卧室）应争取较好的朝向。

⑧ 应根据各功能空间的不同使用要求，增加相应的储藏空间。

⑨ 每户应布置存放一辆小汽车或农机具的库房。

⑩ 应根据不同的地理位置和气候条件、选择适宜的朝向布置阳台、露台或外廊，为住户提供较多的私有室外活动空间。住宅庭院应避免采用封闭围墙。

⑪ 每套住宅应有一个满足安装成套设备的厨房。占有两层以上的套型住宅应分层设置卫生间。

（2）厨卫及设施、管线设计

① 厨房、卫生间应具有良好的通风和采光，并根据需要加设机械排烟通风设备或预留位置。

② 厨房、卫生间应有足够的面积，采用整体设计的方法，综合考虑操作顺序、设备安装、管线布置以及通风、储藏要求。

③ 城镇住宅的热水供应系统应首选各种太阳能集热器，以节约能源。

④ 各类管线系统应采取综合设计相对集中布置，设立管道井和水平管线区。并应隐藏一次敷设，便于维修、查表。

⑤ 合理配置电源，电容量应适当留有余地。装设漏电保护装置，采用节能电器及开关，提供数量足够、位置合适的电源插座，便于安装各种家用电器。

⑥ 城镇住宅设计均应考虑装设电话、电视光缆以及户内多台并联的可能。

（3）住栋设计

① 根据节约用地的原则、确定住宅层数，城镇的低层住宅应尽可能采用并联式和联排式并应以多层住宅或多、高层结合为主。

② 提倡住宅类型多样化，为丰富住栋形式创造条件。充分利用和发挥建筑各部分空间的特点（包括低层、顶层、阁楼层、尽端转角、楼梯间、阳台、露台、外廊、错层和入口等特殊部位），以丰富住栋内外空间，使其更富生活气息。

③ 吸取传统民居中优秀创作手法，使其具有地方特色。避免千篇一律，使住栋具有明显的识别性。

④ 应充分利用自然环境中的各种有利因素，努力把建筑与环境融为一体，从而为住栋创造舒适优美的具有田园风光的居住环境。

（4）结构设计

① 为适应住宅空间的灵活性、多样性、适应性和可改性的设计要求、提倡采用新型结构体系。

② 结构设计必须具有足够的抗灾性能，除了应确保安全性、合理性、经济性外，尚应做到适应当地的实际情况，施工简单、操作方便。

③ 提倡使用新型墙体材料，显著使用或进驻使用空心黏土砖。寒冷地区应采用新型保温节能外墙围护结构，炎热地区即应做好墙体和屋盖的隔热措施。

（5）室内装修

① 实行建筑主体初装修和家居装修两阶段营造方式，组织装修专业队伍实施成套供应与服务，以确保家居装修的质量。

② 实现绿色装修，确保居民安全入住。

③ 务必做好门、窗及阳台的安全防护设施，确保防灾和多、高层住宅的安全保障。

3.3 城镇低层住宅的特点

城镇低层住宅是城镇住宅中一种最具特色、最能展现乡土文化的居住形态，主要用于城镇范围内周边的农业户。由于其使用功能较为复杂，所处的环境贴近自然和各具特色的乡土文化，因此具有如下 5 个特点。

（1）使用功能的双重性

城镇范围内周边的农业户，主要从事农业生产以及各种副业、家庭手工业的生产，这其中不少都是利用住宅作为部分生产活动的场所。因此，城镇低层住宅不仅要确保居民生活居住的功能空间，还必须考虑除了很多的功能空间都应兼具生活和生产的双重要求外，还应该配置供农机具、谷物等的储藏空间以及室外的晾晒场地和活动场所。例如，庭院是这种住宅中一个极为重要并富有特色的室外空间，是室内空间的对外延伸。在城镇低层住宅建设大量推广沼气池中，平面布置就要求厨房、厕所、猪圈和沼气池要有较为直接、便捷的联系，以方便管线布置和使用。

（2）持续发展的适应性

改革开放以来，农业经济发生了巨大的变化，居民的生活质量不断提高。生产方式、生产关系的急剧变化必然会对居住形态产生影响，这就要求城镇低层住宅的建设应具有适用性、灵活性和可改性，既要满足当前的需要，又要适应可持续发展的要求。以避免建设周期太短，反复建设劳民伤财。如设置近期可用作农机具、谷物等的储藏间，日后可改为存放汽车的库房。又如把室内功能空间的隔墙尽可能采用非承重墙，以便于功能空间的变化使用。

（3）服务对象的多变性

我国地域广阔，民族众多。即便是在同一个地区，也多因聚族而居的特点，不同的地域、不同的聚落、不同的族性也都有着不同的风俗民情，对于生产方式、生产关系和生活习俗、邻里交往都有着不同的理解、认识和要求，其宗族、邻里关系极为密切，十分重视代际关系。这在城镇低层住宅的设计中都必须针对服务对象的变化，逐一认真加以解决，以适应各自不同的要求。

（4）建造技术的复杂性

城镇低层住宅不仅功能复杂，而且建房资金紧张，同时还受自然环境和乡土文化的影响，这就要求城镇住宅的设计必须因地制宜，节约土地；精打细算，使每平方米的建筑面积都能充分发挥应有的作用；就地取材，充分利用地方材料和废旧的建筑材料；采用较为简便和行之有效的施工工艺等。在功能齐全、布局合理和结构安全的基础上，还要求所有的功能空间都有直接的采光和通风。力求节省材料、节约能源、降低造价、创造具有乡土文化特色的城镇低层住宅，这就使得面积小、层数低，看似简单的城镇低层住宅显现了设计工作的复杂性。

（5）乡土文化的独特性

城镇低层住宅，不仅受历史文化、地域文化和乡土文化的影响，同时也还受使用对象对生产、生活的要求不同而有很大的变化，即使在同一个聚落，有时也会有所不同。对农村住宅的各主要功能空间及其布局也有着很多特殊的要求。比如厅堂（堂屋）就不仅必须有较大的面积，还应位居南向的主要入口处，以满足家庭举办各种婚丧活动之所需。这是城市住宅中的客厅和起居厅所不能替代的，必须深入研究，大力弘扬，以创造富有地方风貌的现代城镇低层住宅，避免千屋一面，百里同貌。

3.4 城镇多层住宅的特点及设计要求

城镇多层住宅是目前我国城镇住宅建设的主要形式，根据我国城镇人口、土地等多方面因素综合考虑，这是比较适合国情的住宅形式，是一种可持续发展的途径。

3.4.1 城镇多层住宅的类型

（1）按照使用性质分

按照使用性质可分为商住型、居住型。

① 商住型 商业与居住混合在一起。常见的是底商住宅（见图 3-5），即临街底层为商业用途，以上为居住。也有 SOHO 模式，既可以商业办公，又可供居住使用。

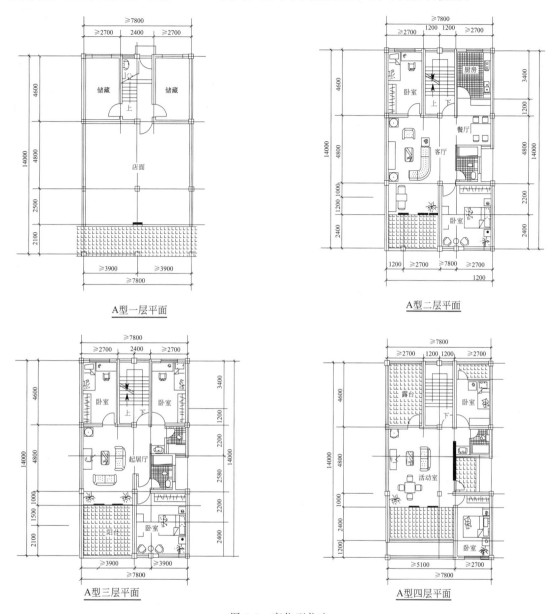

图 3-5 商住型住宅

② 居住型 仅作为居住专用的多层住宅。

（2）按照平面布局分

按照平面布局可分为板式单元式（见图 3-6）、点式单元式（见图 3-7）。

单元式住宅通常每一个楼梯可同时服务几户，每单元楼面只有一个楼梯，住户由楼梯平台直接进入分户门。每个楼梯的控制户数和面积称为一个居住单元。

单元式住宅是目前在我国大量兴建的城镇多层住宅中应用最广的一种住宅建筑形式。这类住宅与走廊式住宅的最大区别是每层楼面只有一个楼梯，可为 2～4 户提供服务，住户由楼梯平台进入分户门。不论是一梯二户，还是一梯三户，每个楼梯的控制面积称为一个"居住单位"。

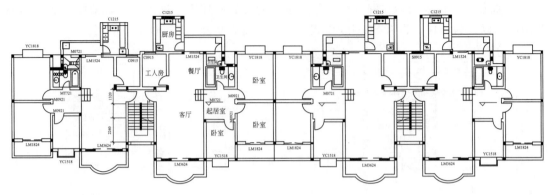

图 3-6　板式单元式住宅平面图

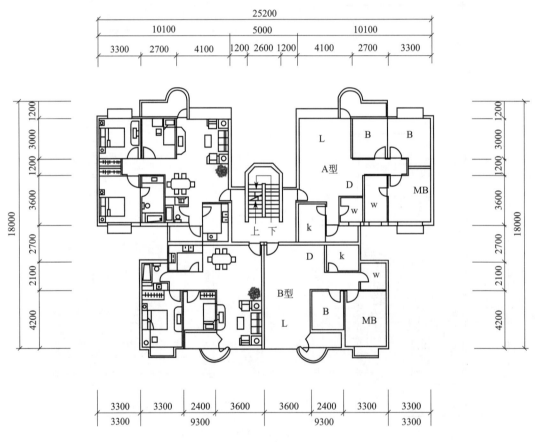

图 3-7　点式单元式住宅

如果住宅的平面是板式（条形）设计，则一幢板式单元住宅可由几个单元并联或联排组成。如果住宅设计为点式（或称塔式），即由一个单元独立构成，又称"独立单元式住宅"。

（3）按照剖面形式分

按照剖面形式分为平层式、跃层式。

① 平层式　平层式是指一套住宅包括起居厅、卧室、卫生间、厨房等所有功能房间均处于同一水平层面上，各功能空间联系方便，可以满足无障碍设计。这是城镇住宅中最为常见的形式。

② 跃层式（见图 3-8） 跃层式是指一套住宅占有上下两层楼面，卧室、起居室、客厅、卫生间、厨房及其他辅助用房可以分层布置，上下层之间的交通不通过公共楼梯而采用户内独用小楼梯连接。跃层住宅一般在首层安排起居、厨房、餐厅、卫生间和最好的一间卧室，二层安排一般卧室、书房、卫生间等。跃层住宅每户都有较大的采光面；通风较好，户内居住面积和辅助面积较大，布局紧凑，功能明确；相互干扰较小。常用作两代居住宅，但这种跃层式住宅有利有弊，如老人因腿脚问题而很难使用楼上空间。

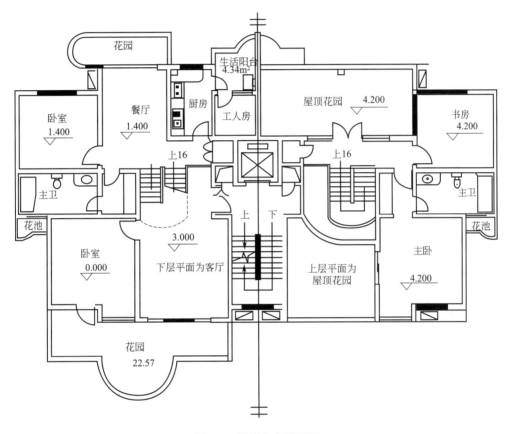

图 3-8 跃层住宅平面图

（4）按照楼梯位置分

按照楼梯位置分为南梯、北梯、外凸楼梯等。

① 南梯（见图 3-9） 楼梯布置在建筑平面内的南侧。该种楼梯布置的缺点是楼梯占用南向朝向，住宅少了一个开间的南向房间。但这种布置形式可以结合南向的采光将楼梯间作为公共花园平台，增进邻里交往。

② 北梯（见图 3-10） 楼梯布置在建筑平面内的北侧。该种楼梯布置的优点是增加了一间住宅南向的房间，多在更加需要阳光的北方地区使用。缺点是入口在北侧，冬季风大。

③ 外凸楼梯（见图 3-11） 楼梯凸出布置在建筑平面外。通常是四（五）层的跃层住宅用得多，即一、二层为一户，直接从地面入户；三、四（五）层为一户，楼梯单独凸出布置在楼外，跨越楼下住户直接入户。造型有一定特色，较为美观，但占地面积较大。

（5）按照楼梯服务户数分

按照楼梯服务户数分为一梯一户、一梯两户、一梯三户、一梯四户等。

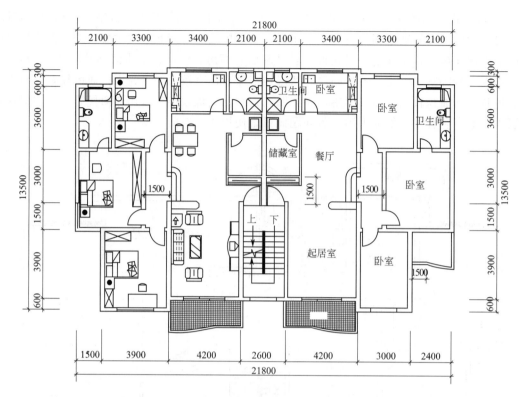

图 3-9　南梯

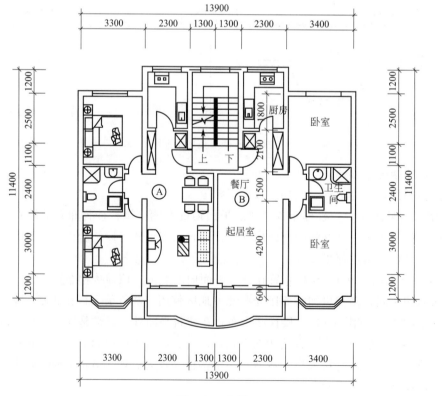

图 3-10　北梯

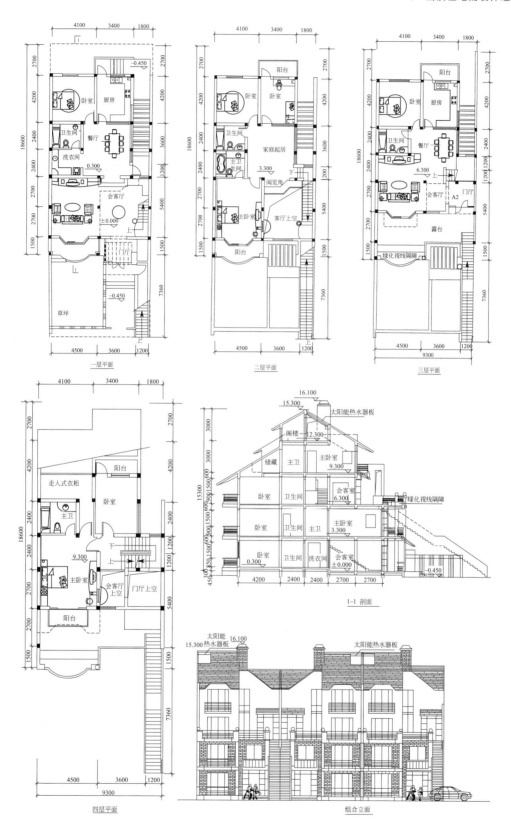

图 3-11　外凸楼梯

　① 一梯一户　一部楼梯服务一户家庭，常为两代居等。

　② 一梯两户　一部楼梯服务两户家庭，这是多层小城镇住宅最常见的形式。

　③ 一梯三户　一部楼梯服务三户家庭，其中一户面积较小且通风较差。

　④ 一梯四户　一部楼梯服务四户家庭，常为单跑楼梯。

（6）按照结构形式分

按照结构形式分为砖混、框架等。

　① 砖混结构　主要由砖墙作为竖向承重构件，承受垂直荷载；用钢筋混凝土做水平承重构件，如梁、楼板、屋面等。这是目前我国城镇多层住宅中最为常用的结构。

　② 框架结构　由梁柱作为主要构件组成住宅的骨架，目前在城镇多层住宅建设中常用的是钢筋混凝土框架结构。

3.4.2　城镇多层住宅的设计理念

（1）城镇多层住宅设计现存问题

　① 缺乏统一的规划和管理　我国大部分城镇缺乏统一、科学的规划，住宅建设的随意性很大，配套设施不够完善，居住环境质量不高。规划缺乏预见性，布局不合理。由于缺乏科学合理的城镇总体规划，限制了城镇的发展，造成人力、物力、财力的极大浪费。规划管理不严格，随意修改规划条件，使已有的规划成为一纸空文。城镇现有的规划设计常常是自由无序的，没有考虑可持续发展。

　② 住宅缺少城镇特色设计　传统城镇的居住形态受到社会发展因素的影响，如生产方式、家庭结构、生活方式、居住需求对住宅发展提出相适应的类型和新功能的要求。传统地方民居与现代生活需要的矛盾，在"国际化""现代化"和盲目照搬城市住宅的冲击下，城镇住宅丧失了优秀建筑文化和地方特色，丧失了贴近自然的宜居环境。很多设计未考虑城镇居民需求，缺少密切的邻里交往空间，缺少必要的使用空间，如储藏间等。

　③ 缺乏对弱势人群（包括残疾人、老年人和病人）的关爱设计　城镇多层住宅设计中的无障碍设计和通用设计还未落实，多数住宅没有考虑弱势人群的行为特点，只考虑了成年正常人的使用。对弱势人群的关爱是现代文明的重要标志。但城镇由于就医方面的条件远不如城市方便，因此在住宅设计中，更应注重弱势人群，为其生活提供方便。

（2）城镇多层住宅与城市多层住宅的差异性比较

国际化淹没了中国城市的特色，并严重殃及广泛的城镇，城镇特色正在消失。简单化的设计歪曲了简约设计的科学性，时代性否定了传统文化的传承。浮躁和张扬的社会风气使得住宅设计只讲求建筑面积的大小、结构质量的好坏，忽视了建筑功能的合理性和传统文化的科学性，破坏了立面造型的居住特性和地方风貌的表达，忽视了居住的安全性。例如，原本用以展现居住建筑性格的阳台，被飘窗替代，被全封闭的落地窗取代，失去了造型特色，降低了建筑的可识别性。

当前城镇多层住宅的设计不但未能根据自身的特点进行构思，做出适宜各地不同特点的住宅设计方案，而且照抄城市多层住宅设计。城市住宅设计所存在的严重问题，如远离自然，邻里关系疏远，面积过大，传统文化丧失等，在城镇多层住宅设计当中，问题更加严重。这必须引起足够的重视，努力加以避免，认真做出适宜的住宅设计。

城镇多层住宅的设计应注意和城市中的多层住宅设计的差异，因为二者存在的场所环境和人文背景有着较大的区别。社会上可能多数人认为，城镇和大城市比起来，地理位置偏远，经济落后，住宅设计相应地会简单些。实际上，城镇中环境优美，就近从业，人际关系密切，生活空间丰富，更富生活气息，因而是较为理想的居住环境。住宅设计应当更为细致，更注重使用者的细节需求。基于这种理念，城镇中的住宅设计应当更加人性化、生态化。

城镇住宅与城市住宅相比，具有很多的优势。通过表 3-1 可以看出，城镇中土地资源相对丰富，人口较少，因而有较广阔的发展空间。因与农村相邻，自然环境优美，生态气息浓郁，污染较少，适合人类居住，是真正的宜居环境。目前，在国际化的影响下，城镇的特色风貌逐渐消失，应当引起重视。城镇中居民彼此熟识，人际关系亲切，交往多，因而对邻里公共空间的需求更加迫切。对于住宅设计来说，城镇住宅应当更加细致，更多地考虑当地居民特有需求，方便居民生活，考虑可持续发展空间。城镇住宅应以低层、多层为主。

表 3-1　城市住宅与城镇住宅差异性比较

比 较 因 素	城 市 住 宅	城 镇 住 宅
土地人口	土地紧张,人口稠密	土地相对宽松,人口较少
生态环境	自然环境不良,污染多	自然环境优美,污染少
地域特色	特色消失,城市风貌趋同	特色尚存,城镇风貌突出
邻里交往	人际关系淡漠,交往少	人际关系亲切,交往多
心理安全	邻里陌生,安全性差	邻里熟识,安全性好
住宅设计	条件简单,设计粗糙	要求较高,设计细致
住宅主要形态	中高层、高层为主	低层、多层为主

（3）关注城镇老年人住宅设计

城镇住宅建设要体现"以人为本"的思想，更要有"以人为善"的爱心，要体现对人的关怀，尤其是对老年人的关怀，要充分考虑为老年人、儿童、残疾人和病人提供生活便利。

为适应城镇人口老龄化的需要，在城镇住宅建设过程中应考虑家庭结构的变化和老年人的特殊需要的特点。"两代居"是一种较为适合城镇家庭结构的住宅类型，即一对老年夫妇和一对青年夫妇及孩子共同生活，住宅平面布局应能满足老年家庭和青年家庭可分可合的特点。"两代居"既符合中国传统的养老观念，又满足现代社会老少两（三）代人各自独立生活的愿望；既能互相照顾、共享天伦之乐，又有各自的私密空间。

目前，我国城镇老年人大多数持有传统的"在宅养老"的思想，除非迫不得已，一般都住在普通的住宅里，很少有人去住养老院等专门的养老机构。而现有的城镇住宅设计都是以正常人为依据，没有考虑到老年人在生理上、心理上和社会方面的特殊需要。这就要求在城镇住宅设计中更加需要充分考虑老年人的生活起居特点，做出相应设计或者相应的改造设计。如在既有高层住宅中加设电梯，楼道、房间中加设扶手和避免高差等。

3.4.3　城镇多层住宅的设计要求

城镇多层住宅以贴近自然、注重交流、追求生活气息等为设计目标，力图创造出宜人的生活环境，为城镇居民的生活创造更舒适的享受。城镇多层住宅设计中应当充分考虑居民居住特点，家庭结构，住宅空间的特殊需求等。

（1）贴近自然的生态设计

城镇的自然生态环境优于城市，包括自然环境优美、道路通畅、污染较少、交通噪声小、热岛效应小、绿地覆盖率高以及河流湖泊众多等。城镇多层住宅中应当积极引进自然的因素，如利用阳台、门厅等设计元素，将自然、生态带到城镇多层住宅中，以入户花园庭院为多层住宅楼上住户创造出更适宜人居住的空间来。

（2）注重邻里交流的公共空间设计

城镇中的居民由于彼此熟识，更注重对交流空间的需求。公共交流空间可以是室外的，也可以是室内的。最为便捷的就是利用门厅和楼道、电梯间共同组成作为邻里交往的公共空间。对这些部位的设计应当更加重视，充分营造出亲切的交往空间来，将原来仅作垂直交通的消极空间变为积极的空间，也可避免把阳台变为堆放垃圾、储物的消极空间。

（3）注重生活品质的人性化设计

在大城市中，住宅建设用地紧张，人口密集，简单化地采用大进深等设计手法，牺牲一部分空间的采光，通风。而在城镇的住宅建设中，就应严格要求，充分考虑适合人居住的任性化设计。

① 全明设计　全明设计是最必要的一种设计手法。即所有的功能空间均应有直接对外的采光和通风，组织好自然通风，以满足生活舒适性的要求。通常在城市住宅中忽视卫生间的采光和通风。由于卫生间是住宅现代文明的重要标志，是提高居住品质的最基本的要求，所以，在城镇多层住宅中，卫生间做成明卫是非常必要的。

② 起居厅南向设计　我国优秀的传统建筑文化特别强调对方位、朝向的要求，无论是从传统文化的弘扬还是实际生活需求方面考虑。老人和儿童居住活动的空间朝南，光照充足，阳气旺盛，这不仅符合我国大部分地区的观念，更为重要的是其有益于老人和儿童的健康。因此城镇住宅当中的核心起居厅类似于传统民居中的厅堂，应当朝南向。起居厅是全家的活动中心，是家庭成员共享天伦之乐的场所，应尽可能扩大面积。起居厅应采用传统民居堂屋的布置，与南面的阳台有直接的联系，采用可拆卸墙或推拉折叠门，做到室内外空间的渗透，以满足不同使用要求的灵活性和可变性。

③ 厨房设计　厨房是住宅的重要空间，流线功能复杂，卫生安全要求高，设备设施众多。施工安装复杂，因此厨房未来的发展方向是配套化、定型化、系列化，并且有整体设计的概念。城镇多层住宅设计中还应充分考虑到地方特色，在厨房的设计中，应重视城镇的燃料结构和堆放，以及炉灶的布置。

④ 卫生间设计　卫生间设置应考虑弱势人群的安全使用设计，做到干湿分离，并且有足够的供轮椅转动的空间。

⑤ 加大储藏空间　城镇居民原来的生活场所中有院落、储藏专用房等空间来存放各种杂物，当进入多层住宅楼时，缺乏放置杂物的空间，生活十分不便。因此在做城镇多层住宅设计时，应当尽可能多地设置储藏空间。可以专门在楼下设置一间房间作为储藏间，以满足居民存放自行车、三轮车、工具等的实际需求。

⑥ 门厅设计　门厅是室内外空间的过渡。可以完成空间的转换，设置鞋柜和挂衣柜，为人们提供更换衣鞋、放置雨具和御寒衣帽的空间，还可以阻挡户外噪声、视线和灰尘，有助于提高私密性和改善户内卫生条件。

⑦ 老年人使用空间设计　老人卧室应布置在底层，安静、阳光充足、通风良好、便于家人照顾的地方，且对室外公共活动空间和户外私有空间有较为方便的联系。在过道、卫生

间等必要的地方设置扶手，考虑老年人的安全使用。

⑧ 停车场所设计　随着经济水平的提高，小汽车进入家庭的趋势越来越明显，城镇中也应解决家用汽车停放的问题。

⑨ 晾晒场所设计　城镇多层住宅中应考虑到晾晒场所的设计，满足晾晒衣物、晾晒谷物等需求。

3.4.4　实例分析

城镇接近自然环境，环境优美，住宅设计要充分利用这一点，在住宅中引入自然因素，设计出贴近自然的生活气息。阳台作为联系大自然和居室内部的过渡空间，是非常重要的设计元素。如何做好阳台的庭院设计，就成为关键。阳台具有绿化、美化生活环境的功能。在阳台上养花、种草都是贴近自然的重要手段，也使得室内的人能感受到自然的魅力。从室外来看，也增加了建筑的生态气息，如果各户都有郁郁葱葱的阳台绿植，那建筑的外观看起来就要增色不少，浓浓的绿意能装点得建筑立面更加丰富、生动。因此阳台设计应尽可能布置在南向，这样利于植物的生长。北面的阳台多用作服务性生活、活动空间，功能性更强。如图 3-12 所示。

图 3-12　南、北向阳台户型示意（这里北向的阳台做花园实际上没有用处）

楼梯通常是一个单元内所有住户共用的公共空间，也是邻里交往的重要场所。目前在城市住宅中普遍见到的都只是注重了楼梯的使用功能，而忽视了楼梯的公共交流功能。然而，在城镇中，邻里交往更加频繁、密切，经常可以看到邻居们聚在街头巷尾，海阔天空地聊天。因而楼梯的公共交流功能更应该得到重视。如将常见的双跑楼梯改为单跑，则平台就可以成为人们逗留交往的空间（见图 3-13、图 3-14）。还可进一步改造，如将平台的一端扩大，并将花草摆置其间，放置一些座椅等，则更可以吸引更多的邻里在此交往，从而营造出密切邻里关系的公共空间。

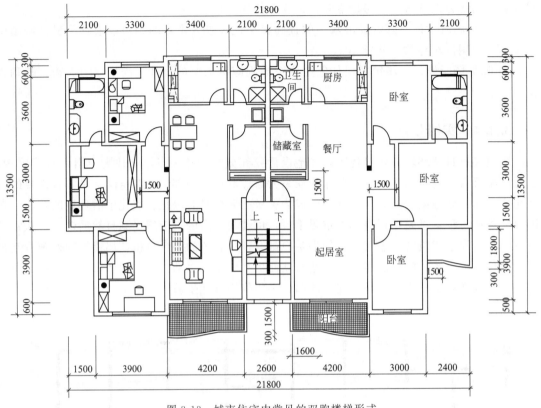

图 3-13　城市住宅中常见的双跑楼梯形式

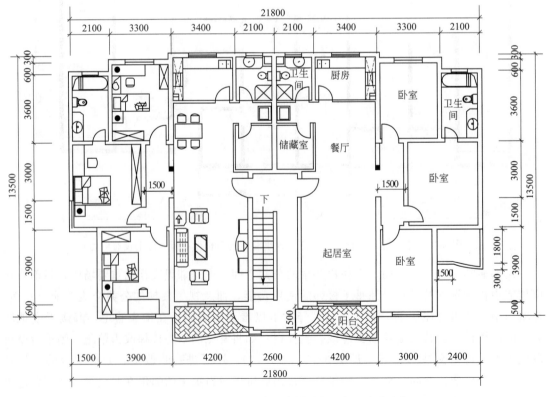

图 3-14　双跑楼梯改为直跑楼梯增加了邻里交往空间

如果将各户的入口也改由阳台进入（见图 3-14），则更加符合城镇居民入户的行为轨迹。传统民居多数是带有院落的居住方式，人们通常先进入庭院再进入室内。如果能重视把阳台改做入户花园庭院，首层以上楼层的住户也能享受到底层入户花园庭院的自然气息，可为住户创造宜居的环境，使城镇多层住宅的居民感到亲切。阳台就可代替原来的庭院，充满阳光，种满绿植，贴近自然，也成为真正意义上的"入户花园"。

这种设计还可以进一步改进，在平台的端部加设电梯，改成无障碍设计（见图3-15），方便老年人及残疾人使用。这样就为城镇住宅无障碍设计提供了可能，为今后的改建创造了可能性。如果考虑景观，还可以作为观光电梯，住宅的舒适性和品质就更加高了。

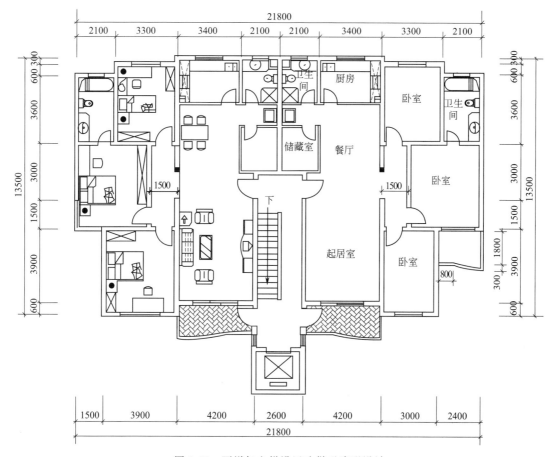

图 3-15　可增加电梯设置改做无障碍设计

起居厅南向设计，再加上从南向的阳台进入，则更像从自然的庭院中进入厅堂，满足了城镇居民的既有生活习惯。起居厅的室内陈设，也可考虑参照原来厅堂的设计，即正对南向的墙面尽量大些，用以摆放几案等，可以考虑中式风格的室内设计，从而体现城镇的当地特色。

3.5 城镇中高层和高层住宅的特点

城镇中的中高层住宅现在也出现了。中高层住宅主要是增加了电梯，进而楼梯间的设计就成为重要的内容。可以结合候梯厅将公共交流空间设计得更加人性化，为邻里交往提供空间。

城镇中的高层住宅还不太常见，但在一些地少人多的地方也有设计。高层住宅楼中的电梯需设置为消防电梯，并有消防前室的设计。

中高层和高层住宅的户型设计要求类似于多层住宅，只是增加了高度后，还应当注意更多的方面，如通风、日照间距、阴影区等。本书不作详细介绍，可参考相关的城市住宅设计。

3.6 城镇住宅的功能及功能空间

3.6.1　城镇住宅的功能特点

① 居住功能　城镇住宅是居民睡眠、休息、家人团聚的空间。室内的居住环境及设备，应能满足居民生理上的需要（如充足的阳光、良好的通风等）及心理上的安全感（如庭院布置、住宅造型等）。

② 生产功能　对于城镇住宅来说，因为周边涵盖着大片农田，住宅除了是农业生产收成后的加工处理和储藏场所外，还是农村从事副业的地方。当今，各种产业快速发展，生产方式和生产关系也随之发生变化。这种生产功能的特点对于城镇住宅的设计必须引起足够的重视。

③ 社交功能　城镇住宅具有社会交往的性质。住宅是每一个家庭成员生活场所，也是与他人相处的社交空间，如接待客人，邻里相处等。它的空间分隔也在一定程度上反映出家庭成员的各种关系，同时还需要满足每个居住者生活上私密性及社交功能的要求。

④ 文化功能　城镇住宅应该配合当地的地形地貌、自然条件、技术进步及民情风俗等因素来发展，以使住宅及住区的发展能与自然环境融为一体，并延续传统的建筑风格，体现当地文化特色。

3.6.2　城镇住宅的功能空间特点

（1）厅堂和起居厅是家庭对外和家庭成员的活动中心

低层住宅中的厅堂（或称堂屋）不论以哪一个角度的标准来衡量，总是一个家庭的首要功能空间。它不仅有着城市住宅中起居厅、客厅的功能，更重要的还在于低层住宅中的厅堂应充分展现传统民居的厅堂文化，是家庭举行婚丧喜庆的重要场所，它负责联系内外、沟通宾主的任务，往往是集门厅、祖厅、会客、娱乐（有时还兼餐厅、起居厅）的室内公共活动综合空间。低层住宅厅堂的特殊功能是城市住宅中的客厅起居厅所不能替代的。在低层住宅中厅堂一般应布置在底层南向的主要位置。在设计中应充分尊重当地的民情风俗，注意民间禁忌。同时还应该考虑到今后发展作为客厅的可能，厅堂前应设置门厅或门廊，也可以是有着足够深度的挑檐。

起居厅是现代住宅中主要的功能空间，已成为当今住宅必不可少的生活空间。在低层住宅中，一般把它布置在二层，是家庭成员团聚、视听娱乐等活动的场所，常为人们称为家庭厅。而对于多层公寓式住宅来说，它几乎起着厅堂和起居厅的所有功能，它除因满足家庭成员团聚、视听娱乐等活动外，还兼具会客的功能，设计中还往往又把起居厅和餐厅、杂务、门厅、交通的部分功能结合在一起。

厅堂和起居厅，由于使用时间长、使用人数多，因此不仅要求开敞明亮，有足够的面积和家具布置空间，以便于集中活动，同时还要求与其相连的室外空间（庭院或阳台、露台）都有着较为密切的联系。设计时，应根据不同使用对象和使用要求，布置适当的家具，并保证必要的人体活动空间，以此来确定合宜的尺度和形状，合理布置门窗，以满足朝向、通风、采光及有良好的视野景观等要求。

在《住宅设计规范》（GB 50096—2011）（以下简称《规范》）中要求保证这一空间能直接采光和自然通风，有良好的视野景观，并保证起居室（厅）的使用面积应在 $10m^2$ 以上，且有一长度不小于3m的直段实墙面，以保证布置一组沙发和一个相对稳定的角落（见图3-16）。

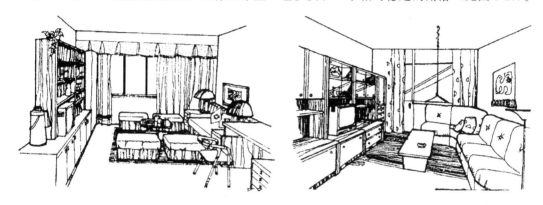

图 3-16　起居室的布置

对于城镇住宅中的厅堂和起居厅来说，更应该强调必须有良好的朝向和视野、充足的光照，其采光口和地面的比例应不小于1/7。厅堂和起居厅宜设计成长方形，以便于家具的灵活布置。实践证明，平面的宽度最好不应小于3.9m，进深与面宽比不大于2。新农村住宅的厅堂，应该根据当地的民情风俗和用户要求进行布置。而起居厅则依需要可分为谈话娱乐区、影音欣赏区，甚至还有非正式餐饮区，餐厅应作相对的独立区域进行布置。但它的动线与家具配置，皆力求视觉上的宽敞感、更多的运动空间及生活居住的气氛，期望能高度发挥每个角落的作用，避免过分强调区域划分。厅堂和起居厅均应尽量保留与户外空间（庭院、阳台和露台）的灵活关联，甚至利用户外空间当作实质或视觉上的伸展。加强室内外的联系，扩大视野，因此除正对厅堂大门的后墙外，应扩大窗户的面积，有条件时可适当降低窗台高度，甚至做成落地窗。厅堂的平面布置应采用半包围形或半包围加L形，并减少功能空间对着厅堂和起居厅开门（不要超过一个），留有较大的壁面或不被走穿的一角，形成足够摆放家具的稳定空间，以保证有足够的空间布置和使用家具，从而发挥更大的使用效果。当条件允许时，还可适当提高其层高，以满足空间的视觉要求。

（2）卧室是住宅内部最重要的功能空间

在生存型居住标准中，卧室几乎是住宅的代表，在城市住宅中它还是户型和分类的重要依据。原始人类挖土筑穴，构木为巢，为的是建筑一个栖身之室，他们平常的活动都在室外，只有睡眠进入室内。随着经济的发展和社会的进步，住宅从生存型逐步向文明型发展。在这个过程中，伴随着卧室的不断纯化和质量的提高，卫生、炊事、用餐、起居等功能逐渐地分出去，住宅开始朝着大厅小卧室的方向发展。但是卧室也不能任意地缩小，卧室的面积大小和平面位置应根据一般卧室（子女用）、主卧室（夫妇用）、老年人卧室等不同的要求分别设置。

卧室的最小面积是根据居住人口、家具尺寸及必要的活动空间来确定的。根据我国人们的生活习惯，卧室常有兼学习的功能，以床、衣柜、写字台为必要的家具，因此其面积不应过小。在《住宅设计规范》中规定，双人卧室的面积不应小于 9m²，单人卧室的面积不应小于 5m²。卧室兼起居室时不应小于 12m²，卧室的布置如图 3-17 所示。

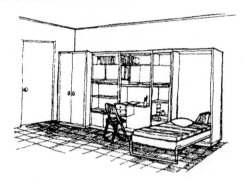

图 3-17　卧室的布置

卧室是以寝卧活动为主要内容的特定功能空间，寝卧是人类生存发展的重要基础。在城镇住宅中通常设置一至多间卧室，以满足家庭各成员的需要。卧室应能单独使用，不许穿套，以免相互干扰。卧室在睡眠休息的一段时间内，其他活动不能进行，也不能有视线、光线、声音和心理上的干扰。卧室是住宅中私密性、安静性要求最高的功能空间。因此应保证卧室不但与户外自然环境有着直接的采光、通风和景观联系，而且还应采取保证室内基本卫生条件和环境质量的有效措施，使卧室达到浪漫与温馨的和谐。

在设计中卧室应选取较好朝向，规范要求在每套住宅中至少应保证有一间卧室能获得冬至日（或大寒日）满窗日照，并满足通风、采光的基本要求。

现代生活虽然重视群体的和谐关系，但是个人生活必要的自由与尊严也必须维系，因此属于主人私人生活区的主卧室在设计中成为一个极为重要的内容。一般来说主卧室是夫妻居家生活的小天地，除了具有休息、睡眠的功能外，还必须具备休闲活动的功能。它不但必须满足婚姻的共同理想，而且也必须兼顾夫妻双方的个别需要。因此，主卧室显然必须以获得充分的私密性及高度的安宁感为根本基础，个人才能在环境独立和心理安全的维系下暂且抛开世俗礼规的束缚，以享受真正自由轻松的私人生活乐趣，身心松弛，获得适度的解脱，从而提供自我发展、自我平衡的机会。主卧室应布置在住宅朝向最好、视野最美的位置。主卧室不仅必须满足睡眠和休息的基本要求，同时也必须符合休闲、工作、梳妆更衣和卫生保健等综合需要，因此主卧室的净宽度不宜小于 3m，面积应大于 12m²。为了保证上述需要，往往把主卧室和它前面的封闭阳台联系在一起，以作为休闲聚谈、读书看报的区域。主卧室应有独立、设施完善及通风采光良好的卫生间。并且档次比公共卫生间要高，为健身需要也常采用冲浪按摩浴缸。主卧室的卫生间开门和装饰应特别注意避免对卧室，尤其是双人床位置的干扰。主卧室还应有较多布置衣橱或衣柜的位置。

老年人的卧室应布置在较为安静、阳光充足、通风良好、便于家人照顾，且对室内公共活动空间和室外私有空间有着较为方便联系的位置。

卧室内应尽量避免摆放有射线危害的家用电器，如电视机、微波炉、计算机等。特别是供孕妇居住的卧室更应引起特别的重视。

（3）餐厅是城镇住宅中的就餐空间和厨房的补充空间

从远古时代茹毛饮血只求果腹的饮食形态，演变到今天讲究餐桌礼仪且重视情调感受的进餐形式。然而在过去很长的一段时期，餐厅几乎还只是一个空洞的名词，只是随便在厨房或厅堂的角落临时摆一张桌子便作餐桌，此种不合生理卫生与科学观念的落后现象已随着生活水平的提高和住宅面积的扩大而改变。餐厅在现代人的生活中扮演着一个非常重要的角色，不仅供全家人日常共同进餐，更是对外宴请亲朋好友，增进感情与休闲享受的场所，尤其在比较特殊的日子，如逢年过节、生日和宴客等，更显现出它的重要性。因此，餐厅应有良好的直接通风和采光，且有良好的视野。常用的餐厅大概可分为与厨房合并的餐厅、与厅堂（或起居厅）合并的餐厅和独立餐厅三种。依据动线的流畅性，餐厅的位置以邻近厨房，并靠近厅堂（或起居厅）最为恰当，将用餐区域安排在厨房与厅堂之间最为有利，它可以缩短膳食供应和就座进餐的交通路线。对于城镇住宅来说，设立独立式餐厅更显得十分必要，它除了便于对厨房的面积和功能起补充作用而不至于直接置于厅堂（或起居厅）之中外，对于低层住宅来说，还有利于组织厨房的对外联系。与厨房合并的餐厅最好不要使两个不同功能的空间直接邻接，能以密闭式的隔橱或出菜口等形式来隔间，使厨房设备与活动不至于直接暴露在餐厅之中。与厅堂（或起居厅）合并的餐厅则可以采取较为灵活的处理方式，无论是密闭式的橱柜、半开放式的橱柜或屏风，以及象征性的矮橱或半腰花台，乃至于开放式的处理等，皆各有其特色，应由住户根据个人喜好来抉择。

餐厅是一家人就餐的场所，一般配有餐桌、餐柜及冰箱等。其面积主要取决于家庭人口的多少，一般不宜小于 $8m^2$。在住宅水平日益提高的情况下，餐厅空间应尽可能独立出来，以使各空间功能合理、整洁有序。如图 3-18 所示。

图 3-18　餐厅的布置

一般小型餐厅的平面尺寸为 3m×3.6m，可容纳 1 张餐桌、4 把餐椅。中型餐厅的平面尺寸为 3.6m×4.5m，足以设 1 张餐桌、6～8 把餐椅。较大型餐厅的平面尺寸则应在 3.6m×4.5m 以上。

（4）厨房、卫生间是住宅的心脏，是居住文明的重要体现

厨房、卫生间的配置水平是一个国家建筑水平的标志之一。厨房、卫生间是住宅的能源中心和污染源。住宅中产生的余热余湿和有害气体主要来源于厨房和卫生间。有资料表明：一个 4 口之家的厨房、卫生间的产湿量为 7.1kg/d，占住宅产湿总量的 70%。每天燃烧所产生的二氧化碳达 2.4m³，住宅内的二氧化碳和一氧化碳均来源于厨房和卫生间。因此，厨房、卫生间的设计是居住文明的重要组成部分，应以实现小康居住水平为设计目标。

① 厨房　把厨房视为一个家庭核心的观念自古就有，厨房是家庭工作量最大的地方，

也是每个家庭成员都必须逗留的场所。然而过去乌黑呛人的油烟和杂乱的锅碗瓢盆曾经一度代表了厨房的形象，而清洁和平整则代表了现代厨房的特征。尽管从柴薪、煤炭到煤气、电力，从需要刮灰的黑锅、炉灶到锃亮耀眼的不锈钢餐具、厨具，从烟囱到排油烟机，厨房的设备和燃料改变了，但是只要烹调方式仍不改煎、炒、煮、炸，也就离不开油烟、湿气，也躲不掉噪声。因此厨房的设计就必须引起足够的重视。随着人们居住观念的不断更新，现在人们对厨房的理解和要求也就更多了。但其最为重要的还是实用性，厨房的设计应努力做到卫生与方便的统一。

城镇住宅的厨房一般均应布置在住宅北面（或东、西侧）紧靠餐厅的位置。对于低层住宅来说还应该布置在一层，并有直接（或通过餐厅）通往室外的出入口，以方便生活组织和密切邻里关系，同时还应考虑与后院以及牲畜圈舍、沼气池的关系。在设计中应改变旧有观念。注意排烟通风和良好的采光，并应有足够的面积，以便合理有序地布置厨具设备和设施，形成一个洁净、卫生、设备齐全的炊务空间。

厨房虽是户内辅助房间，但它对住宅的功能与质量起着关键作用。由于人们在厨房中活动时间较长，且家务劳动大部分是在厨房中进行的，厨房的家具设备布置及活动空间的安排在住宅设计中尤为重要。尤其是在居住水平提高的情况下，设备、设施水平也正在提高，厨房的面积逐渐增大。厨房应设置洗涤池、案台、炉灶及排油烟机等设施，设计中应按"洗、切、烧"的操作流程布置，并应保证操作面连续排列的最小长度。厨房应有直接对外的采光和通风口，以保证基本的操作环境需要。在住宅设计中，厨房宜布置在靠近入口处以有利于管线布置和垃圾清运，这也是住宅设计时达到洁污分离的重要保证。

厨房面积的大小一般是根据厨房设备操作空间及燃料情况确定的。《住宅设计规范》中规定："采用管道煤气、液化石油气为燃料的厨房面积不应小于 3.50m^2；以加工煤为燃料的厨房面积不应小于 4.00m^2；以原煤为燃料的厨房面积不应小于 4.50m^2；以薪柴为燃料的厨房面积不应小于 6.00m^2。"

厨房的形式可分为封闭式、开放式和半封闭式 3 种。

1）封闭式厨房。现在大多数厨房仍保持着传统封闭式厨房的设计思想——厨房与餐厅完全隔开。封闭式厨房应有合理的布局，厨具的摆放形式要符合厨房的基本流程，使操作者在最短的时间内完成各项厨务。厨务的流程概括地说就是储存、洗涤和烹调三个方面，而相应的厨房内的布局也应分为这三个区域，这就是通常所说的"工作三角地带"。这三个区域应合理布置以便顺序操作，也才能让操作者在这三点之间来去自如，能迅速而轻易地在这三点间移动，而不用冒着碰掉热气腾腾的砂锅或打翻刚洗完盘子的危险。

封闭式厨房平面布局的主要形式如下。

a. 一字型。这种布局将储存、洗涤、烹调沿一侧墙面一字排开，操作方便，是最常用的一种形式。单面布置设备的厨房净宽不应小于 1.50m，以保证操作者在下蹲时，打开柜门或抽屉所需的空间，或另一个人从操作者身后通过的极限距离（见图 3-19）。

b. 走廊型。这种布局将储存、洗涤、烹饪区沿两侧墙面展开，相对布置。走廊的两端通常是门和窗的位置。相对展开的厨具间距不应小于 0.9m，否则就难以施展操作。换句话说，贴墙而作的厨具一般不宜太厚。

c. 曲尺型（也称 L 型）。它适用于较小方形的厨房。厨房的平面布局，灶台、吊柜、水池等设施布置紧凑；人在其中的活动相对集中，移动距离小，操作也很灵活方便，需要注意的是"L"式的长边不宜过长，否则将影响操作效率。

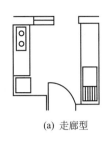
(a) 走廊型

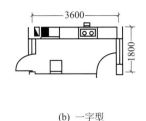
(b) 一字型

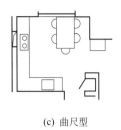
(c) 曲尺型

图 3-19 厨房的布置

d. U 型。洗涤区在一侧，储存及烹饪区在相对应的两侧。这种厨具布局构成三角形，最为省时省力，充分地利用厨房空间，把厨房布置地井井有条，上装吊柜、贴墙放厨架、下立矮柜的立体布置形式已被广泛采用。立体地使用面积，关键在于协调符合人体高度的各类厨具尺寸，使得在操作时能得心应手。目前一些发达国家都根据本国人体计测的数据，以国家标准的形式制定出各类厨具的标准尺寸。根据我国的人体高度计测，以下数据供人们确定厨具尺寸时参考：操作台高度为 0.80～0.90m，宽度一般为 0.50～0.60m，抽油烟机与灶台之间的距离为 0.60～0.80m，操作台上方的吊柜要以不使主人操作时碰头为宜，它距地不应小于 1.45m，吊柜与操作台之间的距离应为 0.50m。根据我国妇女的平均身高，取放物品的最佳高度应为 0.95～1.50m，其次是 0.70～0.85m 和 1.60～1.80m。最不舒服的高度是 0.60m 以下和 1.9m 以上。若能把常用的东西放在 0.90～1.5m 的高度范围内，就能够减少弯腰、下蹲和踮脚的次数。

2）开放式厨房。开放式厨房是厨餐合一的布置，即 OK 型住宅，使得厨房和餐厅在空间上融会贯通，使主厨者与用餐者之间方便地进行交流，而不感到相互孤立。这就丰富了烹调和用餐的生活情趣，又保持了二者的连续性，节省中间环节。这种布置方式，在过去的农村住宅中也颇为常见，随着社会的发展，技术的进步，清洁能源的采用，以及现代化厨具设备的普及（从换气扇到大功率抽油烟机等），由烹调所产生的各种污染已基本得到控制。同时由于厨房面积在增大，厨房与餐厅之间的固定墙逐步被取消，封闭的厨房模式将有被开放式厨房布局取代的动向。在有条件实行厨餐合一的厨房内，厨具（包括餐桌的配置）可采用半岛型或岛型方法。烹调正在中间独立的台面上，台面的一侧放置餐桌，洗涤及备餐则在贴墙的台面上进行。

3）半封闭式厨房。半封闭式厨房基本上同封闭式厨房，只是将厨房与餐厅之间的分隔墙改为玻璃拉门隔断，这样更便于餐厅与厨房之间的联系，必要时还可以把玻璃推拉门打开，使餐厅和厨房融为一体。半封闭式厨房的布局，一般也就只能采用封闭式厨房中的一字型或曲尺型。

厨房的电器布置。随着家用电器的日益增多和普及，如何科学合理的定位，改变目前厨房家电随意摆放使用不便的情况。设计时应充分考虑厨房所需电器品种的数量、规格和尺寸。本着使用方便、安全的原则，精心布置、合理设计电器插座的位置，且应为今后的发展和适当改造留有余地。

管线的布置应简短集中，并尽量暗装。

② 卫生间 卫生间是住宅中不可缺少的内容之一，随着人民生活水平的改善和提高，卫生间的面积和设施标准也在提高。习惯上人们将只设便器的空间称为厕所，而将设有便器、洗面盆、浴盆或淋浴喷头等多件卫生设备的空间称为卫生间。在现代住宅中卫生间的数

量也在增加，如在较大面积的住宅中，常设两个或两个以上的卫生间，一般是将厕所和卫生间分离，方便使用。

住宅的卫生间，它与现代家居生活有着极其密切的关系，在日常生活中所扮演的角色已越来越重要，甚至已成为现代家居文明的重要标志。卫生间除了必须注意实用和安全问题外，还应该顾全生理与精神上的享受条件。随着现代家居卫生间的不断扩大，卫生间的通风和采光要求都较高，卫生间内从设备陈设、布置到光线的运用以及视听设备的配套和完善，处处都体现着现代家居的个性化、功能性、安全性和舒适性。在发达的国家和地区集便溺、涤尘、净心、健身要求的卫生间已成为一个新的时尚。

城镇住宅的卫生间设计，随着经济条件的改善和生活水平的提高而提高。那种仅在室内楼梯间平台下设置一个简陋且不安全的蹲坑已不能满足广大群众的要求。在经济发达的地区，城镇住宅的卫生间的设计已引起极大的重视。但是由于城镇住宅的建设受经济的制约也十分明显，它不仅应考虑当前的可能性，也还应该为今后的发展留有充分的余地，也就是要有适度的超前意识。为此，在新建的小城镇低层住宅楼房中至少应分层设置卫生间。主卧室应尽可能设专用卫生间。当主卧室没设专用卫生间时，公共卫生间的位置应尽量靠近主卧室。城镇住宅的卫生间应设法做到有直接对外的采光通风窗，条件限制时也应采取有效的通风措施。卫生间的布置应努力做到洗、厕分开。为了适应城镇住宅建设的特点，卫生间的隔断应尽可能采用非承重的轻质隔墙，尤其是主卧室的专用卫生间，其隔墙一定要采用非承重隔墙，这样在暂时不设专用卫生间时可合并为一个大卧室，当条件成熟时，就可以十分方便地增设专用卫生间。当城镇住宅设置沼气池时，卫生间的位置还应该尽量靠近沼气池。

在设计中，各层的卫生间应上下对应布置。卫生间的管线应设主管道井和水平管线带暗装，并应尽可能和厨房的管线集中配置。多层公寓式住宅的卫生间不应直接布置在下层住户的卧室、起居室和厨房的上部，但在低层住宅、跃层住宅或复式住宅中可布置在本套内的卧室、起居室、厨房的上层。卫生间宜布置有前室，当无前室时，其门不应直接开向厅堂、起居厅、餐厅或厨房，以避免交通和视线干扰等缺点。另外，卫生间内应考虑洗浴空间和洗衣机的摆放位置。

卫生间的面积应根据卫生设备尺寸及人体必需的活动空间来确定。卫生间布置见图3-20。一般规定，外开门的卫生间面积不应小于1.80m²，内开门的卫生间面积不应小于2.00m²；外开门的隔间面积不应小于1.10m²，内开门的隔间面积不应小于1.30m²，卫生间的最小尺寸见图3-21。城镇住宅的卫生间应有较好的自然采光和通风。卫生间可向楼梯

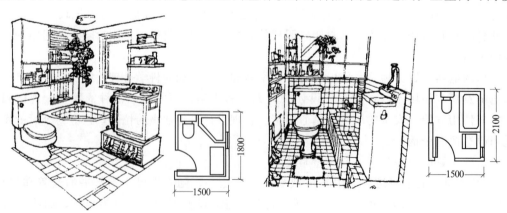

图 3-20　卫生间的布置

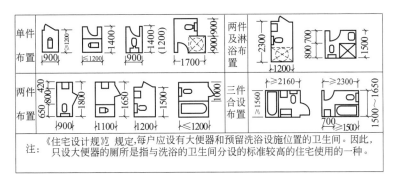

图 3-21 卫生间最小尺寸

间、走廊开固定窗（或固定百叶窗），但不得向厨房、餐厅开窗。当不能直接对外通风时，应在内部设置排通风道。

（5）门厅和过道是住宅室内不可缺少的交通空间

在多层住宅和北方的低层住宅中，门厅是住宅户内不可缺少的室内外过渡空间和交通空间，也是联系住宅各主要功能空间的枢纽（南方的低层住宅即往往改为门廊）。日本称门厅为"玄关"，在我国某些人也常把门厅称为"玄关"，以示时髦。门厅的布置，可以使具有私密性要求较高的住宅避免家门一开便一览无余的缺陷。门厅有着对客人迎来送往的功能，更是家人出入更衣、换鞋、存放雨具和临时搁置提包的所在。

门厅在面积较小的住宅设计中常与餐厅或起居厅结合在一起。随着居民居住水平的提高，这种布置方式已越来越少。即使面积较大的住宅，也应很好地考虑经济性问题。常常由于这一空间开门较多，设计中门的位置和开启方向显得尤为重要，应尽量留出较长的实墙面以摆放家具，减少交通面积，图 3-22 是某住宅门厅平面示意。在较大的套型中，门厅可无直接采光，但其面积不应太大，否则会造成无直接采光的空间过大，降低居住生活质量和标准。

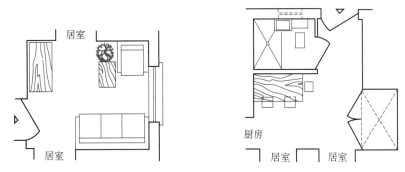

图 3-22 某住宅门厅平面示意

过道是住宅户内的交通空间。

过道宽度满足行走和家具搬运的要求即可，过宽则影响住宅面积的有效使用率。一般来说，通向卧室、起居室的过道宽度不宜小于 1.0m，通往辅助用房的过道的净宽不应小于 0.90m，过道拐弯处的尺寸应便于家具的搬运。在一般的住宅设计中其宽度不应小于 1.0m。

（6）城镇低层住宅最好应有两个出入口

一般来说，低层住宅最好应有两个出入口：一个是家居及宾客使用的主要出入口；另一个是工作出入口。主要出入口以连接住宅中各功能空间为主要目的，它一般应位于厅堂前面的中间位置，以便于各功能空间的联系，缩短进出的距离，并可避免形成长条的阴暗走廊。主要出入口前应有门廊（也可是雨棚）或门厅。门廊（或门厅）是住宅从主要出入口到厅堂的一个缓冲地带，为住宅提供一个室内外的过渡空间，这里不仅是家居生活的序曲，也是宾客造访的开始。在城镇住宅中厅堂兼有门厅的功能，因此，门廊（也可是雨棚）的设置也就显得特别重要。它不仅是室内外的过渡空间，而且还对主要出入口的正大门起着挡风遮雨的作用。大门口的地面上应设有可刮除鞋底尘土及污物的铁格鞋垫，以保持室内清洁。

"门"是中国民居最讲究的一种形态构成，传统民居的门是"气口"。农村住宅特别讲究门的位置和大小。"门第""门阀""门当户对"，传统的世俗观念往往把功能的门世俗化了，家庭户户刻意装饰；作为功能的门它是实墙上的"虚"，而作为精神上的意向和标志，它又是实墙上的"虚"背景上的"实"。正大门，是民居的主要出入口，也是民居装饰最为醒目的主要部位。在福建各地的民居中，大门口处都是设计师与工匠们才智与技艺充分发挥的重要部位。在闽南，俗语有"人着衣装，厝需门面"，因此在闽南古民居的大门口处，几乎都装饰着各种精湛华丽的木雕、石刻、砖雕泥塑以及书刻楹联、匾额，都费尽心机极力地显耀主人的地位和财力，并为喜庆粘贴春联、张灯结彩创造条件。直到近代的西洋式民居和现代民居也仍然极为重视大门入口处的装饰。民居随着经济的发展而演变，但大门处都仍然沿袭着宽敞的深廊、厅廊紧接的布局手法。

城镇低层住宅的正大门，应为宽度在 1.5m 左右的双扇门，并布置在厅堂南面的正中位置，它一般只有在婚丧喜庆等大型活动时开启。而为了适应现代生活的需要，可在主要出入口正大门的附近布置一个带有门厅的侧门，作为日常生活的出入口，在那里可以布置鞋柜和挂衣柜，为人们提供更换衣、鞋，放置雨具和御寒衣帽的空间，还可以阻挡室外的噪声、视线和灰尘，有助于提高住宅的私密性和改善户内的卫生条件。

工作出入口主要功能是为便于家庭成员日常生活和密切邻里关系而设置的，它通常布置在紧临厨房附近。在它的附近也应设置鞋柜和挂衣柜，并应与卫生间有较方便的关系。在工作出入口的外面也应布置为生活服务的门廊或雨棚。

（7）楼梯

对于多层住宅来说，楼梯是住宅户外公共垂直交通空间，多层住宅的公共楼梯通常都布置在北向，这不便作为公共的交往空间，所以应尽可能布置在南向，便于接受阳光，为人们提供愿意驻足交谈的邻里交往空间。城镇低层和跃层住宅的户内楼梯是楼层上下的垂直交通设施，楼梯的布置常因住户的习惯和爱好不同而有很大的变化，城镇低层和跃层住宅的楼梯间应相对独立，避免家人上下楼穿越厅堂和起居厅，以保障厅堂和起居厅使用的安宁。但也有特意把楼梯暴露在厅堂、起居厅或餐厅之中的，它既可以扩大厅堂、起居厅或餐厅的视觉空间，又可形成一个景点，使得更富家居生活气息，别有一番情趣。

低层或跃层式楼梯的位置固然应考虑楼层上下及出入的交通方便，但也必须注意避免占用好的朝向，以保障主要功能空间（如厅堂、起居厅、主卧室等）有良好的朝向，这在小面宽、大进深的低层住宅设计中更应引起重视。

城镇低层和跃层住宅常用楼梯的形式，可以是"一"字形和 L 形，但有时也采用弧形的一跑楼梯，既可增加踏步的数量还可美化室内空间。楼梯间的梯段净宽不得小于 0.90m，并应有足够的长度以布置踏步和留有足够宽的楼梯平台，必要时还可利用楼梯的中间休息平台做成扇步，以增加楼梯的级数，从而避免楼梯太陡，影响家人上下和家具的搬运。楼梯间在室内空间处理时，常为厅堂、起居厅或餐厅所渗透，为此楼梯间的隔墙应尽量不做承重墙。

（8）为住户提供较多的私有室外活动空间

在城镇住宅的设计中，应根据不同的使用要求以及地理位置、气候条件，在厅堂前布置庭院，并选择适宜的朝向和位置布置阳台、露台和外廊，为住户提供较多的私有室外活动空间，使得家居环境的室内与室外的公共活动空间和大自然更好地融汇在一起，既满足城镇住宅的功能需要，又可为立面造型的塑造创造条件，便于形成独具特色的建筑风貌。

不论是庭院、阳台或是露台和外廊（门廊），都是为住户提供夏日乘凉、休闲聚谈、凭眺美景、呼吸新鲜空气以及晾晒衣被、谷物的室外私有活动空间。

庭院和露台都是露天的，面积较大。庭院一般都布置在厅堂的前面，是住户地面上一个半开放的私有空间，可供住户栽花、种草和进行邻里交往，不应采用封闭的围墙，可采用低矮的通透栏杆或绿篱进行隔离。露台即是把部分功能空间屋顶做成可上人的平屋顶，为住户提供一个私有的屋顶露天空间，便于晾晒谷物、进行盆栽绿化和其他的室外活动。

阳台按结构可分为挑阳台、凹阳台、转角阳台以及半挑半凹阳台等；按用途阳台又可分生活阳台、服务阳台和封闭阳台。北向的阳台一般作为服务阳台，深度可控制在 1.2m 左右。而封闭阳台即往往是布置在主卧室或书房前面，有着充足的光照和良好的视野，以作为休闲、聚谈、读书的所在，在北方还可作为阳光室。它是主卧室或书房功能空间的延伸，因此通往封闭阳台的门应做成落地玻璃推拉门。生活阳台一般均布置在起居厅或活动室的南面，是起居厅或活动室使用功能向室外的延伸和补充，应尽量采用落地玻璃推拉门隔断，以满足不同使用的需要。生活阳台的进深应根据使用要求和当地的气候条件来确定。一般进深不宜小于 1.5m，在南方气候比较炎热的地区最好深至 1.80～2.40m，以提高其使用功能。为保证良好的采光、通风和扩大视野，在确保阳台露台栏杆高 1.10m 时，应设法降低实体栏板的高度，上加金属的栏杆和扶手。栏杆垂直杆件间的净空不应大于 0.11m，且不应有附加的横向栏杆，以防儿童攀爬产生危险。另外，阳台应设置晾晒衣服的设施如晾衣架，顶层阳台应设雨罩。如图 3-23 所示。

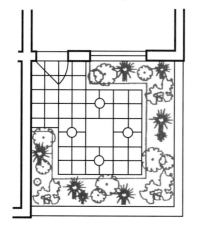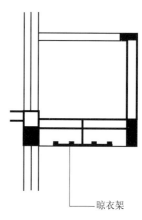

晾衣架

图 3-23　住宅阳台平、剖面

外廊，通常都是门廊，不管是在底层或楼层，它都是一个可以遮风避雨的室外空间。用作厅堂主要出入口正大门前门廊深度一般不小于 1.5m，而用作工作出入口的门廊即可为 1.20m 左右。

庭院是低层住宅或多层住宅首层设置的室外活动或生产空间，是人们最为接近自然的地方。尤其对于城镇低层住宅，它还具有许多生产功能，如饲养禽畜、堆放柴草和存放生产工具等。在我国耕地日益减少的情况下，住宅院落不应过大，在经济条件较好的地区应积极提倡兴建多层住宅。

（9）扩大储藏面积，必须安排停车库位

在住宅中设置储藏空间，主要是为了解决住户的日常生活用品和季节性物品的储藏问题，这对于保持室内整洁，创造舒适、方便、卫生的居住条件，提高居住水平有着重要意义。《住宅设计规范》规定，每套住宅应有适当的储藏空间。住宅中常用吊柜、壁柜、阁楼或储藏间等作为储藏空间，其大小应根据气候条件、生活水平、生活习惯等综合确定。如全年温差大的地区，其季节性用品一般较多，储藏空间就应大一些；反之，则可小些。为了最大限度地利用住宅空间，常通过设置吊柜、壁柜等方法解决物品的储藏问题。从方便使用的角度考虑，其尺寸不宜太小，一般吊柜净高不应小于 0.40m，壁柜深度净尺寸不宜小于 0.45m。紧靠外墙、卫生间、厕所的壁柜内应采取防潮、防结露直至保温等措施。

扩大储藏面积对于城镇住宅来说是极其必要的。它除了保证卧室、厨房必备的储藏空间外，还必须根据各功能空间的不同使用要求和城镇住宅的使用特点，增加相应储藏空间。为适应经济发展的特点，城镇村住宅必须设置停车库，城镇周边的农村住宅近期可以用作农具、谷物等的储藏或者作为农村家庭手工业的工场等，也可以存放农用车，并为日后小汽车进入家庭做好准备，这既具有现实意义，又可适应可持续发展的需要。

（10）其他用房

为了适应可持续发展的需要，城镇住宅和面积较大的低层住宅，还将出现活动室、书房、儿童房、客房甚至琴房等功能空间。活动室可按起居厅的要求布置，而其他功能空间可暂按一般卧室布置，在进行室内装修时按需要进行安排。

4 城镇住宅的分类

城镇住宅的分类大致上可以按住宅的层数、按结构形式、按庭院的分布形式、按平面的组合形式、按空间类型以及按使用特点等进行分类。

4.1 按层数分

根据《民用建筑设计通则》（GB 50352—2005）规定，"住宅建筑按层数分类：一至三层

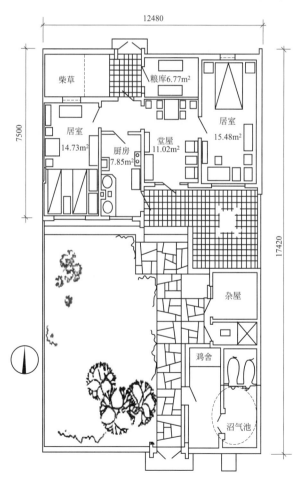

图 4-1　传统平房住宅

为低层住宅，四至六层为多层住宅；七至九层为中高层住宅；十层及十层以上为高层住宅。"划分的依据主要是垂直交通和防火要求的不同。1～3 层的低层住宅住户一般自用楼梯，4～6 层住宅住户共用楼梯，7 层以上应设电梯，GB 50016 规定 10 层及 10 层以上为高层住宅，要求设消防电梯和防火设施，但又规定 12 层及 12 层以上的单元式和通廊式住宅才设消防电梯，故这类住宅 11 层以下可像中高层住宅一样设一般的电梯，但其防火设计仍须符合 GB 50016 的要求。

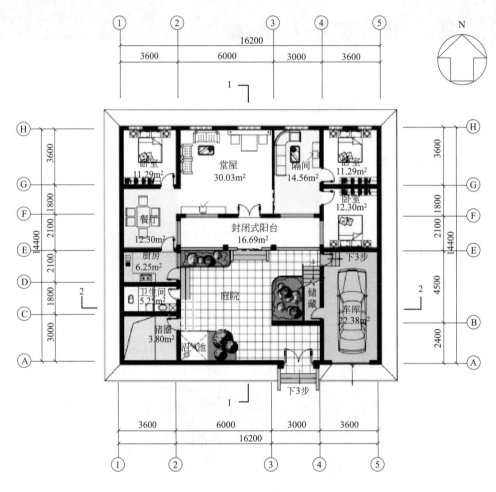

图 4-2　新型平房住宅

所以本书中对于城镇住宅按照层数做出如下划分。

① 低层住宅　城镇的低层庭院住宅，一般是 1～3 层的低层住宅，它不同于别墅。由于其接地性好，很受城镇居民欢迎。在群体组织中必须做好庭院的布置和组织，使其更方便邻里交往。

② 多层住宅　城镇多层住宅，一般是 4～6 层住宅，采用一梯两户或三户的标准层平面。对于底层住宅一般带有花园或作为底商使用，应确保家居的私密性，兼顾经营的便利性，并应考虑沿街的建筑造型。

③ 中高层住宅　城镇中高层住宅，一般是 7～11 层住宅。主要用在经济比较发达的地区和用地比较紧张的城镇中心区，其设计基本上以城市住宅类同。

图 4-3　二层住宅

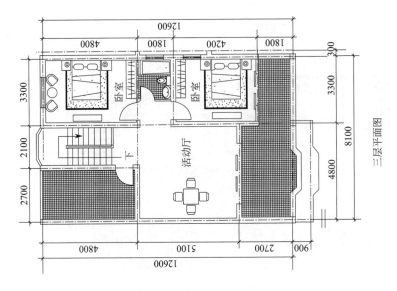

三层平面图

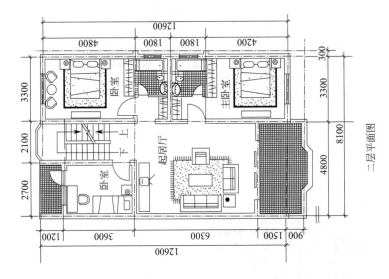

二层平面图

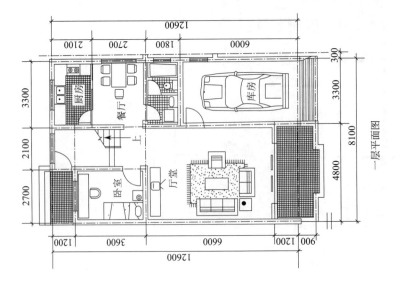

一层平面图

图 4-4 三层住宅

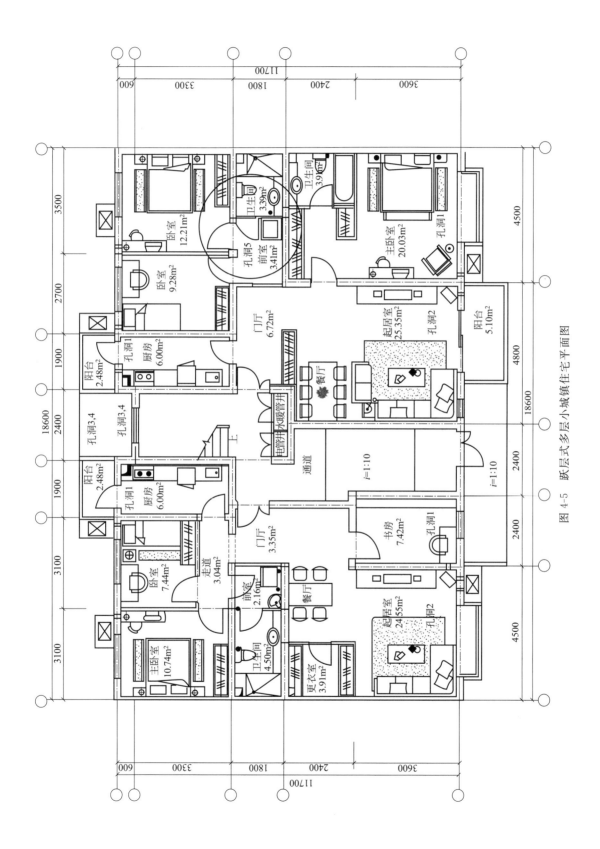

图 4-5　跃层式多层小城镇住宅平面图

④ 高层住宅　指 12 层及 12 层以上的住宅。现在由于土地使用的紧张性，在一些城镇中也出现了高层住宅，以充分利用土地。

本书涉及的城镇住宅主要是以低层住宅和多层住宅为主。中高层和高层住宅略有提及。

4.1.1　低层住宅（1～3 层）

（1）平房住宅

传统的城镇和农村一样，住宅多为平房住宅（见图 4-1），随着经济的发展，技术的进步和改革等，改善人居环境已成为广大居民的迫切要求，但由于受经济条件的制约，近期城镇周边农村建设仍应以注重改善传统住宅的人居环境为主。在经济条件允许下，为了节约土地，不应提倡平房住宅。只是在一些边远的山区或地多人少的城镇地区，仍采用单层的平房住宅，但也应有现代化的设计理念。图 4-2 是一种新型平房住宅的设计方案。

（2）低层住宅

三层以下的住宅称为低层住宅，是城镇周边住宅的主要类型。它又可分为二层住宅（见图 4-3）或三层住宅（见图 4-4）。

4.1.2　多层住宅（4～6 层）

4～6 层的称为多层住宅。这是城镇住宅建设的主要形式。图 4-5 是跃层式多层城镇住宅平面。

4.1.3　中高层住宅（7～11 层）

城镇中高层住宅，一般是 7～11 层住宅。主要是指不设消防电梯的住宅。这种类型住宅居住密度较高，主要用在用地比较紧张的城镇中心区。住宅套型设计多样。

4.1.4　高层住宅（12 层及 12 层以上）

城镇高层住宅指 12 层及 12 层以上的住宅。现在在一些城镇中也建起了高层住宅，为的是长远的可持续发展和节约土地。但是目前还不是城镇住宅建设的主要形式。

4.2 按结构形式分

可用作城镇住宅的结构形式很多，大致可分为木结构与木质结构、砖木结构、砖混结构和框架结构。

4.2.1　木结构与木质结构

木结构和木质结构是以木材和木质材料为主要承重结构和围护结构的建筑。木结构是中国传统民居广为采用的主要结构形式（见图 4-6）。但由于种种原因，森林资源遭到乱砍滥伐，造成水土流失，木材严重奇缺，木结构建筑从 20 世纪 50 年代末便开始被严禁使用，而世界各国对木结构建筑的推广应用却十分迅速，尤其是加拿大、美国、新西兰、日本和北欧的一些国家和地区，不仅木结构广为应用，而且十分重视以人工速生林、次生林和木质纤维为主要材料的集成材料的应用，各种作物秸秆的木质材料也得到迅速发展。我国在这方面的研究，也已奋起直追，并取得了可喜的成果。这将为木质结构的推广应用创造必不可少的基本条件。图 4-7 是木质结构住宅。木质结构尤其是生物秸秆木质材料结构，由于大量采用作物秸秆，将其变废为宝，在城镇住宅（尤其是城镇周边的低层住宅）中的应用具有重要的特殊意义，发展前景看好。

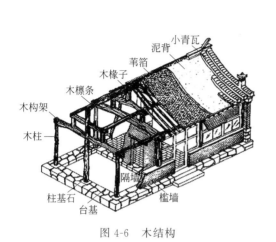

图 4-6　木结构

图 4-7　木质结构

4.2.2　砖木结构

砖木结构是以木构架为承重结构，而以砖为围护结构或者是以砖柱、砖墙承重的木屋架结构。这在传统的民居中应用也十分广泛。

4.2.3　砖混结构

砖混结构主要由砖、石和钢筋混凝土组成。其结构由砖（石）墙或柱为垂直承重构件，承受垂直荷载，而用钢筋混凝土做楼板、梁、过梁、屋面等横向（水平）承重构件搁置在砖（石）墙或柱上（见图 4-8）。这是目前我国城镇多层住宅中最为常用的结构。

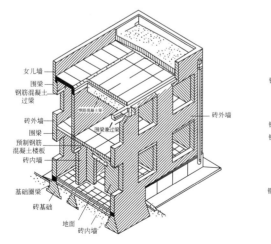

图 4-8　砖混结构

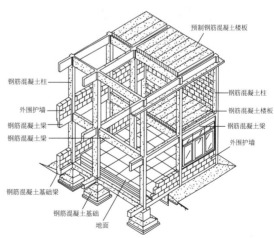

图 4-9　框架结构

4.2.4 框架结构

框架结构就是由梁柱作为主要构件组成住宅的骨架，它除了上面已单独介绍的木结构和木质结构外，目前在城镇住宅建设中常为应用的还有钢筋混凝土框架结构（见图4-9）。

4.3 按庭院的分布形式分

庭院是中国传统民居最富独特魅力的组成部分。乐嘉藻先生早在1933年所撰的《中国建筑史》中便指出："中国建筑，与欧洲建筑不同，其分类之法亦异。欧洲宅舍，无论间数多少，皆集合而成一体。中国者，则由三间、五间之平屋，合为三合、四合之院落，再由两院、三院……合为一所大宅。此布置之不同也。"梁思成先生在所著的《中国建筑史》一书中也写道："庭院是中国古代建筑的灵魂。"庭院也称院落，在中国传统建筑中所处的那种至高无上的地位，源于"天人合一"的哲学思想，体现了作为生土地灵的人对于原生环境的一种依恋和渴求。经济飞速发展，过度地追求经济效益，造成对生态环境的忽视和严重破坏，加上宅基地的限制，使得住宅建筑过分强调建筑面积，建筑几乎覆盖了全部的宅基地，不但缺乏了传统建筑中房前屋后的院落空间，天井内庭更是被完全忽略和遗弃。

当人们开始对人类百万年来曾经走过的历程进行反思后，逐渐认识到必须适宜合理地运用技术手段来到达人与自然和谐共处。建筑师们通过对中国传统民居文化的深入探索和研

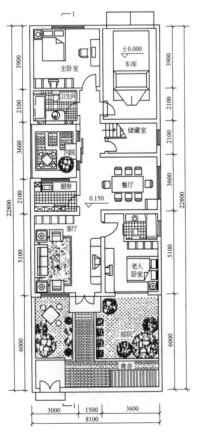

图4-10 前院式住宅

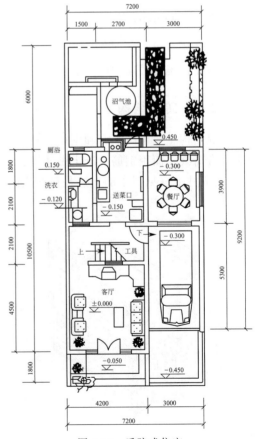

图4-11 后院式住宅

究，在城镇和农村住宅设计中，纷纷借鉴传统民居的建筑文化，庭院布置受到普遍的重视，出现了或前庭，或后院，或侧院，或前庭后院多种庭院布置形式。近些年来，随着研究的深入，借传统民居中天井内庭对住宅采光和自然通风的改善作用，运用现代技术对天井进行改进，充分利用带有可开启活动玻璃天窗的阳光内庭，使天井内庭能更有效地适应季节的变化，在解决建筑采光、通风、调节温湿度的同时，还能实现建筑节能。

由于各地自然地理条件、气候条件、生活习惯相差较大，因此，合理选择院落的形式，主要应从当地生活特点和习惯去考虑。一般分以下 5 种形式。

4.3.1 前院式（南院式）

庭院一般布置在住房南向发，优点是避风向阳，适宜家禽、家畜饲养。缺点是生活院与杂物院混在一起，环境卫生条件较差。一般北方地区采用较多，如图 4-10 所示。

4.3.2 后院式（北院式）

庭院布置在住房的北向，优点是住房朝向好，院落比较隐蔽和阴凉，适宜炎热地区进行家庭副业生产，前后交通方便。缺点是住房易受室外干扰。一般南方地区采用较多，如图 4-11 所示。

4.3.3 前后院式

庭院被住房分隔为前后两部分，形成生活杂务活动的场所。南向院子多为生活院子，北向院子为杂物和饲养场所。优点是功能分区明确，使用方便、清洁、卫生、安静。一般适合在宅基地宽度较窄，进深较长的住宅平面布置中使用，如图 4-12 所示。

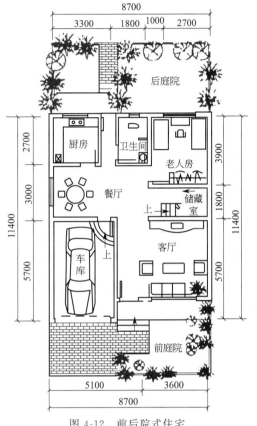

图 4-12 前后院式住宅

4.3.4 侧院式

庭院被分割成两部分，即生活院和杂物院，一般分别设在住房前面和一侧，构成既分割又连通的空间。优点是功能分区明确，院落净脏分明，如图 4-13 所示。

4.3.5 天井式（或称内院式、内庭式、中庭式）

城镇，无论是低层住宅还是多层住宅，将庭院布置在住宅的中间，它可以为住宅提供多个功能空间（即房间），引进光线，组织气流，调节小气候，是老人便利的室外活动场地，可以在冬季享受避风的阳光，也是家庭室外半开放的聚会空间，以天井内庭为中心布置各功能空间，除了可以保证各个空间都能有良好的采光和通风外，天井内庭还是住宅内的绿岛，

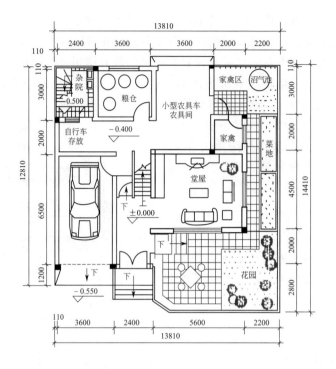

图 4-13　侧院式住宅

可适当布置"水绿结合"，以达到水绿相互促进、共同调节室内"小气候"的目的，成为住宅内部会呼吸的"肺"。这种汲取传统民居建筑文化的设计手法，越来越得到重视，布置形式和尺寸大小也可根据不同条件和使用要求而变化万千（见图 4-14）。

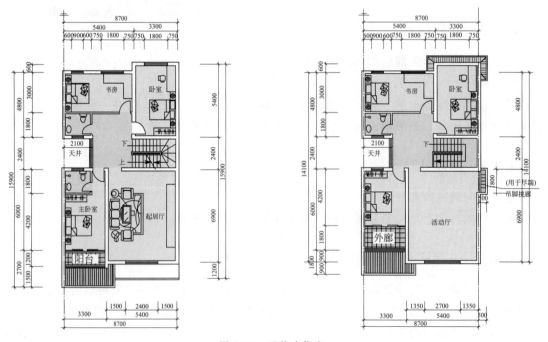

图 4-14　天井式住宅

4.4 按平面的组合形式分

城镇和农村的低层住宅，过去多采用独院式的平面组合形式，伴随着经济改革和研究工作的深入，目前的低层住宅多采用独立式、并联式和联排式。

4.4.1 独立式

独门独院，建筑四面临空，居住条件安静、舒适、宽敞，但需较大的宅基地，且基础设施配置不便，一般应少量采用，如图 4-15 所示。

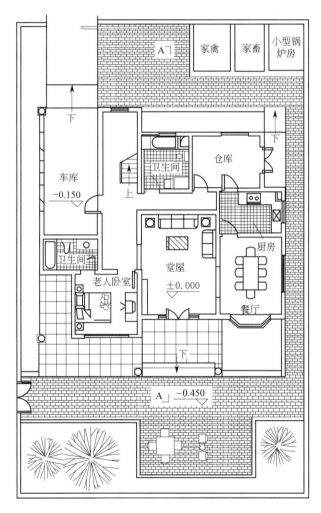

图 4-15　独立式住宅

4.4.2 并联式

由两户并联成一栋房屋。这种布置形式适用南北向胡同，每户可有前后两院，每户均为侧入口，中间山墙可两户合用，基础设施配置方便，对节约建设用地有很大好处，如图 4-16 所示。

4.4.3 联排式

　　一般由 3～5 户组成一排，不宜太多，当建筑耐火等级为一、二级时，长度超过 100m，或耐火等级为三级长度超过 80m 时应设防火墙，山墙可合用。室外工程管线集中且节省。这种形式的组合也可有前后院，每排有一个东西向胡同，入口为南北两个方向。这种布置方式占地较少，是当前城镇住宅普遍采用的一种形式，如图 4-17 所示。

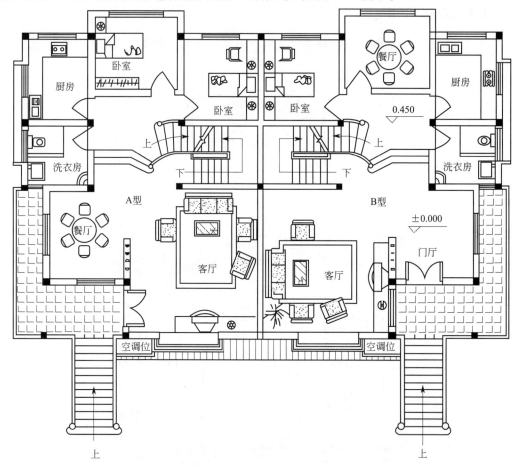

图 4-16　并联式住宅

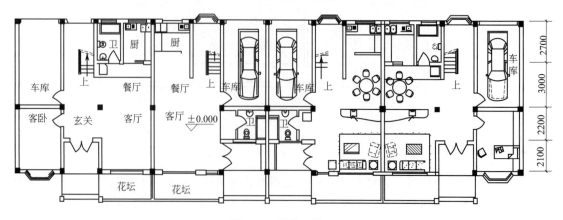

图 4-17　联排式住宅

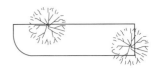

入户车行道

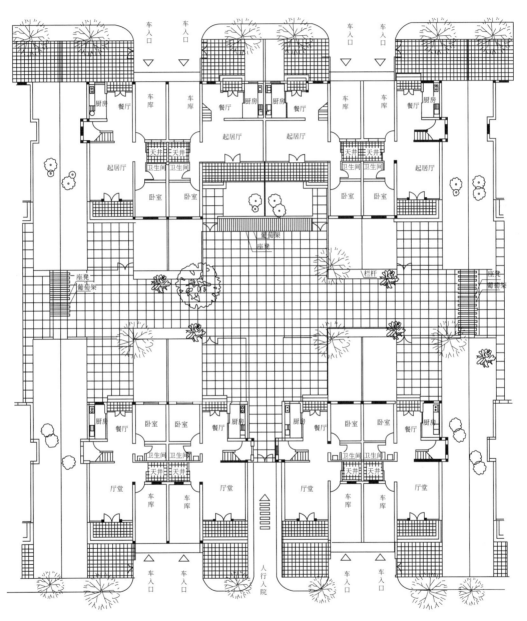

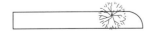

入户车行道

图 4-18 南入口的联排式和并联式组合院落

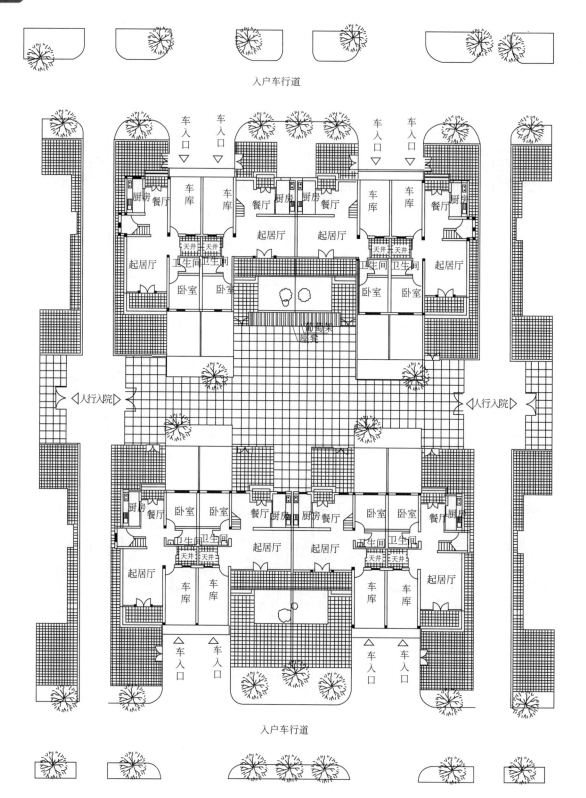

图 4-19　侧入口的联排式和联排式组合院落

4.4.4 院落式

院落式是在吸取合院式传统民居优秀文化的基础上，发展变化而形成的一种低层住宅平面组合形式。它是由联排式和联排式或者联排式和并排式（独立式）组合而成的一组带有人车分离庭院的院落式，具有可为若干住户组成一个不受机动车干扰的邻里交往共享空间和便于管理等特点。在低层住宅建设中颇有推广意义（见图 4-18、图 4-19）。

4.5 按空间类型分

为了适应城镇住宅居住生活和生产活动的需要，在设计中按每户空间布局占有的空间进行分类。

4.5.1 垂直分户

垂直分户的住宅一般都是二三层的低层住宅，每户不仅占有上下两（或三）层的全部空间，也即"有天有地"，而且都是独门独院。垂直分户的低层住宅具有节约用地和有利于以农副业活动为主的城镇周边农村居民对庭院农机具储存和晾晒谷物等有较大需求的特点。而对于虽然已脱离农业生产的住户，由于传统的民情风俗和生活习惯，也仍然希望居住这种贴近自然按垂直分户带有庭院的二三层低层住宅。因此它仍然是城镇周边住宅的主要形式（见图 4-20）。

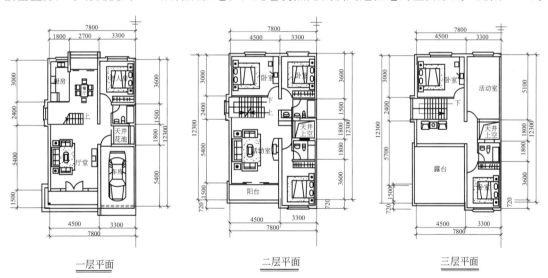

一层平面　　　　　二层平面　　　　　三层平面

图 4-20　垂直分户的低层住宅

4.5.2 水平分户

水平分户的住宅一般有两种形式。

（1）水平分户的平房住宅

它是每户占据一层的"有天有地"的空间，而且是带有庭院的独门独户的住宅，具有方便生活、便于进行生产活动和接地性良好的特点。但由于占地面积较大，因此应尽量减少采用（见图 4-21）。

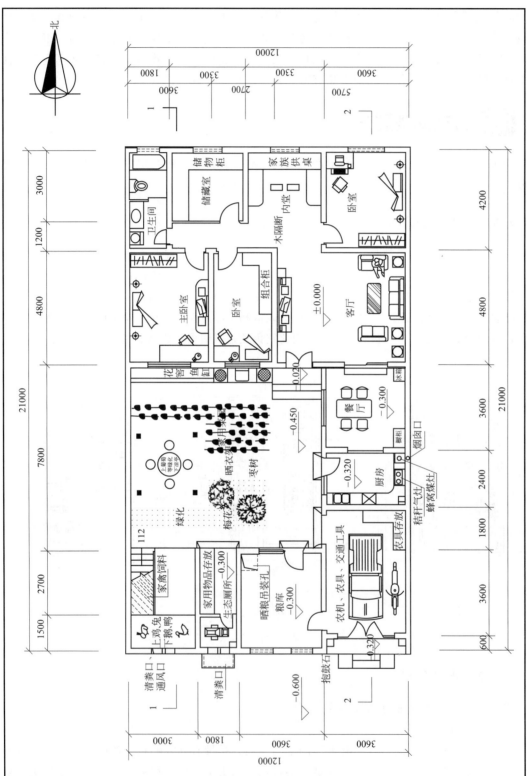

图 4-21　水平分户的平房住宅

（2）水平分户的多层住宅

水平分户的多层住宅一般都是六层以下的公寓式住宅，由公共楼梯间进入，城镇多层住宅常用的是一梯两户，每户占有同一层中的部分水平空间。这种住宅除一层外，二层以上都存在着接地性较差的缺点。因此，在设计时应合理确定阳台的进深和阔度，并处理好其与起居厅的关系，见图4-22。

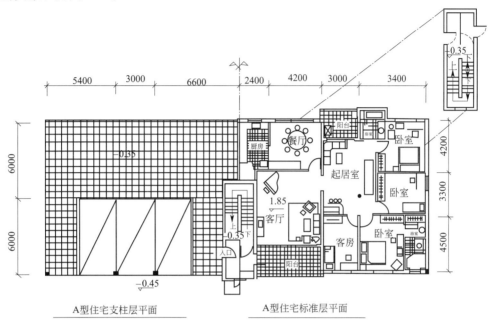

图 4-22　水平分户的城镇多层住宅

4.5.3　跃层分户

采用跃户分户是城镇住宅中的一种颇受欢迎的形式，其具有节约用地的特点。一般是其中一户占有一、二层的空间，一户则占有三、四层的空间，再者则占有五、六层空间。这

图 4-23

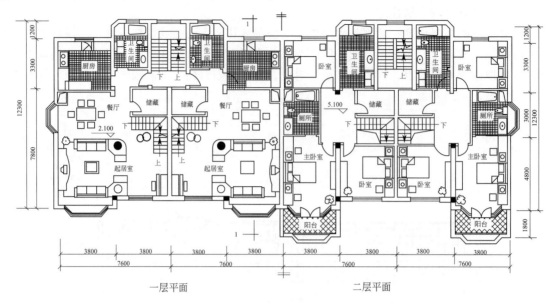

一层平面　　　　　　二层平面

图 4-23　跃层分户的多层住宅

种住宅在设计中为了解决二层以上住户接地性较差的缺点，往往一方面把二层以上住户的入户楼梯直接从地面开始；另一方面则努力设法扩大阳台的面积，使其形成露台，以保证二层以上的住户具有较多的户外活动空间（见图 4-23）。

4.6 按使用特点分

4.6.1　生活、生产型住宅

城镇周边生活、生产型住宅，兼顾到城镇周边民居居住的生活和部分生产活动的需要，是我国城镇周边农村住宅的主要类型，如图 4-24 所示。而在城镇街道两旁的上宅下店的多层住宅则突显了城镇住宅的主要特点。图 4-25、图 4-26 所示为上宅下店的两种形式。

4.6.2　居住型住宅

这是城镇核心区的主要居住形式，由于城镇及其周边农业集约化程度较高，居民已基本脱离了农业生产活动，其住宅基本上仅需要满足居住生活的要求即可，如图 4-27 所示。图 4-28 是一般居住型的多层住宅。作为城镇住宅，应重视所居住的地方居住仍然是处于农村的大环境之中，因此其不仅应保持与大自然的密切联系，同时还应继承当地的民情风俗和历史文化。这也就使得其与城市住宅仍然存在着不少的差距，不能简单地用城市住宅所能替代。

4.6.3　代际型住宅

在我国，爷爷奶奶乐于带孩子，儿女也把赡养老人作为自己的义务，这种共享天伦的传统美德使我国广大城镇及其周边的农村普遍存在着三代同堂的现象。考虑到老年人和年轻人在新形势下对待各种问题，容易出现认识的分歧，因此也容易出现代沟，影响家庭的和睦。

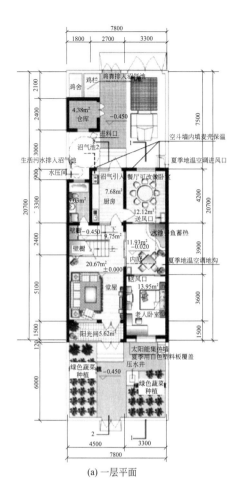

(a) 一层平面

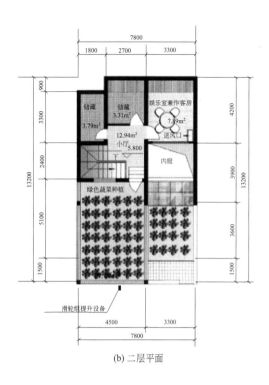

(b) 二层平面

图 4-24　生活、生产型农村住宅

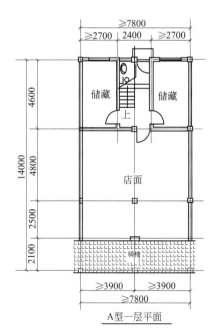

A型一层平面

A型二层平面

图 4-25　上宅下店的城镇低层住宅

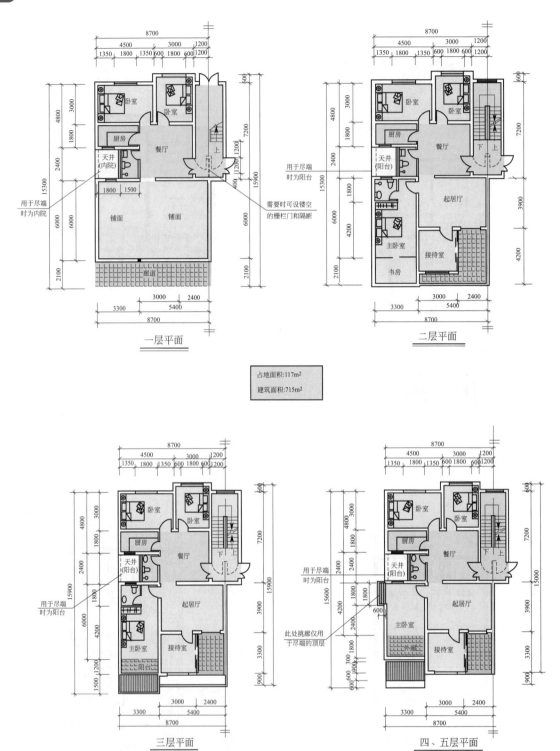

图 4-26 上宅下店的城镇多层住宅

图 4-27 居住型农村住宅

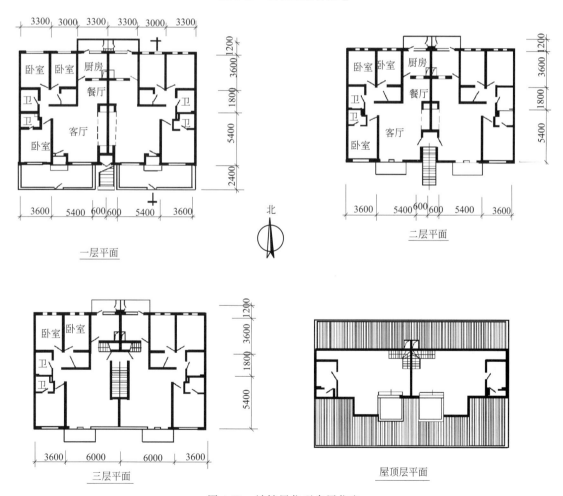

图 4-28 城镇居住型多层住宅

因此，代际型住宅也随之应运而生。代际型的住宅的处理方法很多，如在垂直分户的低层住宅中老人住楼下，儿孙住楼上（见图4-29）。而在水平分户一梯两户的多层住宅中，老人和儿孙各住一边（见图4-30）。代际型住宅的设计必须特别重视老人和儿孙所居住的空间既有适当合理的私人空间，又有相互关照的密切联系。

两代居住宅二层平面　　　　　　　两代居住宅三层平面

两代居住宅一层平面(方案一)　　　　两代居住宅一层平面(方案二)

图 4-29　垂直分户代际型低层住宅

4.6.4　专业户住宅

改革开放给城镇和周边农村注入了新的活力，百业兴旺，形成了很多专门从事某种副业生产的专业户。专业户住宅的设计，除了必须注意满足住户居住生活的需要，还应特别注意做好专业户经营的副业特点进行设计。图4-31为养花专业户住宅的设计。

4.6.5　少数民族住宅

我国是一个拥有56个民族的国家。对于少数民族的住宅，除了必须满足其居民生活和生产活动的需要外，还应该特别尊重各少数民族的民族风情和历史文化。图4-32为中国台湾原住民住宅。

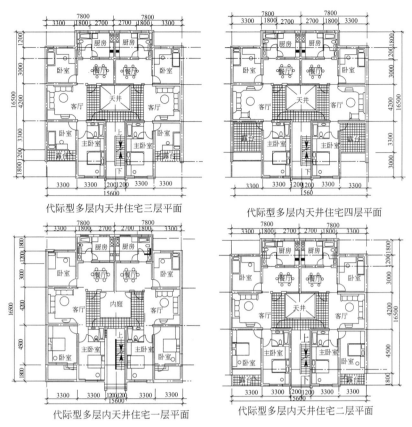

代际型多层内天井住宅三层平面

代际型多层内天井住宅四层平面

代际型多层内天井住宅一层平面

代际型多层内天井住宅二层平面

图 4-30　水平分户代际型多层住宅

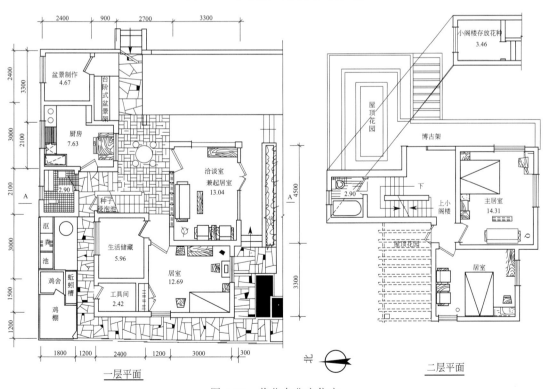

一层平面

二层平面

图 4-31　养花专业户住宅

图 4-32　中国台湾原住民住宅

5 城镇住宅的建筑设计

5.1 城镇住宅的平面设计

5.1.1 平面设计的原则

① 应满足用户的居住生活和生产的要求，并为今后发展变化创造条件。

② 结合气候特点、民情风俗、用户生活习惯和生产要求，合理布置各功能空间。

③ 平面形状力求简洁、整齐。

④ 尽可能减少交通辅助面积，室内空间应"化零为整"、变无用为有用。

⑤ 注重节能设计。

5.1.2 城镇住宅的户型设计

城镇住宅的户型设计是城镇住宅设计的基础，其目的是为不同住户提供适宜的居住生活和生产空间。户型是指住户的家庭人口构成（如人口的多少、家庭结构等）、家庭的生活和生产模式等。目前在城镇住宅户型设计中普遍存在的问题是：功能不全且与住户的特定要求不相适应，面积大而不当，使用不得法以及生搬硬套城市住宅或他地住宅模式等。因此，必须认真分析深入研究影响城镇住宅户型设计的因素，才能做好城镇住宅设计。

（1）家庭人口构成

家庭的人口构成通常包括家庭的人口规模、代际数、家庭人口结构三个方面。

人口规模是指住户家庭成员的数量，如一人户、二人户、三人户等，住户的人口数量决定着住宅户型的建筑面积的确定和布局。从我国人口调查的情况看，城镇户均人口为 4~6人。随着家庭的小型化，家庭人口呈逐渐减少的趋势。

代际数是指住户家庭常住人口的代际数量，如一代户、二代户、三代户等，代际关系不同，反映在年龄、生活经历、所受教育程度上，对居住空间的需求和理解上的差异。设计中应充分考虑到确保各自空间既相对独立，又相互联系，相互照顾。随着社会的发展进步，多代户城镇住宅设计中应引起足够的重视。

家庭人口结构是指家庭人口的构成情况，如性别、辈分等，它影响着户型内平面与空间的组合方式，在设计中进行适当的平面和空间的组合。

（2）家庭的生活模式和生产方式

家庭生活模式和生产方式直接影响着城镇住宅的平面组合设计。对于城镇住宅来说，家庭生活模式是由家庭的生活方式包括职业特征、文化修养、收入水平、生活习惯等所决定的。而生产方式即涉及产业特征、生产方式和生产关系。

城镇居民不同的生产、生活行为模式，决定着不同的住宅类型及其功能构成。

① 城镇居民的生产、生活行为模式 城镇住宅的设计与城镇居民的生产、生活行为模式密切相关，根据生产、生活行为模式的特点大致可分为 3 种类型。

1）自生产及生活活动。自生产及生活活动是指为繁衍后代、传承历史文明所进行的活动，其包括自生产活动、生活活动和影响该活动的主要因素。在这些活动中，主要是实现自身劳动力的再生产过程，恢复精力及体力，用于其他生产活动。

2）农业生产活动。当前，农业生产活动对于我国的大部分城镇的周边农村来说，依然是村域农民生产、生活的重要内容。随着农村经济体制改革的深化和发展，自 20 世纪 80 年代以来，在传统农业中的播、耕、牧、管等生产活动逐步为农业机械化所代替，使农村的生产活动逐渐向"副业化""兼业化"演变，出现各种"专业户"。城镇的周边农村大多也变为"亦工亦农"。

3）其他活动。其他活动包括除从事农、副业等以外的工业、手工业、商业、服务业等活动，诸如各种手工业、运输业、采掘业、加工业、建筑业等。随着社会经济的发展，其越来越成为农村经济的主要增长点。

② 生活、生产方式的多样化导致了户型的多样化 户规模、户结构、户类型是决定住宅户型的三要素。

户结构的繁简和户规模的大小则是决定住宅功能空间数量和尺度的主要依据。由于道德观念、传统习俗和经济条件等多方面原因，家庭养老仍然是我国城镇住户的一种主要养老形式。因此，住户的家庭结构主要有二代户、三代户和四代户，人口规模大多为 4～6 人。在住宅户型设计中要考虑到家庭人口构成状况随着社会的形态、家庭关系和人口结构等因素变化而变化。

住户的家庭生活、生产行为模式是影响住宅户型平面空间组织和实际的另一主要因素。而家庭生活、生活行为模式则由家庭生活、生产方式所决定。家庭主要成员的生活、生产方式除了社会文化模式所赋予的共性外，具有明显的个性特征。它涉及家庭主要成员的职业经历、受教育程度、文化修养、社会交往范围、收入水平以及年龄、性格、生活习惯、兴趣爱好等诸方面因素。形成多元化千差万别的家庭生活、生产行为模式。在户型设计中，除考虑每个住户必备的基本生活空间外，各种不同的户类型（不同职业）还要求不同的特定附加功能空间。根据分析，其规律可见表 5-1。

表 5-1 户类型及其特定功能空间

序号	户类型	主要特征	特定功能空间	对户型设计的要求
1	农业户	种植粮食、蔬菜、果木、饲养家禽家畜等	小农具储藏、粮仓、微型鸡舍、猪圈等	少量家禽饲养要严加管理，确保环境卫生
2	专(商)业户	竹藤类编制、刺绣、服装、百货等	小型作坊、工作室、商店、业务会客室、小库房等	工作区域与生活区域应互相联系，又能相对独立，减少干扰
3	综合户	以从事专(商)业为主，兼种自家的口粮田或自留地	兼有 1、2 类功能空间，但规模稍小、数量较少	以经济发达地区为主，此类户型所占比重较大
4	职工户	在机关、学校或企事业单位上班，以工资收入为主	以基本家居功能空间为主，较高经济收入户可增设客厅、书房、阳光室、客卧、家务室、健身房、娱乐活动室等	重视专用空间的使用与设计

③ 户型的多样化产生了多样化的住宅类型　按照不同的户型、不同户结构和不同户规模及城镇住宅的不同层次，对应设置具有不同类型、不同数量、不同标准的基本功能空间和辅助功能空间的户型系列。

同时，为了达到既满足住户使用要求，又节约用地的目的，还应恰当地选择住宅类型，以便更好地处理建筑物的上下左右关系，妥善处理住宅的水平或垂直分户，并联、联排和层数等问题，见表5-2。

表 5-2　不同户类型、不同套类型系列的住栋类型选择建议

户类型	住栋类型	
	垂直分户	水平分户
农业户、综合	中心村庄居住密度小、建筑层数低，用地规定许可时，可采用垂直分户	在确保楼层户在地面层有存放农具和粮食专用空间的前提下，可采用水平分户（上楼），但层数最多不宜超过4层，必要时，楼层户可采用内楼梯跃层式以增加居住面积
专（商）业户	此种类型的附加生产功能空间较大，几乎占据整个底层，生活空间安排在二层以上，故宜垂直分户	为保证附加生产功能空间使用上的方便并控制建筑物基底面积，不可能采用水平分户
职工户	跃层式多层住宅采用跃层垂直分户	为节约用地，职工户住宅一般均建多层住宅，少则3、4层，多达5、6层，宜采用水平分户

（3）各功能空间设计

① 居住空间的平面设计　居住空间是城镇住宅户内最主要的居住功能空间，应主要包括厅堂、起居厅、卧室、餐厅和书房等。在城镇住宅设计中应根据户型面积和户型的使用功能要求划分不同的居住空间，确定空间的大小和形状，合理组织交通，考虑通风采光和朝向等。

1）卧室平面尺寸和家具布置。卧室可分为主卧室、次卧室、客房等。主卧室通常为夫妇共同居住，其基本家具除双人床外，年轻夫妇还应考虑婴儿床，另外，像衣柜、床头柜、梳妆台等也应适当考虑。当卧室兼有其他功能时，还应提供相应的空间。主卧室最好能提供多种床位布置选择，因此其房间短边尺寸不宜小于3.0m。

次卧室包括双人卧室、单人卧室、客房等。由于其在户型中居于次要地位，面积和家具布置上要求低于主卧室。床可以是双人床、单人床、高低床等，因此其短边尺寸不宜小于2.1m，见图5-1。

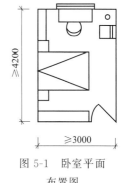

图 5-1　卧室平面布置图

2）起居厅平面尺寸和家具布置。起居厅是全家人集中活动的场所，如家庭团聚、会客、视听娱乐等，有时还兼有进餐、杂务和交通的部分功能。随着生活水平的提高，人们对起居空间的要求也越来越丰富。

起居厅的家具主要有沙发、茶几、电视音响柜等，由于起居室有家庭活动的需要，还应留出较多的活动空间，另外考虑视听的要求，短边尺寸应在3.0～4.0m之间，见图5-2。

3）书房。在面积条件宽裕的套型中，可将书房或工作室分离出来，形成独立的学习、工作空间，主要家具有书桌椅、书柜、电脑桌等，书房的最小尺寸可参照次卧室，其短边尺寸不宜小于2.10m，见图5-3。

② 居住部分的空间设计与处理　室内空间设计与处理包括空间的高低变化，复合空间的利用、色彩、质感的利用以及照明、家具的陈设等。在住宅设计中，由于层高较小，为了使室内空间不致感觉压抑，可在墙面的划分、色彩的选择方面进行处理。如为了减少空间的

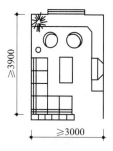

图 5-2　起居厅平面布置

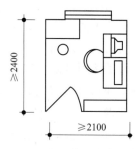

图 5-3　书房平面布置

封闭感，可在空间之间设置半隔断，以使空间延伸，也可适当加大窗洞口，扩大视野，以获得较好的空间效果。

③ 厨卫空间平面设计　厨卫空间是住宅设计的核心，它对住宅功能和质量起着关键的作用。厨卫空间内设备及管线较多，且安装后改造困难，设计时必须考虑周全。

1）厨房的平面尺寸和家具布置。厨房的主要功能是做饭、烧水，主要设备有洗菜池、案桌、炉灶、储物柜、排烟气设备、冰箱、烤箱、微波炉等。厨房一般面积较小，但设备、设施多，因此布置时要考虑到其操作的工艺流程、人体工程学的要求，既要减少交通路线长度，又要使用方便。

厨房的平面尺寸取决于设备的布置形式和住宅面积标准，布置方式一般有单排式、双排式、L 形、U 形等，其最小尺寸见图 5-4，单排布置时，厨房净宽≥1.5m，双排布置时≥1.8m，两排设备的净距≥0.9m。

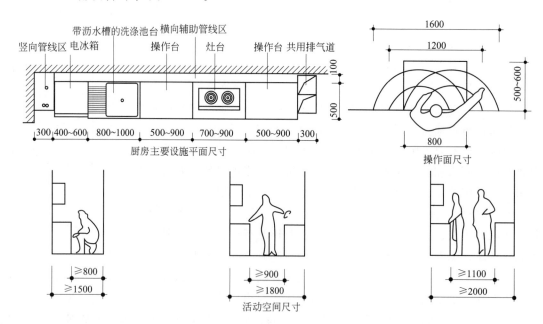

图 5-4　厨房最小尺寸要求

2）卫生间的平面尺寸和家具布置。卫生间是处理个人卫生的专用空间，基本设备包括便器、淋浴器、浴盆、洗衣机等，设计时应按使用功能适当分割为洗漱空间和便溺空间，方便使用，提高功能质量。在条件许可时，一户内宜设置两个及以上的卫生间，即主卧专用卫生间和一般成员使用的卫生间。其尺寸见图 5-5。

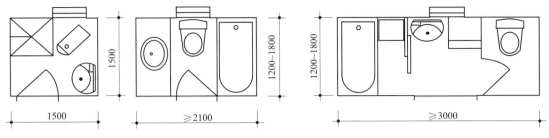

图 5-5 卫生间最小尺寸要求

3）厨卫空间的细部设计。厨卫空间面积小、管线多、设备多，又是用水房间，处理不好，会严重影响使用。

首先，要做好防水处理。一般厨卫地面低于其他房间地面 20mm，减少其他房间积水的可能性。墙面通常也要做防水处理，贴面砖装修。其二，合理布置房间内管线。设计不当容易影响设备使用和室内美观。第三，要考虑细部的功能要求。如手纸盒、肥皂盒、挂衣钩、毛巾架等的位置。

④ 交通及辅助空间的设计

1）交通联系空间。交通联系空间包括门斗、门厅、过厅、过道及户内楼梯等，设计中，在入户门处尽量考虑设置门斗或前室，起到缓冲和过渡的作用；同时还可作为换鞋、更衣、临时放置物品的作用，门斗的净宽不宜小于 1.2m。过厅和过道是户内房间联系的枢纽，通往卧室、起居室等主要房间的过道不小于 1.0m，通往辅助房间时不小于 0.9m。

当户内设置楼梯时，楼梯净宽不小于 0.75m（一侧临空）和 0.9m（两侧临空），楼梯踏步宽度不小于 220mm，高度不大于 200mm。

2）储藏空间。储藏空间是住宅内不可或缺的内容，在住宅设计中通常结合门斗、过道等的上部空间设置吊柜，利用房间边角部分设置壁柜，利用墙体厚度设置壁龛等。此外还可结合坡屋顶空间、楼梯下的空间作为储藏间。

3）室外空间。室外空间包括庭院、阳台、露台等，是低层和多层住宅不可或缺的室外活动空间。阳台按平面形式可以分为悬挑阳台、凹阳台、半挑半凹阳台和封闭式阳台。悬挑阳台视野开阔、日照通风条件好，但私密性差，逐户间有视线干扰，出挑深度一般为 1.0～1.8m；凹阳台结构简单，深度不受限制，使用相对隐蔽；半挑半凹阳台间有上述两个特点；封闭式阳台是将以上三种阳台的临空面用玻璃窗封闭，可起到日光间的作用，在北方地区经常使用。

露台是指顶层无遮挡的露天平台，可结合绿化种植形成屋顶花园，为住户提供良好的户外活动空间，同时对于下层屋顶起到了较好的保温隔热作用。

（4）功能空间的组合设计

户型内空间组合就是把户内不同功能空间，通过综合考虑有机地连接在一起，从而满足不同的功能要求。

户型内空间的大小、多少以及组合方式与家庭的人口构成、生活习惯、经济条件、气候条件紧密相关，户内的空间组合应考虑多方面的因素。

① 功能分析　户内的基本功能需求包括会客、娱乐、就餐、炊事、睡眠、学习、盥洗、便溺、储藏等，不同的功能空间应有特定的位置和相应的大小，设计时必须把各空间有机地

联系在一起，满足家庭生活的基本需要。

② 功能分区　功能分区就是将户内各空间按照使用对象、使用性质、使用时间等进行划分，然后按照一定的组合方式进行组合。把使用性质、使用要求相近的空间组合在一起，如厨房和卫生间都是用水房间，将其组合在一起可节约管道，利于防水设计等。在设计中主要注意以下几点。

1）内外分区。按照住宅使用的私密性要求将各空间划分为"内""外"两个层次，对于私密性要求较高的，如卧室应考虑在空间序列的底端，而对于私密性要求不高的，如客厅等安排在出入口附近。

2）动静分区。从使用性质上看，厅堂、起居厅、餐厅、厨房是住宅中的动区，使用时间主要为白天，而卧室是静区，使用时间主要是晚上。设计时就应将动区和静区相对集中，统一安排。

3）洁污（干湿）分区。就是将用水房间（如厨房、卫生间）和其他房间分开来考虑，厨房会产生油烟、垃圾和有害气体，相对来说较脏，设计中常把它和卫生间组合在一起，也有利于管网集中，节省造价。

③ 合理分室　合理分室包括两个方面，一个是按生理分室；另一个是按功能分室。合理分室的目的就是保证不同使用对象有适当的使用空间。按生理分室就是将不同性别、年龄、辈分的家庭成员安排在不同的房间。按功能分室则是按照不同的使用功能要求，将起居、用餐与睡眠分离；工作、学习分离，满足不同功能空间的要求。

④ 功能空间组合的布局要求　功能空间布局问题是住宅设计的关键。目前，城镇住宅功能布局中存在的问题有：生产活动功能混杂，家居功能未按生活规律分区，功能空间的专用性不确定以及功能空间布局不当等。因此，我们必须更新观念，以科学的家居功能模式为标准，优化住宅设计。

按照城镇住户一般家居功能规律及不同户空间类型的特定功能需求，可以推出一个城镇住宅家居功能空间的综合解析图示（见图5-6）。这个图示表达了城镇住宅家居功能空间的有关内容、活动规律及其相互关系。其特点如下。

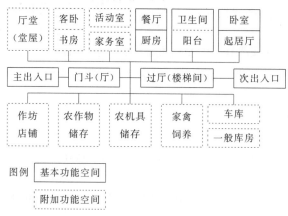

图 5-6　城镇住宅家居功能综合解析图示

1）强调了厅堂起居厅作为家庭对外和对内的活动中心的作用。

2）强调了随着生活质量的提高，各功能空间专用水平有着逐渐增强的趋势，如将对内的起居厅与对外的厅堂分设。

3）由于居民收入和生活水平的提高，家居功能中增设了书房（工作室）、健身活动室和车库等功能空间。

4）由于农业产业结构的变化，必须为不同的住户配置相应的功能空间，如为专业户和商业户开辟加工间、店铺及其仓库等专用空间；为农业户配置农具及其杂物储藏、粮食蔬菜储藏以及微型封闭式禽舍等。

⑤ 功能空间的组合特点　根据城镇住宅各功能空间相互关系的特点，城镇住宅功能空间的布局应遵照如下原则。

1）城镇住宅必须有齐全的功能空间。随着物质和文化生活水平的不断提高，人们对居住环境的要求也越来越高。住宅的生理分室和功能分室将更加明细合理，人与人、室与室之间相互干扰的现象将逐步减少。每套住宅都应保证功能空间齐全，才能保证各功能空间的专用性，确保不同程度的私密性要求。

根据城镇住宅的功能特点，考虑到城镇居住生活的使用要求，城镇住宅应能满足住户遮风避雨、生产活动、喜庆社交、膳食烹饪、睡眠静养、卫生洗涤、储藏停车、休闲解乏和客宿休憩等功能。为了满足这些要求，城镇低层住宅要做到功能齐全，一般应设置：厅堂、起居厅、餐厅、厨房、卧室（包括主卧室、老年人卧室及一般卧室）、卫生间（每层设置公共卫生间、主卧室应有标准较高的专用卫生间）、活动室、门廊或门厅、阳台及露台、储藏（车库）等功能空间。在使用中还可以根据需要，通过室内装修把部分一般卧室改为儿童室、工作学习室、客房等。而多层住宅即应有门厅、起居厅、餐厅、厨房、卧室、卫生间、储藏间、阳台等。

2）各功能空间要有适度的建筑面积和舒适合理的尺度。城镇住宅的建筑面积，应和家庭人口的构成、生活方式的变化以及居住水平的提高相适应。人多，社交活动频繁，在家工作活动较多，而居住面积太小，就会有拥挤的感觉，互相干扰严重，使得每个人心烦气躁；而人少，各种家居活动也少，面积太大就会显得冷冷清清，孤独寂寞感就会侵袭心头，房屋剩余空间太多，很少有人走动，湿气重，阳光不足，通风不良，因此就缺乏"人气"。这也就是为什么久无人住的房子，一打开时会寒气逼人的原因所在。

各功能空间的规模、格局、合宜尺度的体形，即应根据各功能空间人的活动行为轨迹以及立面造型的要求来确定。这些功能空间可分为基本功能空间和附加功能空间。

城镇住宅的基本功能空间包括厅堂、起居厅、餐厅、厨房、卫生间、卧室（含老人卧室和子女卧室）及储藏间等。厅堂是接待宾客、举办喜庆活动家庭对外活动中心的共同空间，是城镇住宅最重要的功能空间，因此它所需的面积也是最大的，一般应考虑能有布置两张宴请餐桌的可能。起居厅是家庭成员内部活动共享天伦的空间，对于城镇住宅的起居厅在婚丧、喜庆的活动中还得起到招待客人的作用，因此，也应有较大的空间，当起居厅前带有阳台时，应布置全墙的推拉落地门，必要时，可卸下落地门，以便扩大起居厅的面积，还可同时布置多张宴请的餐桌。如果没有足够大的起居厅，就不易做到居寝分离，更谈不上公私分离和动静分离。卫生间在现代家居的日常生活中所扮演的角色越来越重要，已成为时尚家居的新亮点，体现现代家居的个性、功能性和舒适性，卫生间的面积也需要扩大。为了使得厨房能够适应向清洁卫生、操作方便的方向发展，厨房必须有足够大的平面以保证设备设施的布置和交通动线的安排。而卧室由于功能逐渐趋向于单一化，则可适当的缩小。这也是现在所流行的"三大一小"。

由国家住宅与居住环境工程中心编制的《健康住宅建设技术要点》（2004 年版）提出了住宅功能空间低限净面积指标，见表 5-3。

表 5-3　住宅功能空间低限净面积指标

项目	低限净面积指标/m²	项目	低限净面积指标/m²
起居厅	16.20(3.6m×4.5m)	次卧室(双人)	11.70(3.0m×3.9m)
餐厅	7.20(3.0m×2.4m)	厨房(单排型)	5.55(1.5m×3.7m)
主卧室	13.86(3.3m×4.2m)	卫生间	4.50(1.8m×2.5m)

根据我国目前一般居民的家庭构成和生活方式，并对今后一定时期进行预测，同时还参考了一些经济发达的国家和地区的资料，提出城镇住宅基本功能空间建议性建筑面积，参见表 5-4。

表 5-4　城镇住宅各功能空间合宜尺度及建筑面积参考值

功能空间名称		厅堂	起居厅	餐厅	厨房	卧室			卫生间	储藏车库	活动室	楼梯间
						主卧室	老年人卧室	一般卧室				
合宜尺度/m	宽	≥3.9	≥3.9	≥2.7	≥1.8	≥3.3	≥3.3	≥2.7	≥1.8	≥2.7	≥3.9	≥2.1
	长									≥5.1		
建筑面积/m²		20～30	20～25	12	8	20	14	9～12	5～7	16～24	20	10

注：主卧室的建筑面积包括专用卫生间。

3) 城镇住宅应有足够的附加功能空间。根据城镇居民所从事生产经营特点以及住户的经济水平，个人爱好等因素，附加功能空间可分为生活性附加功能空间和生产性辅助功能空间。

生活性附加功能空间包括门厅（或门廊）、书房、儿童房、家务房、宽敞的阳台、晒台、外庭院、内庭天井、庭院、客房活动厅（健身房）、阳光室（封闭阳台或屋顶平台）。

门厅（或门廊）是用以换鞋、放置雨具和外出御寒衣物的室外过渡空间。在传统民居中，为了节约建筑面积，较少设置，随着经济条件的变化，家居生活水平的提高，必须注意门厅（或门廊）的设置。

4) 平面设计的多功能性和空间的灵活性。住宅内部使用空间的分配原则，是以居民生活及工作行为等实用功能的需要来考虑的，这些需要随着居住人口和居住形态的变化以及生活水平的提高、家用电器的设置而随时都可能要求发生变化。这在城镇小康住宅的设计中应引起重视。为了适应这种变化，住宅的使用空间也需要重新调整。所以在城镇小康住宅的设计中，必须考虑如何适应空间灵活性的使用问题，以适应变化的需要。卧室之间、主卧室与专用卫生间之间、厨房与餐厅之间以及厅堂、起居厅、活动室与楼梯之间及卫生间的隔墙都应做成非承重的轻质隔墙，这样，才能在不影响主体结构的情况下，为空间的灵活性创造条件，以适应平面设计多功能性需要。

5) 精心安排各功能空间的位置关系和交通动线。城镇贴近农村，接触大自然，人们在这种大尺度的环境下成长，习惯在这种较大的空间下生活及工作，因此城镇住宅一般都较为宽敞。面积较大的城镇住宅，如果未能安排好其与居住质量密切相关的"动线设计"，则易导致工作时间延长并增加身心疲惫。因此，城镇小康住宅居住质量不能仅以面积大小为依据，而更应重视各功能空间的位置关系、交通动线等的精心安排。根据城镇小康住宅的功能特点，功能空间可分如下几类。

a. 按照功能空间的不同用途分为生活区、睡眠区和工作区 3 个区。

（a）生活区。是工作后休闲及家人聚会的场所，包括厅堂、起居厅、活动室及书房等。

（b）睡眠区。以往这里只是提供睡觉的地方，现在也是读书、亲子交谈的场所。

（c）工作区。是居民日间主要活动场所，如炊事、洗衣及家庭副业。

b. 按照功能空间的性质分为公共性空间、私密性空间和生理性空间。

（a）公共性空间。是家庭成员进行交谊、聚集以及举办婚丧、喜庆的场所，也是招待亲朋的地方，它是家庭中对外的空间，主要包括厅堂、餐厅以及起居厅、活动室。

（b）私密性空间。指的主要是卧室区。这一空间随着休闲时间的增加和教育的普及，越来越重要。它为居住者提供学习、从事休闲活动以及做手工家务的地方。

（c）生理性空间。主要是指为居住者提供生理卫生便溺等需求的场所。

c. 按照功能空间的特点可分为开放空间、封闭空间和连接空间。

（a）开放空间。一般是指厅堂、起居厅和活动室等供家庭成员谈话、游戏或举办婚丧、喜庆、招待客人的场所。从这里可以通往室外，它是家庭中与户外环境关系最密切的地方。

（b）封闭空间。封闭空间能使居住者身在其中而产生宁静与安全的感觉。在这里无论休息或工作均不受人干扰或影响别人，是完全属于使用人自己的天地，这些空间有卧室、客房、书房及卫生间等。

（c）连接空间。它是室内通往室外的连接部分，这一空间具有调节室内小气候的功能，同时也可调节人们在进出住宅时，生理上及心理上的需求。门廊（或雨蓬下）及门厅都属于这一空间范围。

通过以上的分析，区与区之间、各功能空间之间应根据其在家居生活中的作用及其互相间的关系进行合理组织，并尽可能使关系密切的功能空间之间有着最为直接的联系，以避免出现无用空间。在城镇低层楼房住宅中，把工作区和生活区连接布置在底层，提高了使用上的便捷性，而把睡眠区布置在二层以上，这样把家庭共同空间与私密性空间分为上、下两部分，可以做到动静分离和公私分离。

在平面布置中，由于家庭共同空间的使用效率高，应充分吸取传统民居以厅堂和起居厅分别作为家庭对外和家庭成员活动中心的原则，对于低层住宅来说，底层把生活区的厅堂放在住宅朝向最好及最重要的位置，后侧即布置工作区，既保证生活区与工作区的密切联系，更由于布置了两个出入口，做到洁污分离。在二层即把起居厅安排在住宅朝向最好及最重要的中间位置，背侧即绕以布置私密性空间，这样可以使每个房间与家庭共同空间的起居厅直接联系，使生活区得到充分的利用。"有厅必有庭"是传统福建民居的突出特点之一，也是江南各地带有天井民居的常用手法，这种把敞厅与庭院或天井内庭在平面上的互相渗透，使得人与人、人与自然交融在一起，颇富情趣。

为了使住宅中的家庭共同空间宽敞舒适与空间层次丰富，还可以采取纵横分隔与渗透的手法。

在城镇低层住宅设计中，横向是底层的厅堂与庭院、餐厅与庭院（或天井内庭）、楼层的起居厅（或活动室）与阳台露台，均应有着直接的联系，两者之间可用大玻璃推拉门分隔，这样既可扩大视野，给人以宽敞、明亮的感觉，又便于与室外空间联系，密切邻里关系，还可便于对在户外活动的孩子、老人的照应。为了适应现代家居生活的需要，为扩大视觉空间，创造生活情趣，还应重视厅堂、起居厅、活动室、餐厅与楼梯之间以及厅堂与餐厅之间的互相渗透。纵向可通过楼梯间把底层的厅堂和楼层的起居厅、活动室取得联系和渗透，这时就应该把作为楼层垂直交通的楼梯尽可能组织到客厅和起居厅、活动室中，既可在垂直方向扩大视觉空间，又能加强这些家庭共同空间的垂直联系，增加生活气息，活跃家居气氛。

在布置楼层时，由于各层相对独立，只要把楼梯间的位置布置合适，就能较为方便地组织上下关系。但应注意不要让上层卫生间设备的下水管和弯头暴露在下层主要功能空间室内，最好是各层卫生间上下垂直布置。这在城镇低层楼房住宅的平面布置中是较难完全做到的。这时可以在底层是厨房、餐厅、洗衣房及车库等的上面一层布置卫生间，管道可以用吊顶乃至明露（如车库内）处理都较容易解决。应尽量避开在厅堂、起居厅、活动室及卧室上层布置。当实在避不开时，即应靠在墙角，结合室内装修和空间处理或局部吊顶或做成夹壁、假壁柱等将水平管及立管隐藏起来。

在布置齐全的功能空间、提高功能空间专用程度的基础上，通过精心安排各功能空间的位置关系和交通动线，就能够实现动静分离、洁污分离、食居分离、居寝分离，充分体现出城镇小康住宅适居性、舒适性和安全性。

5.1.3　城镇低层住宅的户型平面设计

二三层的低层住宅是城镇住宅的主要类型之一。近二十年来，各方面都对它进行了大量的研究。下面就其设计中的一些主要问题，进行分别的探讨。

（1）面宽与进深

研究表明：小面宽、大进深具有较为明显的节地性，城镇低层住宅应努力做到所有的功能空间都具有直接对外的采光、通风，因此当进深太大时，一些功能空间的采光、通风将受到影响。因此，在设计中必须科学地处理城镇住宅面宽与进深的关系。

① 一开间的低层住宅　这种住宅只有一开间，为了满足建筑面积的要求，只好加大住宅的进深，加大住宅进深后，将导致很多功能空间的采光、通风受到影响，因此多采用一个或两三个天井内庭来解决功能空间的采光、通风问题（见图 5-7）。

② 两开间的低层住宅　这种住宅是目前广为采用的低层住宅，平面布置紧凑，其基本上可以保证所有的功能空间都能有较好直接对外的采光和通风（见图 5-8）。但如果建筑面积较大时，进深也会随之加大，也就难免会出现一些功能空间的采光问题。随着对传统民居建筑文化的研究，在低层住宅的设计中内天井得到广泛的运用（见图 5-9）。内天井不仅可以解决其相邻功能空间的采光、通风问题，还可为住户提供贴近自然的住宅内部露天活动空间，采用加可开启的活动天窗还可起到调节住宅内部的气温的作用，是一种得到广泛欢迎的住宅方案。

③ 三开间的低层住宅　当低层住宅采用三开间时，其进深不必太大，一般在进深方向只布置两个功能空间，便能满足需要。基本上可以完全做到各功能空间都有直接对外的采光通风，平面布置也较为紧凑（见图 5-10）。为了提高家居环境的生活质量和与大自然更为和谐的情趣，不少三开间住宅也都采用内天井的处理手法（见图 5-11）。

④ 多开间的低层住宅　多开间住宅面宽较大，占地较多。在城镇住宅建设中，只有在单层的平房住宅采用，对于二三层的低层住宅基本上是不提倡的。

（2）厅与庭

传统的民居"有厅必有庭"。传统民居不论是合院式、天井式和组群式，由于大部分都

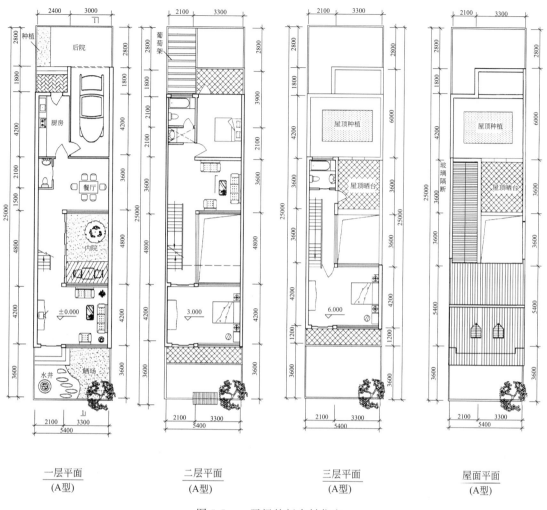

一层平面
(A型)

二层平面
(A型)

三层平面
(A型)

屋面平面
(A型)

图 5-7 一开间的新农村住宅

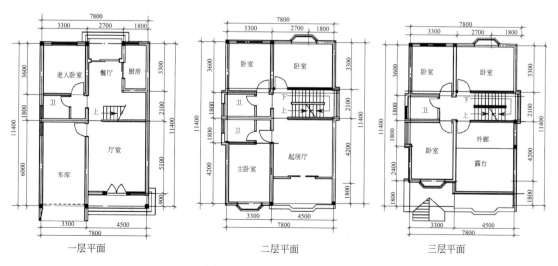

一层平面

二层平面

三层平面

图 5-8 两开间的新农村住宅

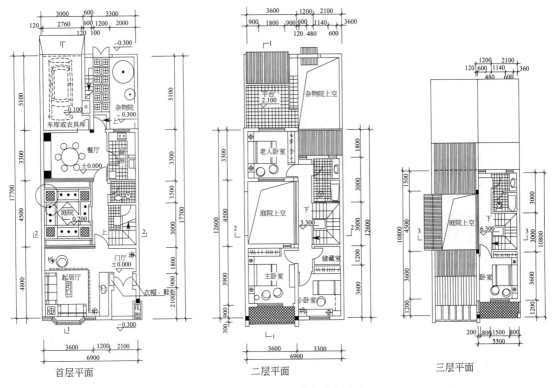

图 5-9　两开间的内天井新农村住宅

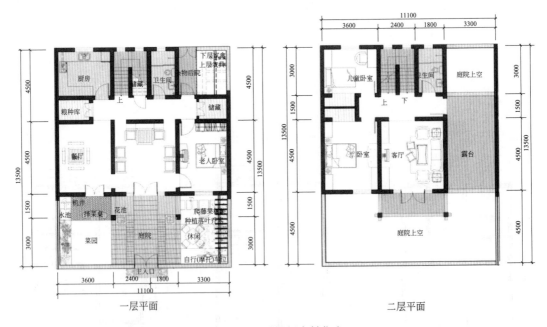

图 5-10　三开间新农村住宅

是平房，所以厅与庭的联系都十分密切。城镇低层住宅应以二三层为主，底层的厅堂（或堂屋）应尽量布置在南向的主要位置，其与住宅的前院都能有较好的联系。楼层的起居室和活动厅等室内公共空间在设计中则应尽可能地与阳台、露台有较密切的联系。楼层的阳台和露台实际上也起着庭的作用，为此，城镇低层住宅应设置进深较大的阳台，并应根据南北不

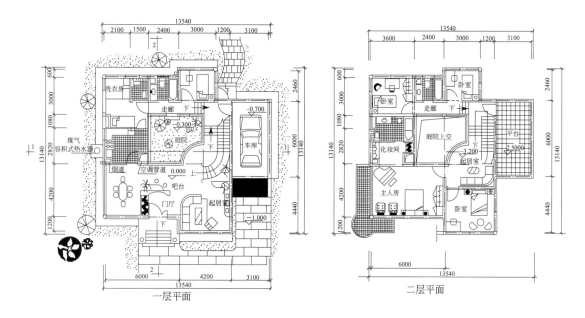

图 5-11 三开间的内天井新农村住宅

同的地理区位，确定阳台的不同进深。北方不应小于 1.5m，南方可为 2.1～2.4m，为了确保阳台具有挡雨遮阳的作用，又便于晾晒接受足够的阳光，对于南方进深较为大的阳台，可以采取阳台一半上有顶盖，一半露天的做法（见图 5-12）。以外廊作为厅与露台的过渡空间，不仅加强了厅与露台的关系，而且更便于炎热多雨的农村，为农民提供一个室外洗衣晾衣的外廊，深受欢迎（见图 5-13）。城镇多层住宅也应吸取传统民居厅与庭的关系，处理好住户起居厅与阳台的关系。

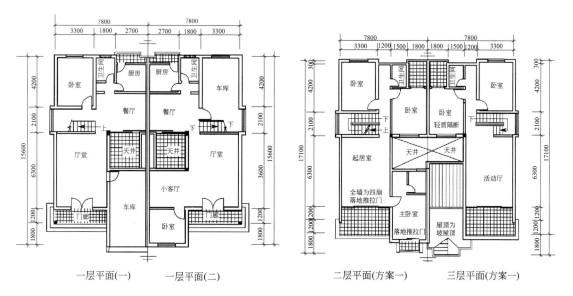

图 5-12 一半上有顶盖、一半露天的阳台

（3）厅的位置

传统的民居特别重视厅堂（堂屋）的位置，基本上都应布置在朝南的主要位置，以便于

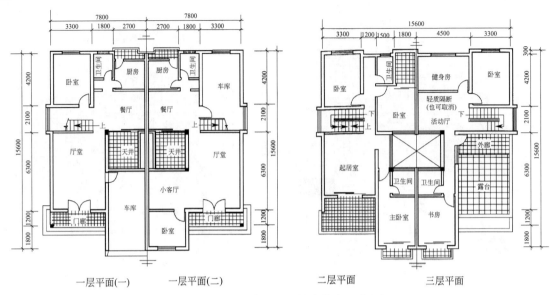

一层平面(一)　　一层平面(二)　　二层平面　　　　三层平面

图 5-13　厅与露台之间有外廊作为过渡空间

各种对外活动的使用，厅更是家人白天活动的主要功能空间，应有足够的日照和通风，不仅老人和儿童需要朝南的公共活动空间，即便是年轻人在家庭副业和手工业等生产活动中也应以朝南的功能空间为最佳选择。因此，城镇住宅中无论是低层或多层，还是厅堂（堂屋）、起居厅，甚至活动厅最好都应朝南布置。

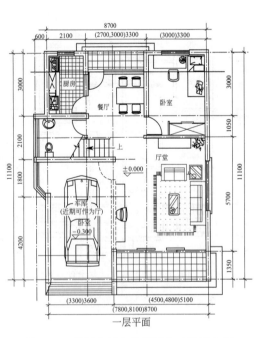

一层平面

图 5-14　楼梯布置在前后两个功能区之间

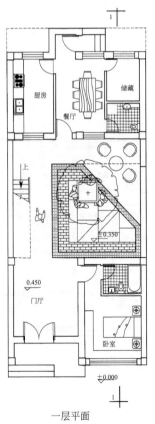

一层平面

图 5-15　楼梯布置在住宅东（西）一侧

（4）楼梯的位置

住宅内部的楼梯是低层住宅和跃层式住宅的垂直交通空间，楼梯是楼房的垂直交通空间，其布置直接影响到同层的功能空间以及楼层之间各功能空间的联系。楼房楼梯的位置应避免占据南向的位置。

1）楼梯布置在前后两个功能空间之间（见图5-14），不仅可方便住宅室内公共活动空间之间的联系，并与其他功能空间联系也较为方便，而且还能扩大厅的视觉空间和充满家居的生活气息。

2）楼梯布置在住宅东（西）一侧（见图5-15）。

3）楼梯布置在住宅的后部（北面）（见图5-16）。

4）楼梯布置在住宅的中部（见图5-17）。

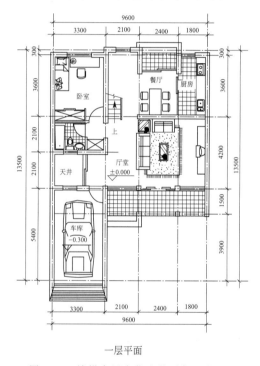

一层平面

图5-16 楼梯布置在住宅的后部（北面）

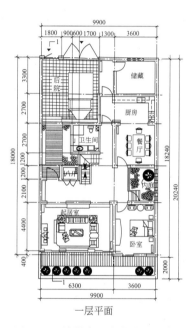

一层平面

图5-17 楼梯布置在住宅的中部

（5）厨房与餐厅

在城镇住宅中，餐厅是与厨房功能扩大的临时空间，因此二者应紧邻，厨房一般应布置在住宅的北面，并最好应与猪圈、沼气池也有较方便的联系。而餐厅即可紧邻厨房一起布置在北面，或面向天井内庭，也可与厅堂（堂屋）合并在一起。

5.2 城镇住宅的立面造型设计

住宅建筑受功能要求、建筑造价等方面的限制较多，其立面形式通常变化较少。一般是在住宅的套型、平面组合、层高、层数、结构形式确定后建筑立面和体形就基本形成了，也就是说住宅的功能性在很大程度上决定了它的立面造型，这也是造成住宅面貌千篇一律的主要原因。

立面造型设计的目的是让人造的围合空间能与大自然及既存的历史文化环境密切地配合，融为一体，创造出自然、和谐与宁静的城镇住区景观。城镇住区的整体景观往往需要运用住宅及其附属建筑物组成开放、封闭或轴线式的各种空间，来丰富自然条件，以达到丰富城镇住区景观的目的。

城镇住宅的立面造型是城镇生活范围内有关历史、文化、心理与社会等方面的具体表现。影响城镇住宅造型的主要因素是那一个时期居住需求的外在表现，其随时间的流逝，建筑造型也会产生不同的变化。

城镇住宅的立面造型应该简朴明快、富于变化、小巧玲珑。它的造型设计和风格取向不能孤立地进行，应能与当地自然天际轮廓线及周围环境的景色相协调，同时还必须兼具独特性以及能与住宅组群乃至住区取得协调的统一性，构成一个整体氛围，给人以深刻的印象。

5.2.1 影响城镇住宅立面造型的因素

（1）合理的内部空间设计

造型设计的形成是取决于内部空间功能的布局与设计，最终反应在外形上的一种给人感受的结果。住宅内部有着同样的功能空间，但由于布局的变化以及门窗位置和大小的不同，因而在建筑外形上所反应的体量、高度及立面也不相同。所以造型设计不应先有外形设计，而应先设计住宅内部空间，然后再进行外部的造型设计。

（2）住宅组群及住区的整体景观

城镇住宅的设计应充分考虑住宅组群乃至住区的整体效果，而且仍然应以保持传统民居原有尺度的比例关系、屋顶形式和建筑体量为依据。

（3）与自然环境的和谐关系

城镇较为贴近自然，对于山、水、石、栽植、泥土及天空等的感受，都比城市来得鲜明。对可见可闻的季节变化、自然界的循环，也更有直接的感受。因此为了使得城镇住宅能够融汇到自然与人造环境之中，城镇住宅所用的材料也应适应当地的环境景观及生活习惯。为了展现城镇独特的景象及强调自然的色彩，城镇住宅的立面造型应避免过度装饰及过分雕绘，以达到清新、自然和谐的视觉景观。

（4）立面造型组成元素及细部装饰的设计

立面造型的组成元素很多，城镇住宅的个性表现也就在这些地方，许多平面相同的住宅，由于多种不同的开窗方法，不同的大门设计，甚至小到不同的窗扇划分，均会影响到住宅的立面造型。所以要使城镇住宅的立面造型具有独特的风格就必须在这方面多下工夫。

5.2.2 城镇住宅立面造型的组成元素

建筑造型给人的印象虽然具有很多的主观因素，但这些印象大多数是受许多组成元素所影响，这些外观造型基本上是可以分析，并加以设计的。

① 建筑体形 包括建筑功能、外形、比例等以及屋顶的形式。

② 建筑立面 建筑立面的高度与宽度、比例关系、建筑外形特征的水平及垂直划分、轴线、开口部位、凸出物、细部设计、材料、色彩及材料质感等。

③ 屋顶 屋顶的形式及坡度，屋顶的开口如天窗、阁楼等，屋面材料、色彩及细部设计。

5.2.3 城镇住宅的屋顶造型应以坡屋顶为主

在我国传统的民居中，主要以采用坡屋顶为主，坡屋顶排水及隔热效果较好，且能与自然景观密切配合。坡屋顶的组合在我国民居中极是变化多端：悬山、硬山、歇山；单坡、双坡、四坡；披檐、重檐；顺接、插接、围合及穿插，一切随机应变，几乎没有任何一种平面、任何一种体形组合的高低错落可以"难倒"坡屋顶，所以，城镇住宅的屋顶造型也就尽可能以坡屋顶为主。为了使城镇住宅拥有晾晒衣被、谷物和消夏纳凉以及种植盆栽等的屋顶露天平台，也可将部分屋顶做成可上人的平屋顶，但女儿墙的设计应与坡屋面相呼应或以绿化、美化的方式处理，以减少平屋顶的突兀感。

5.2.4 城镇住宅立面造型设计的风格取向

建筑风格是一个渐进演变的产物，而且不断在发展。同时各国间、各民族之间，在建筑形式与风格上也常有相互吸收与渗透的现象，所以，在概括各种形式、风格特征等方面也只能是相对的。尽管人们对建筑形式和风格的取向也是经常在变化的，前些年人们对"中而新"的建筑形式颇感兴趣，但是盖多了，大家不愿雷同，因此，近年来欧美之风又开始盛行。但是现代人们大多数对建筑形式的要求还是趋向于多元化、多样化和个性化，并喜欢不同风格之间的借鉴与渗透。因此，在城镇住宅的立面造型设计中，应该努力吸取当地传统民居的精华，加以提炼、改造，并与现代的技术条件和形态构成相结合，充分利用和发挥屋顶形式、底层、顶层、尽端转角、楼梯间、阳台露台、外廊和出入口以及门窗洞口等特殊部位的特点，吸取小别墅的立面设计手法，对建筑造型的组成元素，进行精心的设计，在经济、实用的原则下，丰富城镇住宅的立面造型，使其更富生活气息，并具地方特色。图 5-18 为城镇各县特色的住宅造型设计实例。

5.2.5 门窗的立面布置

传统的民居中，尤为重视大门的位置，中国传统建筑文化中称大门为"气口"，因此大门一般布置在厅堂（或称堂屋）的南墙正中央。城镇住宅的设计也应该吸取这一优秀的传统处理手法，以利于组织自然通风。对于低层城镇住宅，在厅堂的上层一般都是起居厅，并在其南面设阳台，阳台正好作为一层厅堂（堂屋）的门厅雨蓬。不少城镇住宅为了便于家具陈设和家庭副业活动，常将其偏于一侧布置，此时可采用门边带窗的方法，以确保上下层立面窗户的对位，也可采用在不同的立面层次上布置不同宽度的门窗，以避免立面杂乱。

立面开窗应力求做到整齐统一，上下左右对齐，窗户的品种不宜太多。当同一个立面上的窗户有高低区别时，一般应将窗洞上檐取齐，以便立面比较齐整且利于过梁和圈梁的布置。当上下房间门窗洞口尺寸有大小之别时，可以采用"化整为零"或"化零为整"的办法加以处理，也可采用分别布置在立面不同的层次上，以便避免立面的紊乱。

门窗的分格和开启方法，不仅影响到在夏季引进清凉的季风，而冬季又能阻挡寒风的侵袭。同时，还影响到造型的组织和处理。这都颇为值得引起设计的重视。

当前，在住宅设计中，飘窗的应用十分普遍，但应注意实际效果，不可滥用。

5.2.6 城镇住宅立面造型的设计手法

在住宅设计中，立面设计的主要任务是通过对墙面进行划分，利用墙面的不同材料、色

(a)

(b)

(c)

(d)

(e)

(f)

(g)

(h)

(i)

(j)

(k)

图 5-18 城镇住宅造型设计实例

彩，结合门窗口和阳台的位置等，进行统一安排、调整，使外形简洁、明朗、朴素、大方，以取得较好的立面效果，并充分体现出住宅建筑的性格特征。

（1）利用阳台的凹凸变化及其阴影与墙面产生明暗对比（见图 5-19）

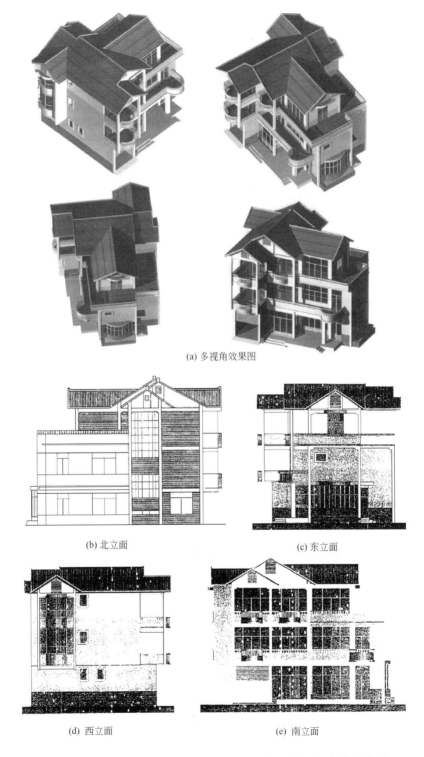

(a) 多视角效果图

(b) 北立面　　　　　　　　　　　(c) 东立面

(d) 西立面　　　　　　　　　　　(e) 南立面

图 5-19　利用阳台的凹凸变化及其阴影与墙面产生明暗对比的实际实例

住宅阳台是建筑立面设计中最活跃的因素，因此，它的立面形式和排列组合方式对立面设计影响很大。阳台形式可以是实心栏板和空心栏杆，甚至是落地玻璃窗；从平面看可以是矩形，也可以是弧形等。阳台在立面上可以是单独设置，也可以将两个阳台组合在一起布置，还可以大小阳台交错布置或上下阳台交错布置，形成有规律的变化，产生较强的韵律感，丰富建筑立面。

（2）利用颜色、质感和线脚丰富立面（见图 5-20）

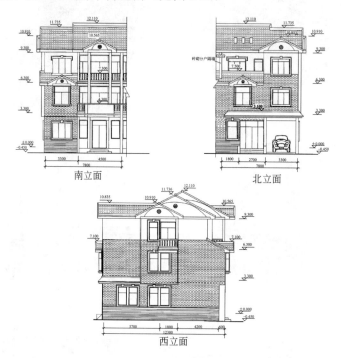

图 5-20　住宅的颜色、质感和线脚丰富立面的设计实例

在城镇住宅外装饰中，利用不同颜色、不同质感的装饰材料，形成宽窄不一、大小不等的面积对比，亦可起到丰富立面的作用。

① 墙面材料的选图　我国优秀的传统民居墙面材料多为就地取材，因材施用，大量应用竹木石等地方材料，这不仅经济方便，而且在建筑艺术上具有独特的地方特色和浓郁的乡土气息。城镇住宅仍应吸取传统民居的优秀处理手法，使其与传统民居、自然环境融为一体。一般可充分暴露墙体、材料所独特的质地和色彩是可以取得很好的效果。在必须另加饰面时，即应尽可能选用耐久性好的简单饰面做法，如 1∶1∶6 水泥石灰砂浆抹粗面，其具有灰黄色的粗面，不仅耐久性好，而且施工简单，造价低。或者也可采用涂料饰面，应特别注意避免采用贴面砖、马赛克等与城镇自然环境不相协调的装饰做法。

② 墙面的线条划分　外墙面上的线条处理，是建筑立面设计的常用手法之一，它不仅可以避免过于大面积的粉刷抹灰出现开裂，同时还可以取得较好的立面效果。一般的做法是将窗台、窗楣、墙裙、阳台等线脚并加以延伸凹凸，加水平或垂直引条线等各种线条的处理方法。也有按层设置水平的分层线的。

③ 墙面色彩的运用　传统的民居在立面色彩上都比较讲究朴素大方，突出墙体材料的原有颜色。南方常用的是粉墙黛瓦或白墙红瓦，而北方常用灰墙青瓦。这种处理手法朴实素雅、色泽稳定、质感强、施工简单、经济耐用。这在城镇住宅设计中应加以弘扬。为了使城

镇住宅的立面设计更为生动活泼，也可采用其他颜色的涂料进行涂刷，但要注意与环境的协调，而且颜色不宜过多，以避免混杂。一般可以用浅黄色、浅米色、银灰色、浅橘色等比较浅的颜色作为墙体的基本色调，再调以白色的线条和线脚，使其取得对比协调的效果，可以获得活泼明快的立面效果。也可以采用同一色相而对比度较大的色彩作为墙面的颜色，都可以取得较好的装饰效果。总之，建筑立面色彩运用是否得当，将直接影响到立面造型的艺术效果，应力求和谐统一。在统一的前提下，适当注意材料质感和色彩上的对比变化，切忌在一栋建筑物的立面上出现过于繁杂多样杂乱无章的现象。

（3）局部的装饰构件

在住宅立面设计中为了使立面上有较多的层次变化，经常利用一些建筑构件、装饰构件等，取得良好的装饰效果。如立面上的阳台栏杆、构架、空调隔板以及女儿墙、垃圾道、通风道等的凹凸变化等丰富立面效果（见图 5-21）。

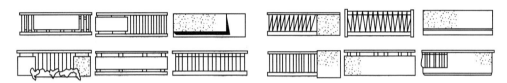

图 5-21　住宅阳台立面装饰

另外，在住宅立面设计中，还可以结合楼梯间、阁楼、檐角、腰线、勒脚以及出入口等创造出新颖的立面形式。住宅立面的颜色宜采用淡雅、明快的色调，并应考虑到地区气候特点、风俗习惯等做出不同的处理。总的来说，南方炎热地区宜采用浅色调以减少太阳辐射热。北方地区宜采用较淡雅的暖色调，创造温馨的住宅环境。住宅立面上的各部位和建筑构件还可以有不同的色彩和质感，但应相互协调，统一考虑。

5.3 城镇住宅的剖面设计

一般说来，城镇住宅空间变化较少，剖面设计较简单。住宅剖面设计与节约用地、住宅的通风、采光、卫生等的关系十分紧密。在剖面设计中，主要是解决好层数、层高、局部高低变化和空间利用等几个问题。

5.3.1　住宅层数

住宅层数与城镇规划、当地经济发展状况、施工技术条件和用地紧张程度等密切相关。本书中住宅层数划分为低层（1～3 层）、多层（4～6 层）、中高层（7～11 层）和高层（12层或 12 层以上）。在住宅设计和建造中，适当增加住宅层数，可提高建筑容积率，减少建筑用地，丰富城镇形象。但随层数增加，由于住宅垂直交通设施、结构类型、建筑材料、抗震、防火疏散等方面出现了更高的要求，会带来一系列的社会、经济、环境等问题。如 7 层以上住宅需设置电梯，导致建筑造价和日常运行维护费用增加，层数太多还会给居住者带来心理方面的影响。根据我国城镇建设和经济的发展状况，城镇的住宅应以多层住宅为主，在城镇周边的农村即应以低层住宅为主。有条件的中心区可提倡建设中高层住宅。

在建筑面积一定的情况下，住宅层数越多，单位面积上房屋基地所占面积就越少，即建筑密度越小，用地越经济。就住宅本身而言，低层住宅一般比多层住宅造价低，而高层的造价更高，但低层住宅占地大，如 1 层住宅与 5 层相比大 3 倍；对于多层住宅，提高层数能降低造价。从用地的角度看，住宅在 3～5 层时，每增加一层，每公顷用地上即可增加 1000m² 的建筑面积，但 6 层以上时则效果不明显。一般认为，条形平面 6 层住宅无论从建筑造价还是节约用地来看都是比较经济的，因而在我国的城镇中应用很多。

5.3.2　住宅层高

住宅的层高是指室内地面至楼面，或楼面至楼面，或楼面至檐口（由屋架时之下弦，平顶屋顶至檐口处）的高度。

影响层高的因素很多，大致可分归纳为以下几点。

① 屋高与房间大小的关系　在房间面积不大的情况下，层高太高会显得空旷而缺乏亲切感；层高过低又会使人产生压抑感，同时，在冬季当人们紧闭窗门睡觉时，低矮的房间容积小，空气中二氧化碳浓度也相对增高，对人体健康不利。

② 楼房的层高太高，楼梯的步数增多，占用面积太大，平面设计时梯段很难安排。

③ 层高加大会增加材料消耗量，从而提高建筑造价。

合理确定住宅层高，在住宅设计中具有重要意义。适当降低层高可节省建筑材料，减少工程量，从而降低造价。在严寒地区还可通过减少住宅外表面积，降低热损失。由于住宅中房间的面积较小，室内人数不多，在《住宅设计规范》中规定室内净高不得低于 2.40m。在《健康住宅建设技术要点》（2004 年版）中提出居室净高不应低于 2.50m，根据城镇住宅的实际情况，由于建筑面积一般也较大。因此城镇住宅的层高应控制在 2.8～3m。北方地区有利于防寒保温，层高大多选用 2.8m。南方炎热地区则常用 3.0m 左右。坡屋顶的顶层由于有一个屋顶结构空间的关系，层高可适当降至 2.6～2.8m。附属用房（如浴厕杂屋畜舍和库房）层高可适当降至 2.0～2.8m。低层住宅由于生活习惯问题可适当提高，但不宜超过 3.3m。

此外住宅层高还会影响到与后排住宅的间距大小，尤其当日照间距系数较大时，层高的影响更为显著，由于住宅间距大于房屋的总进深，所以降低层高比单纯增加层数更为有效，如住宅从 5 层增加到 7 层，用地大致可节约 7%～9%，而层高由 3.2m 降至 2.8m 时可节约用地 8%～10%（日照间距系数为 1.5 时）。因此在城镇住宅设计时应遵照住宅设计规范，执行有关层高的规定。

5.3.3　住宅的室内外高差

为了保持室内干燥和防止室外地面水侵入，城镇住宅的室内外高差一般可用 20～45cm，也即室内地面比室外高出 1～3 个踏步。也可根据地形条件，在设计中酌情确定。但应该注意室内外高差太高，将造成填土方量加大。增加工程量，会提高建筑造价。如果底层地面采用木地板，除了考虑结构的高度以外尚应留出一定高度，便于作为通风防潮空间并开设通风洞，为此室内外高差不应低于 45cm。在低洼地区，为了防止雨水倒灌，室内地面更不宜做得太低。

5.3.4　住宅的窗户高低位置

城镇住宅在剖面的设计中，窗户开设的位置同室内采光通风和向外眺望等功能要求相关。根据采光的要求，居室窗户的大小可按下面的经验公式估算：

$$窗户透光面积/房间面积＝1/8～1/10$$

当窗户在平面设计中位置确定后，可按其面积得出窗户的高度和宽度，并确定在剖面中的高低位置。居室窗台的高度，一般高于室内地面为850～1000cm，窗台太高，会造成近窗处的照度不足，不便于布置书桌，同时会阻挡向外的视线。有些私密性要求较高的房间（如卫生间），为了避免室外行人窥视和其他干扰，常常把窗台提高到室外视线以上。

在确定窗户的剖面时，还必须考虑到其平面设计的位置，以及与建筑立面造型设计三者间的关系，进行统一考虑。

5.3.5　住宅剖面形式

剖面可有两个方向，即横向和纵向。对于住宅楼横剖面来说，考虑到节约用地或限于地段长度，常将房屋剖面设计成台阶状（即在住宅的北侧退台）以减少房屋间距，这样剖面就形成了南高北低的体形，退后的平台还可作为顶层住户的露台，使用方便。对城镇低层住宅来说，在保证前后两排住宅的间距要求时，北面的退台收效不大，应该采用南面退台做法以为住户创造南向的露台，更有利于晾晒谷物、衣被和消夏纳凉。城镇的底层住宅楼层的退台布置可使立面造型和屋顶形式更富变化，使得住宅与优美的自然环境能更好地融为一体。对于坡地上（或由于地形原因）的住宅，可以利用地形设计成南北高度不同的剖面。对于住宅楼纵剖面来说，可以结合地形设计成左右不等高的立面形式，也可以设计成错层或层数不等的形式。另外还可结合建筑面积、层数等建设跃层或复合式住宅。

5.3.6　住宅的空间利用

在我国当前的经济条件下，对于城镇住宅，空间利用显得尤为重要，这就要求在设计中应尽量创造条件争取较大的储藏空间，以解决日常生活用品、季节性物品和各种农产品的存放问题。这对改善住宅的卫生状况，创造良好的家居环境具有重要意义。

在城镇住宅的剖面设计中常见的储藏空间除专用房间外主要有壁柜、吊柜、墙龛、阁楼等。壁柜（橱）是利用墙体做成的落地柜，它的容积大，可用来储藏较大物品，一般是利用平面上的死角、凹面或一侧墙面来设置。壁柜净深不应小于0.5m。靠外墙、卫生间、厨房设置时应考虑防潮、防结露等问题，见图5-22。

图5-22　厨房的储藏空间

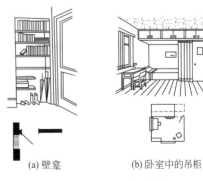

(a)壁龛　　(b)卧室中的吊柜

图5-23　壁龛和吊柜

吊柜是悬挂在空间上部的储藏柜，一般是设在走道等小空间的顶部，由于存取不太方便，常用来存放季节性物品。吊柜的设置不应破坏室内空间的完整性，吊柜内净空高度不应小于 0.4m，同时应保证其下部净空（见图 5-23）。

（1）坡屋顶的空间利用

对于坡屋顶的住宅，可将坡屋顶下的空间处理成阁楼的形式，作为居住和储藏之用。当作为卧室使用时，在高度上应保证阁楼的一半面积的净高在 2.1m 以上，最低处的净高不宜小于 1.5m，并应尽可能使阁楼有直接的通风和采光。联系用的楼梯可以陡一些，以减少交通面积，楼梯的坡度小于 60°，对于面积较小的阁楼，还可采用爬梯的形式。如图 5-24所示。

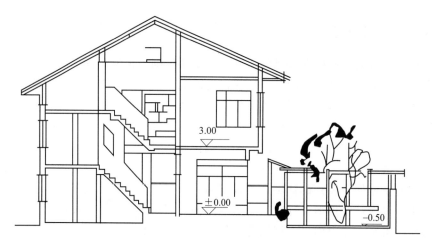

图 5-24　坡屋顶的空间利用

（2）利用楼梯上下的空间

在室内楼梯中，楼梯的下部和上部空间是利用的重点。在楼梯下部通常设置储藏室或小面积的功能空间，如卫生间。上部的空间则作为小面积的阁楼或储藏室等。如图 5-25所示。

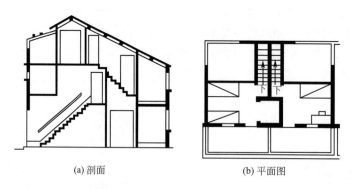

(a) 剖面　　　　　　　　　(b) 平面图

图 5-25　楼梯上下空间的利用

5.4 城镇住宅的门窗设计

中国传统建筑文化对住宅门窗的设置十分讲究。西方人注重单幢的建筑及其门窗设计，我国的先人们注重建筑和景观设计。南齐谢朓有诗云："窗中列远岫，庭际俯乔林。"唐代白居易也有："东窗对华山，三峰碧参落。"凭借门窗观赏自然风光，可以陶冶情操，颐养身心。中国传统建筑文化讲究门窗对着"生气"一方，就是为了采景、采光和通风。

从我国所处地理环境的特点来看，常年盛行的主导风向对住宅风向的形成影响很大。我国的主导风向一个是偏北风，一个是偏南风。偏南风是夏季风，温暖湿润，有和风拂煦，温和滋润之感；偏北风是冬季风，寒冷干燥，且风力大，有凛冽刺骨伤筋之感。因此，避开寒冷的偏北风就成为普遍重视的问题。

5.4.1　住宅的门

门是中国传统民居中极其重要的组成部分，尤其是大门。中国传统建筑文化认为大门是民居的颜面，是兴衰的标志，是"气口"。它沟通住宅内、外空间，通过大门，上接天气，下接地气，大门根据中国传统建筑文化"聚气"的要求，既要能"纳气"，又要能"聚气"，还不能把"气"闭死，因此总要设法引起"生气"。传统民居的大门多是朝南、东南、东开，总是面向秀峰曲水。大门内往往有一屏墙，使宅外不见宅内，宅门在方向上适中，又能"聚气"。室内曲幽，既通达又受到抑制。

现在人们通称的门户，其实在中国传统建筑文化中对门和户是有分别的，房屋的门扇是双扇的为门，单扇的为户。前面的双扇大门为门。后面单扇的门为户。前门常开，而后门常闭。门是住宅的"气口"，房屋建筑于地面之上气应从门口进入。

现代家居中多、高层住宅的入户门与传统民居的大门在功能上已有所变化，绝大部分几乎仅起到联系宅内外的通行作用。而厅（起居厅）通往朝南、东南、东方向阳台的门（或窗）就又起着传统民居大门的作用，这在现代家居中应引起重视。在家居环境文化中，门主要分为外门和内门，至于门洞的大小，材料和构造的选择等应根据不同的要求进行选择和布置。

5.4.2　住宅的窗

现代住宅的窗户不仅有与传统民居窗户相同的功能和作用，同时也还具有中国传统建筑文化中"气口"的作用。

人们喜欢把住宅也赋予生命，常常把窗户比喻为住宅的眼睛。因此要保持窗户干净、完整，要经常开闭，要倍加爱护。窗户应置于能获得新鲜空气的地方，并要使居住者免受光和热的直接辐射。窗户大小要适当，而且一个房间不宜开启太多的窗户，窗户太多难以聚气、聚神。

对于住宅来说，窗户有着日照采光、通风换气和眺望远景的三大功能，这就要求窗户应尽量开大一些。但其大小应根据功能和朝向加以考虑。

窗户是住宅采光和通风的主要途径。

窗户位置与大小的决定，要依方向来考虑。南面、东面可开大窗，以能多接受一些阳光和夏季的凉风；而西向、西北向、北向则开小窗，以减少太阳西晒与冬季西北寒风的侵袭。

（1）窗的大小

窗的大小，一般标准是：窗户的面积约为居室地面的 $1/7 \sim 1/8$。

开窗的大小与居室的进深有关：单面开窗采光的居室，进深不应大于窗顶高的 2 倍；两面开窗采光的居室，进深也不应大于窗顶高的 4 倍。一般规定是 15m² 以下房间开两扇窗，15m² 以上的房间开三扇窗。窗的具体大小主要取决于房间的使用性质，一般是卧室、厅堂、起居厅采光要求较高，窗面积就应大些，而门厅等房间采光要求较低，窗面积就可小些。

（2）窗户的高度

① 窗要尽量开高一些。开窗高，能使室内光线均匀，而开窗低，则会使光线集中在近窗处，而远窗处较差，不利于光线扩散。

② 窗顶的高度一定要比门顶高。

（3）窗户朝向

① 窗户朝东　住宅朝东的窗户，能接受所谓"紫气东来"，使祥瑞之气笼罩着房间。东方是太阳升起的地方，是新开始的象征。每当早上起床，看到从东面冉冉升起的太阳，充满生命的活力，就会感受到一种欣欣向荣的气息。

② 窗户朝南　住宅朝南的窗户，夏天有凉风吹拂，冬天有阳光，对营造温馨的家居环境十分有利。但由于白天的阳光强烈，容易导致人的身心躁动不安。所以应设计具有一定深度的水平遮阳板，避免夏季太阳直射时间过长。

③ 窗户朝北　窗户朝北，寒冷的西北风就会大量地吹进住宅，使屋内阴寒而不舒服。因此住宅朝北的窗户在满足房间采光通风的情况下，不宜开得太大，并应根据气候条件对窗户的选材和构造采取防寒保温措施。

为了减少朝北窗户的寒冷感觉，还可在窗内设暖色调的厚重窗帘，窗户还可摆放抗寒耐阴的花草盆栽，以减轻心理上对气候寒冷的敏感。

④ 窗户朝西　住宅的窗户朝西，午后必有西晒，好处是干燥不易潮湿，家具衣物不易发霉，但对体质燥者则有如火上加油，较难安居。朝西的窗户应加设活动的垂直遮阳板，并加挂窗帘，避免午后的太阳直射室内。朝西的窗户秋冬季易受寒风侵袭，可利用活动的垂直遮阳板，挡住北面的寒风，也可在春夏接纳和风。

（4）窗户的安全

从实际使用的要求，窗户设置防护栏是住宅必不可少的安全措施。居民从楼上窗口、阳台坠落时有发生。因此，窗户防护栏的设置不仅是为了防盗，对于日常生活的防患也是十分必要的，是家居室内环境安全的保障，应该作为住宅的必要构件加以设置，它既要符合安全要求、便于开启，还应是一个艺术小品。安装时不仅要保证住户安全，还应避免突出外墙造成对过往行人的伤害。

5.4.3　住宅的采光与通风

住宅中的房间不外是卧室、起居厅（客厅）、餐厅、厨房、卫生间。如果阳光照射不到，通风不好，室内就会潮湿，卫生间也会有异味，还会影响人的健康。

（1）住宅的采光

采光是指住宅接受阳光的情况，采光以太阳能直接照射到最好，或者是有亮度足够的折射光。

中国传统建筑文化对室内采光也强调阴阳之和，明暗适宜。

万物生长靠太阳，中国传统建筑文化很重视住宅的日照，如"何知人家有福分？三阳开泰直射中"，"何知人家得长寿？迎天沐日无忧愁。"有句谚语说："太阳不来的话，医生就来。"这充分说明了住宅采光的重要性。

直接射入室内的阳光不仅使人体发育健全，机能提高，而且使人舒适、振奋，提高劳动效率，还具有一定的杀菌作用和预防佝偻病的作用，所以窗户朝南的房间适合作为儿童和老人的卧室。但如果照射过度，对生物还是有某种程度的杀伤力。

具体地说，要考虑南面、东南面和西南面三个方面的阳光。在这三种不同方位的阳光中，以西南面的阳光最热。冬天虽然以能照射到西面或西南面的阳光最为理想，但是到了夏季，这两个方向的阳光，却是很令人困扰的问题。综合一年四季来考虑，以东南方及南方的阳光最为理想。

对于窗户来说，应经常开窗。单层清洁的窗玻璃可透过波长约为 $318\sim390nm$ 的紫外线，但有 $60\%\sim65\%$ 的紫外线被玻璃反射和吸收。有积尘的不清洁的玻璃又减少 40% 的光线射入。因此，要经常保持窗玻璃的清洁，以使在关窗的状态下，也有足够的阳光射入。

（2）住宅的通风

通风可以促进住宅里的新陈代谢，防止腐败。风不但是人类不可或缺的东西，对植物也会产生各种不同的作用。在中国传统建筑文化中，即有所谓的中庸和过与不及。不及是指无风。相反的，过则指会产生灾害的大风和寒风。因此，这两种情况都是不理想的，唯有中庸，也就是适度，才是最适于人类生存的环境。

在考虑通风问题时，不能单纯地认为只要有窗户，通风就会良好，这是十分不够的。还应考虑风是从哪一个方向吹来的，都能吹进房子的哪一个角落，应该在哪里留窗户较为合适等问题。为此，在中国传统建筑文化中也特别重视其"气口"的方位朝向和尺寸大小，同时还特别重视与大气的关系。

5.4.4 住宅门窗的设计要求

门是联系和分隔房间的重要构件，其宽度应满足人的通行和家具搬运的需要。在住宅中，卧室、厅堂、起居厅内的家具体积较大，门也应比较宽大；而卫生间、厨房、阳台内的家具尺寸较小，门的宽度也就可以较窄。一般是入户门最大，厨、卫门最小。门洞口的最小尺寸参见表5-5。

表 5-5　住宅各部位门洞口的最小尺寸

类　　别	门洞口宽度/m	门洞口高度/m
共用外门	1.20	2.00
户门	0.90	2.00
起居室门	0.90	2.00
卧室门	0.90	2.00
厨房门	0.90	2.00
卫生间、厕所门	0.70	1.80
阳台门	0.70	2.00

窗的作用是通风、采光和远眺。窗的大小主要取决于房间的使用性质，一般是卧室、厅堂、起居厅采光要求较高，窗面积就应大些，而门厅等房间采光要求则较低，窗面积就可小些。窗地比是衡量室内采光效果好坏的标准之一，它是指窗洞口面积与房间地面面积之比，一般为1/7～1/8。在满足采光要求的前提下，寒冷地区为减少房间的热损失，窗洞口往往较小；而炎热地区为了取得较好的通风效果，窗洞口面积可适当加大。另外，窗作为外围护

构件时，还要考虑窗的保温、隔热要求。当外窗窗台距楼面的高度低于 0.9m 且窗外没有阳台时，应有防护措施，与楼梯间、公共走廊、屋面相邻的外窗，底层外窗、阳台门以及分户门必须采取防盗措施。

5.4.5　营造室内清凉世界

现在人们习惯通过空调和电风扇等来获得舒爽。不少专家学者都指出，长期在空调环境生活和工作，极容易出现空调病。其实，如果能组织住宅的自然通风，不但可获得清新凉爽的空气，也可节约能源。

拥挤使人感到烦躁，空旷使人感到凉爽。在城镇住宅设计中，各功能空间应在为室内布置安排家具的同时，留出较为宽绰的活动空间，给人以充满生机的恬淡情趣，也自然会使人们感到轻松愉快，心情舒畅。

以南向的厅堂为主，把其他家庭共同空间沿进深方向布置，一个一个开放地串在一起，便可以组织起穿堂风，给人带来凉爽。在南方还可以吸取传统民居的布置手法，在大进深的住宅中利用天井来组织和加强自然通风。

热辐射是居室闷热的直接原因。应在向阳的门窗上设置各种遮阳措施，避免阳光直射和热空气直接吹进室内。屋顶和西山墙应做好隔热措施，把热辐射有效地挡在室外，室内自然也会清爽许多。此外，还可以通过加强绿化，以便更好地遮挡阳光，吸收热辐射，以营造室内清凉空间。

5.5　城镇山坡地住宅设计

在城镇用地中，由于地形的变化，住宅的布置应当与地形相结合。地形的变化对住宅的布置影响很大，应在保证日照、通风要求的同时，努力做到因地制宜，随坡就势，处理好住宅位置与等高线的关系，减少土石方量，降低建筑造价。通常可采用以下 3 种方式。

5.5.1　住宅与等高线平行布置

当地形坡度较小或南北向斜坡时常采用住宅与等高线平行布置方式，其特点是节省土石方量和基础工程量，道路和各种管线布置简便，这种布置方式应用较多，如图 5-26 所示。

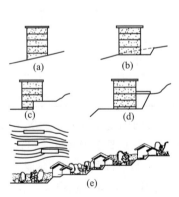

图 5-26　住宅与等高线平行布置

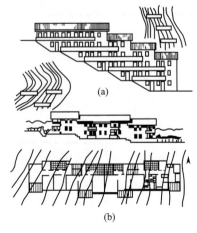

图 5-27　住宅与等高线垂直布置

5.5.2　住宅与等高线垂直布置

当地形坡度较大或有东西向斜坡时常采用住宅与等高线垂直布置方式，其特点是土石方量小，排水方便，但是不利于与道路和管线的结合，台阶较多。采用这种方式时，通常是将住宅分段落错层拼接，单元入口设在不同的标高上，如图 5-27 所示。

5.5.3　住宅与等高线斜交布置

住宅与等高线斜交布置方式常常结合地形、朝向、通风等因素综合确定，它兼有上述两种方式的优缺点。另外，在地形变化较多时应结合具体的地形、地貌设计住宅的平面和剖面，既要统筹兼顾，考虑地形、朝向，又要预计到经济和施工等方面的因素。

6 城镇住宅的坡屋顶设计

6.1 坡屋顶的特点及设计

坡屋顶是城镇住宅的一个重要组成部分，它不仅丰富了城镇住宅的建筑造型，而且提高了屋面的防水和保温、隔热功能，当阁楼空间得到充分利用时，还可以增加住宅的使用面积，丰富室内的空间变化。

在坡屋顶重新得到人们的赞赏之前，由于在相当长的时期所遭受的冷漠和排斥，使得不少业内人士对坡屋顶缺乏全面的认识和了解，甚至片面地认为它仅仅是为了丰富建筑物的立面造型，有的人还把坡屋顶的通风窗仅作为一个固定的装饰窗。因此出现了诸如坡屋顶的闷顶里缺乏必不可少的通风窗及隔墙内的过人孔等现象，使得尽管设了闷顶，但顶层在炎热的夏季仍时时能感受到由屋面向下散发的辐射热。当坡屋顶下面做成阁楼以便充分利用空间时，却由于坡屋面未采取应有的隔热措施，使得阁楼层在夏季闷热难忍，不少地方还在钢筋混凝土的平屋顶上架设一个装饰性的木结构或钢筋混凝土坡屋顶，造成浪费。有些永久性建筑仍然采用简易的冷摊瓦屋面。在坡屋顶的屋面组合时，水平天沟更是时有出现。为此，如何做好坡屋顶的设计是一个颇为值得深入探讨的问题。

6.1.1 丰富多变的坡屋顶是传统民居建筑形象的神韵所在

人们常说"山看脚，房看顶"，这充分说明屋顶在建筑中具有极其重要的意义。人类初始的"居民"，不管是"穴居"（除了利用天然洞穴的穴居外），还是"巢居"，均能利用自然的草木搭盖起能够遮风避雨的坡屋顶。随着人类文明的进步，巢居向地面下落，而穴居向地面上升（见图6-1）。"土"和"木"的合理运用，产生了砖木混合结构。坡屋顶的广泛应用，在传统的民居中得到了充分的展现，坡屋顶的形式以及相互之间的组合关系，因各地区气候条件、结构方法以及文化传统的不同而具乡土特色。传统民居中，任何一种体形组合的高低错落都能运用自如，在简朴纯美中自然地流露出轻松流畅和无拘无束的情调。

① 在地形起伏的浙江地区，建筑物的平面布局十分自由灵活，给屋顶变化创造了有利的前提。平面充满曲折和凹凸的变化，反映在屋顶上便往往是纵横交错、互相穿插。而随着各部的宽窄变化，屋顶的高度、屋脊的位置、举架的大小、天沟的走向均各不相同。局部凸出的地方，则随凸出的程度而使坡檐具有宽窄或高低的变化。这样，单就一幢建筑物的本身来看，其屋顶形式千变万化（见图6-2）。

② 在福建民居中，屋顶是最具特色的部分之一。在基本类似的民居平面布局中，各地

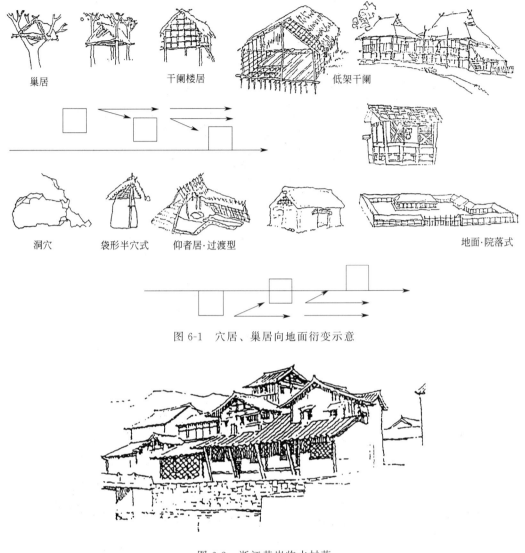

图 6-1 穴居、巢居向地面衍变示意

图 6-2 浙江黄岩临水村落

区由于传统习惯的做法，变化出各具特色、丰富多姿的屋顶形式。闽南泉州、厦门一带地处海滨，为避免台风暴雨的影响，虽然采用有如北方明清时代建筑的举折，但坡度较之平缓。双坡屋顶做成了双曲面的人字顶，它沿坡度呈凹弧形的曲面，有利于雨水倾泻，屋面沿屋脊方向自中央向两端逐渐起翘，形成了一条优美柔和的曲线，以利于屋面排水向中间集中，避免四处泛滥。瓦屋面多用坐浆铺砌，山墙即为硬山。充满文化内涵的屋脊（双燕归脊）和如翚斯飞的坡屋顶所形成的天际轮廓线展现了闽南民居风格独特的建筑形象（见图 6-3）。闻名于世的闽西土楼民居，其屋顶常呈歇山的形式，但与北方清水歇山顶不同。它没有收山，只是在山墙面加横向的坡檐与前、后檐拉齐，这更接近宋营造法式中悬山出际的做法，显然是比较古老的一种屋顶形式。在这里，由于地处山区内陆，整个屋顶坡度比较平缓，没有举折，檐口平直没有起翘，出檐极大，有的竟达二三米，以防止雨水对土墙的冲刷。屋面只做稀铺板冷摊瓦。这种坡屋顶形式，不仅很轻巧，而且外轮廓线也相当优美，富有个性和乡土特色。单就坡屋顶本身来讲，其形式虽然较为单一，但通过整体组合，特别是以纵横交错和高低错落的方法来重复使用大体相似的同一种坡屋顶形式，却可以获得极其丰富的多样性变化（见图 6-4）。

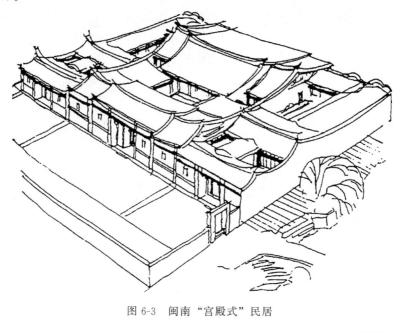

图 6-3 闽南"宫殿式"民居

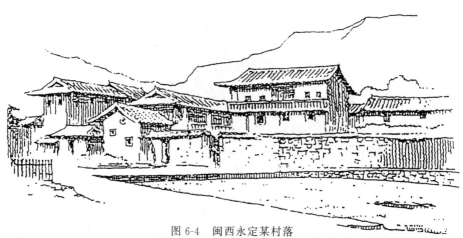

图 6-4 闽西永定某村落

③ 桂北民居也是借整体组合而充分显示其丰富多彩的屋顶变化的，它突出表现在层层叠叠的披檐运用上（见图 6-5）。

图 6-5 桂北某村落景观示意

④ 湘黔一带的民居，其建筑基本身的坡屋顶形式就富于变化，但主要还是通过整体组合，才使得坡屋顶形式得以充分地显现出其景观的价值（见图6-6）。

⑤ 西双版纳少数民族居住的干阑式民居是以竹子为骨架的竹楼，其坡屋顶既陡峭又不十分高大，并带有一个很小的歇山。由于建筑物被支撑在地面之上，并且经常沿着建筑物的一侧或两侧搭出比较宽大的挑台。为了覆盖挑台，便使屋顶向下延伸，或单独设置披檐，于是其屋顶形式就随之而出现了许多变化。干阑式民居不仅坡屋顶高大，形式变化多样，而且建筑本身低矮，空灵通透，所以坡屋顶部分显得格外突出（见图6-7）。

图 6-6 湘西某少数民族村落

图 6-7 云南少数民族的干阑式民居

⑥ 台湾原住民倒梯形墙壁上的鸡尾式屋顶即是平埔族噶玛兰人干阑式民居的独特标志，这种屋顶类似歇山式屋顶，屋顶顶端绑了一个鸡尾式装饰，颇具特色（见图6-8）。

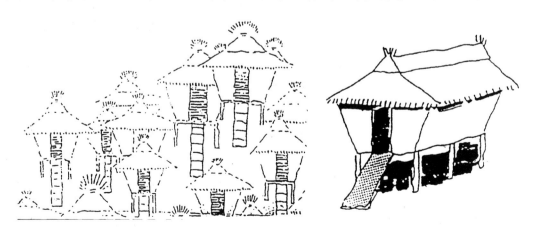

图 6-8 台湾地区平埔族噶玛兰人的干阑式民居

传统民居的坡屋顶透过屋面材料的运用和屋脊的装饰，充满无限的生机和活力。传统民居坡屋顶常用的屋面材料有窑瓦、石板、茅草等，窑瓦又有仰瓦、仰合瓦、草心瓦顶、筒瓦等。瓦顶的铺设有冷摊干铺和卧泥砌筑。冷摊干铺的屋脊通常是在屋顶上用片瓦立着排成一条片瓦脊；而卧泥砌筑的瓦顶，即在屋顶上用砖堆砌线脚，形成一条装饰精美的清水脊，屋脊的两端在北方做成象鼻子，南方即做成起翘的鳌尖，用全国绝无仅有的闽南民居"剪碗"工艺拼成花草、人物、装饰着双燕归脊的青瓦翘脊，精美华丽，极受闽南人的喜爱。

从事民居建筑研究的美国学者克里斯托弗·亚历山大在《建筑模式语言》一书中曾高度地评价了屋顶对于建筑的象征意义。他写道："屋顶在人们的生活中扮演了重要的角色，最原始的建筑可以说是除了屋顶之外而一无所有，如果屋顶被隐藏起来而看不见的话，或者没有加以利用，那么人们将难于获得一个赖以栖身的掩藏体的基本感受。"

6.1.2 坡屋顶具有无尽的魅力

世界建筑大师费·莱特曾提出："唯一真正的文化是土生土长的文化。"

千百年来，坡屋顶一直是建筑物（尤其是民居）屋顶的主要形式。那么，为什么在现代的相当一段时期以来，除了在一些小住宅外，屋顶形式基本上被平屋顶所替代呢？就世界而言，自从新建筑广为传播，特别是勒·柯布西耶提出的新建筑建议：立柱、底层透空、平顶、屋顶花园、骨架结构使内部布局灵活，骨架结构使外形设计自由，水平带型窗之后，半个多世纪以来，平屋顶风靡世界各地，传统的建筑形式几乎被前篇一律的火柴盒式"国际风格"的建筑所取代。从20世纪60年代起，人们又开始对于"国际风格"的建筑进行反思，并认为它彻底地否定了历史和地方文脉，最终不仅导致建筑形式的千篇一律，而且还必然流于枯燥和冷漠无情，致使风行一时的平屋顶和方盒子的建筑风格有所收敛。与此同时，一些建筑师又试图在屋顶上做文章，希望从历史传统或乡土建筑中寻求启迪。

在我国，从20世纪50年代后期强调"节约"（特别是限制木材的使用）以来，坡屋面的改革，从开始的简易木屋架，到以钢代木的钢屋架和钢筋混凝土屋架相继出现，钢筋混凝土檩条、椽条在村镇小住宅的建设中也加以大量推广。20世纪60年代以来，铺天盖地的钢筋混凝土平屋顶开始覆盖我国城市和乡村。坡屋顶几乎完全被遗忘，致使不少技术人员误认为平屋顶是传统的做法。直到80年代末，人们开始对"火柴盒"批评以后，坡屋顶才重新出现，又经过漫长的艰辛，到了90年代末期，坡屋顶才真正获得广泛的认可和大力推广。近年来，北京、上海等地还掀起了平加坡的热潮，这充分地显示出坡屋顶具有无尽的魅力。

6.1.3 做好坡屋顶设计，充分发挥坡屋顶在建筑中的作用

（1）坡屋顶的形式

坡屋顶的形式有单坡顶，双坡顶（硬山双坡顶、悬山双坡顶、卷棚顶），四坡顶（庑殿顶），歇山顶，攒尖顶（方攒尖顶、圆攒尖顶等），重檐顶以及折腰顶（见图6-9）。最为常用的是双坡顶和四坡顶。单坡顶一般是用在跨度小的建筑，常用于坡屋。歇山顶是双坡顶和四坡顶向组合的一种形式。歇山顶的端部三角形常做一些建筑装饰或安装供屋顶通风用的百叶窗。多层建筑和一些空间高大的重要建筑常用重檐顶。折腰顶因其内部空间较大，多设阁楼以提高坡屋顶的使用功能，增加使用面积。

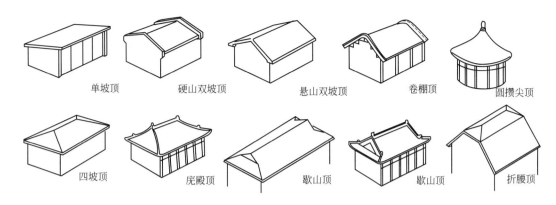

单坡顶　　硬山双坡顶　　悬山双坡顶　　卷棚顶　　圆攒尖顶

四坡顶　　庑殿顶　　歇山顶　　歇山顶　　折腰顶

图 6-9　坡屋顶的形式

（2）坡屋顶的坡度

根据所在地区不同的气候条件、各种瓦材的构造要求和坡屋顶的使用要求等综合因素加以决定。严寒地区应采用坡度较大的坡屋顶，以减少屋顶的积雪厚度，降低屋面的活荷载。而气候比较温暖的无积雪或积雪较少的地区，其坡屋顶可以采用较小坡度。设置阁楼层的坡屋顶也可以采用坡度较大的坡屋顶。各种瓦材由于搭接长度不同，对坡屋顶的坡度要求也有差别。各种瓦屋顶不同的最小坡度见表 6-1。

表 6-1　各种瓦屋顶的最小坡度

屋面瓦材名称	最小坡度	屋面瓦材名称	最小坡度
水泥瓦（黏土瓦）屋面	1：2.5	石板瓦屋面	1：2
波形瓦屋面	1：3	青灰屋面	1：10
小青瓦屋面	1：1.8	构件自防水屋面	1：4

（3）坡屋顶的组合

对于组合平面的坡屋顶，应按一定的规则相互交接，以使屋顶构造合理、排水通畅。两个坡屋顶平行相交构成水平屋脊。两个坡屋顶成角相交，在阳角处形成斜脊，在阴角处形成斜天沟，斜脊和斜天沟在平面交角的分角线上，如两个平面为垂直相交，则斜脊和斜天沟皆与平面成 45°。在屋顶平面组合时，应尽量避免两个坡屋顶平行交接时出现的水平天沟。对于有多幢组合要求的建筑物，其单幢建筑的坡屋顶还应注意避免在多幢组合时出现水平天沟。常用坡屋顶的交接形式见图 6-10。

（4）坡屋顶的屋面材料

坡屋顶的屋面材料大多是各种瓦材。随着科技的进步，为了避免大量毁地、节省能源，传统的各种以黏土为主要材料的瓦材逐渐被淘汰，甚至已被禁止使用，黏土瓦已基本上被水泥瓦所替代，同时多种多样的屋面瓦材相继出现，应积极地推广应用。

（5）坡屋顶的承重结构

坡屋顶的屋面材料一般是小而薄的瓦材或板材。它们下面必须有构件支托以承受其荷载。承重结构按材料分有木结构、钢结构和钢筋混凝土结构以及竹结构等。承重结构应能承受屋面所有的荷载、自重及其他加于屋顶的荷载，并能将这些荷载传递给支承它的承重墙或柱。

早期建筑的坡屋顶都是以木构架为主的木结构（见图 6-11），随之即是砖木结构的硬山

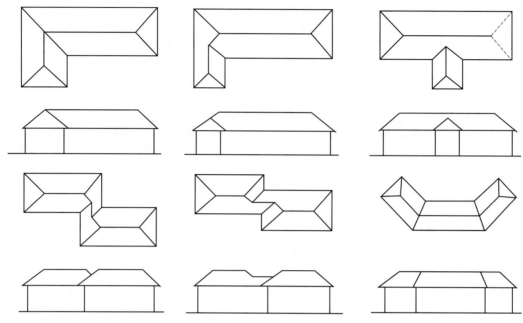

图 6-10 坡屋顶的交接形式

搁檩。随着技术的进步，木屋架、钢屋架以及钢筋混凝土屋架的出现，加大了建筑物的跨度，使建筑空间大大地扩大。

图 6-11 传统民居的木构架

屋面材料和承重结构之间的构件叫屋面基层。就目前情况来看，它有木材和钢筋混凝土两大类。

木基层包括檩条、椽条、屋面板（又称望板）、挂瓦条等。木基层常有下列几种构造方式。

① 无椽条构造 这种构造方式是在承重结构上设檩条，在檩条上钉屋面板，屋面板上铺一层防水卷材，在卷材上钉顺水条，间距约为 500mm，顺水条既有固定卷材的作用，又有顺水的作用（当雨水从瓦屋面渗漏在卷材上，可以顺着屋面坡度排出）。挂瓦条钉在顺水条上，其断面约为 25mm×30mm，间距约为 300mm。水泥平瓦直接铺在挂瓦条上［见图 6-12(a)］。檩条间距为 800mm 左右。屋面板厚度约为 18mm。檩条可用圆木或方木，也可采用钢筋混凝土矩形檩条。方木和钢筋混凝土矩形檩条可沿屋面斜坡正放或斜放。正放时，只有一个方向受弯；斜放时，檩条将受斜弯曲。檩条的断面和钢筋混凝土檩条的配筋均由计算确定。当檩条直接搁置在承重横墙上，称为硬山搁檩。

② 有椽条构造 当承重结构（屋架或横墙）的间距较大时，檩条因其跨度增加，断面

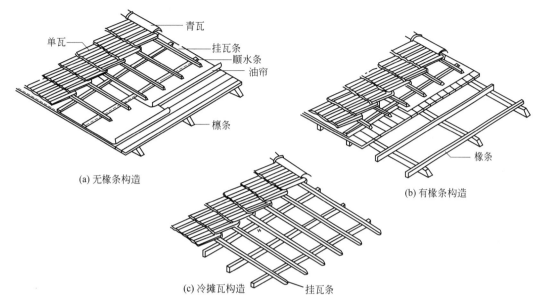

图 6-12　平瓦屋面木基层构造

也将增大，大断面的檩条如间距较小，将不能充分发挥结构承载能力。此时，也应将檩条的间距增大。在这种情况下，如在较大间距的檩条上钉屋面板，则板也必须加厚，屋面板的面积很大，如增加屋面板，将耗费大量木材。因此，在大间距的檩条上再加设与之垂直的椽条，在间距较小的椽条上再铺屋面板，屋面板上的构造与前相同［见图 6-12(b)］。

③ 冷摊瓦构造　这种屋面构造的特点是不设屋面板及防水卷材等，而是在椽条上钉小楞木，在小楞木上直接挂瓦［见图 6-12(c)］，这种做法比较经济，但雨、雪容易从瓦缝中飘入室内，因此它仅用于较小跨度的简易建筑。

当采用钢筋混凝土作为基层时，钢筋混凝土板作为坡屋面的基层，只要在它的上面根据不同的要求采用与木基层屋面板上铺瓦的方法或直接坐浆铺瓦。作为坡屋面基层的钢筋混凝土板和坡屋顶的主要承重结构，它可以利用钢筋混凝土具有可塑性的特点，把平面结构变为空间结构。这就要求在设计时，结构工程师必须与建筑师密切配合，根据建筑平面的组合形式，运用空间结构的理论和计算方式合理地进行结构布置，以达到适用、经济的目的。由于现在坡屋顶大多是采用钢筋混凝土作为基层，而各地在结构布置时，基本上仍沿用普通梁板的布置方式，不仅造成很大的浪费，还给施工带来很多的麻烦，因此对它必须进行深入的研究。上述是以水泥平瓦为例，有关屋面材料做法可见坡屋面做法的详细介绍。

(6) 坡屋顶的屋面排水

排水方式为有组织排水和无组织排水。屋顶雨水自檐部直接排出的，称为无组织排水。无组织排水要求檐部挑出，做成挑檐。这种排水方式简单经济，但对较高的房屋及雨量大的地区，无组织排水容易使雨水沿墙漫流潮湿墙身（尿墙）。因此，应综合考虑结构形式、气候条件、使用特点等因素来决定排水方式，并优先考虑采用外排水。表 6-2 所列的任何一种情况均应采用有组织排水。

有组织排水是用天沟将雨水汇集后，由水落管集中排至地面。有组织排水又分为内排水和外排水。内排水的水落管在室内，民用建筑应用较少。

有组织排水的檐部可为挑檐，也可为封檐。

表 6-2　需采用组织排水的屋面

地区	檐口高度/m	相邻屋面
年降雨量≤900mm	8～10	高差≥4m 的高处檐口
年降雨量＞900mm	5～8	高差≥3m 的高处檐口

（7）坡屋顶的檐部构造

屋顶和墙交接处为檐部，檐部构造和屋面的排水方式有关。挑檐的构造与承重结构、基层材料和出檐长度有关。有组织排水的挑檐天沟可用 26 号白铁皮制成或采用钢筋混凝土檐沟，钢筋混凝土檐沟的净宽度应≥200mm，分水处最小深度应≥80mm，沟内最小纵坡：卷材防水≥10‰；自防水≥3‰；砂浆或块料面层≥5‰。雨水管常用的直径为 100mm，坡屋顶雨水管的最大间距为 15m。封檐构造是将墙身砌至檐部以上。檐部以上部分的墙体叫压檐墙，又叫女儿墙。墙的顶部要做混凝土压顶，以防止顶面的雨水渗入墙内。在地震区，应尽量不做女儿墙，以防止地震时倒塌伤人，必要时应有加固措施。

双坡屋顶的山墙檐部有硬山和悬山之分。硬山是将山墙砌至屋面或高出屋面做成封火墙；悬山是做挑檐悬出山墙。在风大的地区，木结构基层不宜做悬山，如需要，也只能做短挑檐的悬山。

泛水是指屋面和墙交接处及屋面上突出构件周围防止屋面水注入接缝所做的防水处理，泛水的防水处理必须加强，并在施工中给了重视。

（8）坡屋顶的通风

有吊顶的坡屋顶，利用闷顶作为空气间层，可以提高保温隔热效果。在闷顶空间内，由于材料所含水分的蒸发室内蒸汽的渗透、屋面飘进雨雪等原因，常积聚着潮湿的空气。因此，闷顶必须保持良好的通风，以排除潮气，保护屋顶材料。对于炎热的南方，在坡屋顶中设进气口和排气口，利用屋顶内、外热压差和迎、背风面的压力差，加强空气的对流作用，组织自然通风，使室内外空气进行交换，减少由屋顶传入室内的辐射热，可以改善室内气候。图 6-13 是几种屋顶通风的形式。

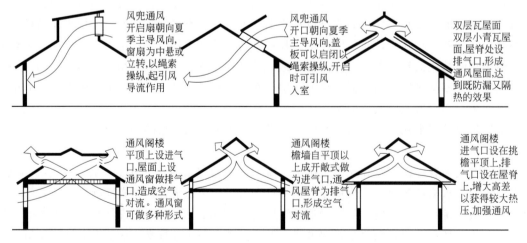

图 6-13　屋顶的通风形式

带有通风间层的闷顶，由于通风间层内的流动空气带走部分太阳辐射热，减少了传入室内的热量，是一种较好的隔热措施。因此，必须重视做好坡屋顶的通风。

坡屋顶通风的常用做法有如下几种（见图 6-14）。

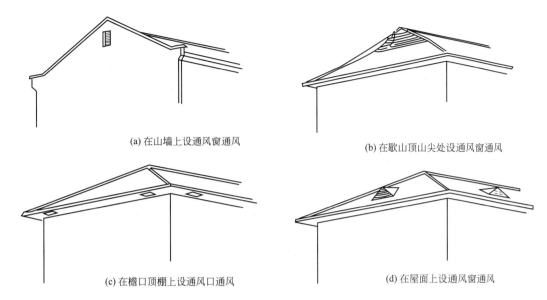

<table>
<tr><td>(a) 在山墙上设通风窗通风</td><td>(b) 在歇山顶山尖处设通风窗通风</td></tr>
<tr><td>(c) 在檐口顶棚上设通风口通风</td><td>(d) 在屋面上设通风窗通风</td></tr>
</table>

图 6-14　坡屋顶通风的常用做法

① 山墙通风　在双坡顶的山墙上部或歇山顶的三角形歇山部分（闷板范围内）开设带有铁纱的通风百叶窗或兼具装饰效果的花格小孔洞，既确保通风，又能防止鸟、鼠、飞虫进入。

② 檐口通风　当采用四坡顶时，可在檐口顶棚下每隔一定距离设一个长宽均约为 400mm 的通风口，洞口上应加铁纱。

③ 屋面通风　各种形式的坡屋顶均可在屋面上设通风窗，屋面通风窗也称老虎窗，窗的宽、高约 1 m。仅用于通风用的老虎窗可设带有铁纱的百叶窗。如兼有采光要求时，可配以玻璃窗扇。老虎窗也可兼作检修屋面的出入口。老虎窗的形式可根据建筑造型的要求进行设计，可以是单坡的、双坡的或弧形的（见图 6 15）。

（9）坡屋顶的保温

在北方寒冷地区，屋顶要设置保温层。保温材料的特点是空隙率大、容量小、热导率低。保温材料分有机和无机两种。有机保温材料有木丝板、软木板、锯末等。有机材料受潮易腐烂、受高温易分解、能燃烧，现在也很少使用，采用时，应做好防火和防腐措施。无机保温材料有各种多孔混凝土，膨胀蛭石、膨胀珍珠岩、浮石、岩棉、泡沫塑料及其制品。保温材料通常也是隔热材料，用它来阻止室内热量向外散失就起保温作用；用它来隔绝外界热量传入室内就起隔热作用。对于坡屋顶来说，带有通风措施的闷顶空间可以降温、隔热，一般不再专设隔热层。而寒冷地区应该设置保温层。保温层可设在屋面防水层和基层中间，或者设在吊顶上。保温层的厚度应根据材料的性能，按照所在地区的气候条件和建筑设计的要求，进行热工计算来确定。一般在保温层的下面应加设一层能够防止室内蒸汽渗入保温层的密实材料。

（10）坡屋顶的阁楼

当坡屋顶的阁楼作为功能空间使用时，除做好层面保温外，在南方炎热地区，还应特别重视屋面保温层上加设隔热措施（如双层瓦屋面等），以减少室外的辐射热进入室内。

（11）坡屋顶的顶棚

坡屋顶可以在屋顶下沿坡面设置顶棚，也可以在坡屋顶下，根据使用要求设置吊顶棚。

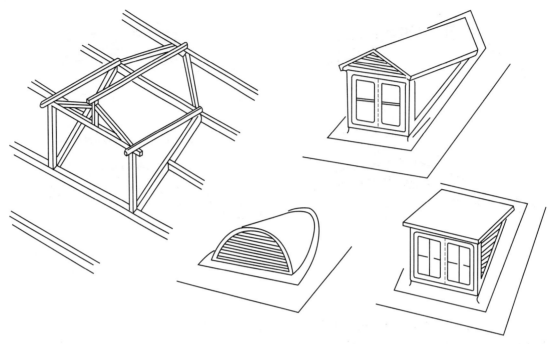

图 6-15　屋面通风窗形式及构造

当设置吊顶棚时，闷顶空间内所有的隔墙均应开设≥700mm×1000mm（宽×高）的过人孔，以方便吊顶棚和暗装在顶棚里管线的检查，同时确保闷顶的通风。吊顶棚必须开设≥600mm×700mm，便于进入闷顶的检查人孔。

6.2 坡屋顶的做法

6.2.1　瓦型

（1）彩色水泥瓦

彩色水泥瓦（外形尺寸 420mm×330mm）上、下两片瓦搭接 75mm（屋面坡度在17.5°～22.5°时，最小搭接 100mm），颜色有玛瑙红、素烧红、紫罗红、万寿红、金橙黄、翠绿、纯净绿、孔雀蓝、纯净蓝、古岩灰、水灰青和仿珠黑等，另外还有双色瓦（一片瓦有两种颜色），可组成多彩屋面。

除标准瓦外，还有以下配件。

① 圆脊配件　圆脊、圆脊封头、圆脊斜封、双向圆脊、三向圆脊和四向圆脊。

② 锥形脊瓦配件　锥形脊、小封头脊、大封头脊、锥脊斜封、三向锥脊和四向锥脊。

③ 一般配件　檐口瓦、檐口封、檐口顶瓦、排水沟瓦、单向脊、挂瓦条支架和搭扣。檐口瓦适用于屋面坡度 22.5°～80°，最小屋面坡度 17.5°。屋面坡度在 22°～35°时，檐口瓦必须每块瓦都用钉子固定，并用檐口铝合金搭扣勾住瓦下部（见图 6-16），檐口瓦以上可以根据各地区风力大小的不同确定用钉钉瓦的比率；屋面坡度在 35°～55°时，每块瓦都要用钉子钉牢；屋面坡度＞55°时，除每块瓦都要用钉子钉牢外，每块瓦的下端都要用搭扣勾牢。

瓦片和挂瓦条的固定除钉子外，也可用 φ2mm 双股铜丝绑牢。屋面坡度在 22.5°～30°

时，除可以用挂瓦条挂瓦外，也可以采用水泥砂浆卧瓦，但屋檐处的瓦要用挂瓦条、钉子、檐口铝合金搭扣固定。

屋面坡度在 22.5°～35°时，可以采用塑料挂瓦条支架代替顺水条，挂瓦条支架中距≤1000mm，在挂瓦条接头处必须加挂瓦条支架（见图 6-17），屋面坡度＞35°时，不得采用挂瓦条支架，而应采用顺水条，并将顺水条牢固固定于屋面板上。

图 6-16 檐口瓦的固定方法　图 6-17 塑料挂瓦条支架　图 6-18 彩色油毡瓦尺寸

（2）彩色油毡瓦

油毡瓦一般为 4mm 厚，长 1000mm，宽 333mm（见图 6-18），用钉固定瓦片，上、下搭接盖住钉孔，形式见图 6-19。

直角瓦　　圆角瓦　　鱼鳞瓦　　菱形瓦　　T形瓦

图 6-19 彩色油毡瓦搭接形式

油毡瓦配有脊瓦、附加专用油毡、改性沥青胶黏剂、镀锌钢钉等配件。

油毡瓦一般宜用于屋面坡度≥1/3 的屋面，如用于屋面坡度 1/5～1/3 的屋面时，油毡瓦下面应增设有效的防水层。屋面坡度＜1/5 的屋面，不宜采用油毡瓦。

油毡瓦铺贴时，每片瓦用 4～5 个专用钉（或射钉）固定，或用改性沥青胶黏剂粘贴，详见《屋面工程技术规范》（GB 50207—94）及产品说明。

（3）小青瓦

小青瓦有底瓦、盖瓦、筒瓦、滴水瓦和脊瓦等配合使用。多雨地区常用底瓦与盖瓦组成阴阳瓦屋面和用底瓦与筒瓦组成筒板瓦屋面，底瓦和盖瓦一般搭六露四，多雨地区搭七露三。

小青瓦屋面的屋脊如采用青瓦、屋脊花饰或钢筋混凝土现浇时，其用料、强度及施工方法应符合相应规范、规程要求。

小青瓦为黏土瓦，宜控制使用。

（4）琉璃瓦

琉璃瓦分平瓦和筒瓦两类。平瓦包括 S 形瓦、平板瓦、波形瓦及空心瓦，色彩有铬绿、橘黄、橘红、玫瑰红、咖啡棕、湖蓝、孔雀蓝和金黄等。

琉璃瓦屋面的屋脊可按设计要求加工，当选用钢筋混凝土现浇屋面时，应经计算并按相应规范、规程确保结构安全。

（5）彩色压型钢板波形瓦

该瓦用 0.5～0.8mm 厚镀锌钢板冷压成仿水泥瓦外形的大瓦，横向搭接后中距 1000mm（相当于三片瓦的效果），纵向搭接后最大中距可为 400mm×6mm（相当于 6 排瓦左右），挂瓦条中距 400mm。该瓦规格见表 6-3。

表 6-3　彩色压型钢板波形瓦的规格

板厚/mm	0.5	0.6	0.7	0.8
板重/(kg/m²)	5.17	5.13	7.1	8.06

此瓦安装后，缝隙较小，利于防水，外观整齐，固定牢靠，在上、下、左、右搭接处，应避免四板重叠，瓦的左、右搭接一正一反，用拉铆钉、自攻钉连接在钢挂瓦条上，钉孔处及外露钉涂密封胶，屋脊板、泛水等搭接长度≥100mm，拉铆钉中距 500mm。

挂瓦条为配套生产的 Z 形冷弯薄钢板，不带保温做法时，宽 40mm、高 50mm；带保温做法时，宽 80mm、高 100mm。

用该瓦时，尽量避免穿管、开洞，必要时，四周泛水要设计妥当，搭接处用锡焊，构成严密的防水构造。

图 6-20　石板瓦形状

（6）石板瓦

石板选用优质页岩片，一般尺寸为 300mm × 600mm，厚 5～10mm。

石板瓦形状见图 6-20。

屋面坡度＞30°时，每块瓦均须钻孔，用镀锌螺钉钉于屋面板上，瓦片搭接≥75mm。

（7）压型钢板

一般用 0.6～0.8 彩色钢板压制而成，断面有折线 V 形波（ ）、长平短波（ ）及高低波（ ）等多种断面。

宽度一般为 750～900mm（展开长度均为 1000mm），长度根据工程需要确定。单面坡的长度一般宜用整块瓦，上端与屋脊固定，屋面跨度大时也可搭接，檩条中距根据屋面荷载和板的支承情况（简支、连接、悬臂）而不同。同样荷载下，连续板檩条中距最大，简支次之，悬臂最小，应根据生产厂提供的规格选用。

檩条一般配用生产厂家配套生产的 Z 形钢檩条。

为保温、隔热，还有复合板，以彩色钢板瓦为面层，中间填玻璃棉、岩棉或聚苯等芯材。

（8）钢丝网石棉水泥瓦

（9）瓦垄铁

（10）玻璃纤维增强聚酯波形瓦（玻璃钢瓦）

6.2.2　坡度换算

坡度换算表见表 6-4。

表 6-4　屋顶坡度换算表

屋面坡度		17.5°	18.4°	21.8°	22.5°	26.6°	35°	40°	55°	80°
高跨比	H/D	1:3.2	1:3	1:2.5	1:2.4	1:2	1:1.4	1:1.2	1:0.7	1:0.18
	H/D/%	31.5	33.3	40.0	41.0	50.0	70.0	83.0	142.9	568.2

6.2.3 屋顶做法说明

① 机平瓦屋顶可参照彩色水泥瓦，因机平瓦属黏土瓦，宜尽量避免使用。特殊情况下，必须采用黏土机平瓦时，可选用彩色水泥瓦做法，注明换用黏土机平瓦。

② 瓦屋顶采用木望板时，应采用Ⅰ级或Ⅱ级木材，含水率≤18%，凡入墙的木材均应涂一道沥青作防腐处理。木挂瓦条、顺水条、木龙骨等木材应刷防腐剂。

钢挂瓦条、顺水条等亦应刷防锈漆二道，刷涂料二道。涂料品种和颜色按工程设计。

③ 各做法中，钢筋混凝土屋面板均为按屋面坡度斜放。

④ 坡屋顶保温层的厚度应根据当地的气候条件和建筑物的使用要求进行热工计算决定。当采用加气混凝土屋面板兼作保温层时，加气混凝土屋面板的厚度应根据结构和保温的要求决定。

6.2.4 坡屋顶做法

坡屋顶做法见表 6-5。

表 6-5　坡屋顶做法

名称及简图	用料及分层做法	附　注
彩色水泥瓦屋面 木挂瓦条 木顺水条 木望板	1. 彩色水泥瓦 2. 35×25 木挂瓦条(屋面坡度≥55°时用 40×30) 3. 30×10 木顺水条(屋面坡度≥55°时用 30×20) 4. 干铺高聚物改性沥青卷材一层 5. 木望板(厚度及檩条尺寸、中距等按工程设计)	
彩色水泥瓦 屋面 钢挂瓦条 钢顺水条 钢筋混凝土 屋面板	1. 彩色水泥瓦 2. 30×30×2　L形冷弯钢板挂瓦条 $\frac{30}{}$，与顺水条焊牢 3. 2 厚 □ 形冷弯钢板顺水条,中距 700 $\frac{30}{}$ □10 4. 钢筋混凝土屋面板板面扫净,刷 1.5 厚水乳型复合水泥基弹性防水涂料 5. 钢筋混凝土屋面板预埋 10 号镀锌低碳钢丝,中距 700×900,绑扎顺水条(预制板时,在板缝内预埋)	1. 屋面板上也可采用预埋件焊顺水条 2. 钢顺水条也可用水泥钉钉在屋板上(屋面坡度≤30°时)
彩色水泥瓦 屋面 砂浆卧瓦 钢筋混凝 土屋面板 砂浆卧瓦	1. 彩色水泥瓦 2. 1:0.5:4 水泥白布砂浆(略加麻刀)卧瓦(砂浆只需卧于瓦谷底部,最薄处≥10) 3. 檐口瓦加 30×25 挂瓦条,钢钉固定瓦,并用塑料卡固定瓦下端 4. 钢筋混凝土屋面板板面扫净,刷 1.5 厚水乳型聚合物水泥基复合防水涂料 5. 钢筋混凝土屋面板	适用于屋面坡度 22.5°~30°

续表

名称及简图	用料及分层做法	附　注
彩色水泥瓦屋面 木顺水条　木挂瓦条 12号镀锌低碳钢丝　聚苯板 钢筋混凝土屋面板	1. 彩色水泥瓦 2. 30×25 木挂瓦条 3. 30×15 木顺水条,用预埋的 12 号镀锌低碳钢丝绑扎 4. 1.5 厚水乳型聚合物水泥基复合防水涂料 5. 20 厚 1:3 水泥砂浆找平 6. ××厚聚苯板,用聚合物砂浆粘贴,檐口处设∟50×4 角钢挡(防保温层下滑),用胀管固定在屋面板上 7. 钢筋混凝土屋面板,预埋 12 号镀锌低碳钢丝绑扎顺水条中距 900×900(预制板可埋于板缝中)	1. 镀锌低碳钢丝穿透涂料层处加贴树脂布,涂料刷严 2. 聚苯板密度 16～20kg/m³;热导率≤0.041W/(m·K)
彩色水泥瓦屋面 钢筋顺水条　钢筋挂瓦条 φ10 钢筋头　聚苯板 钢筋混凝土屋面板	1. 彩色水泥瓦 2. φ6 钢筋挂瓦条与顺水条焊牢 3. φ8 钢筋顺水条,与 φ10 钢筋焊牢 4. 1.5 厚水乳型聚合物水泥基复合防水涂料 5. 20 厚 1:3 水泥砂浆找平 6. ××厚聚苯板,用聚合物砂浆粘贴,檐口处设∟50×4 角钢挡(防保温层下滑),用胀管固定在屋面板上 7. 钢筋混凝土屋面板,预埋 φ10 钢筋头,露出板面 90(110)焊顺水条用,中距 900×900(预制板时可埋于板缝中)	1. φ10 钢筋穿透涂料层处加贴树脂布,涂料刷严 2. 聚苯板密度 16～20kg/m³;热导率≤0.041W/(m·K)
彩色水泥瓦屋面 砂浆卧瓦　聚苯板 钢板网 钢筋混凝土屋面板 φ10 钢筋头 砂浆卧瓦	1. 彩色水泥瓦 2. 1:0.5:4 水泥白灰砂浆(略加麻刀)卧瓦,砂浆卧于瓦谷底部,最薄处≥10 厚,檐口瓦处加 30×25 木挂瓦条,用钢钉将瓦钉在挂瓦条上,用铝合金搭扣固定瓦下端 3. 刷 1.5 厚水乳型聚合物水泥基复合防水涂料 4. 30 厚 1:3 水泥砂浆,内加 1.0 厚钢板网,菱形孔 15×40 钢板网与 φ8 预埋钢筋头绑扎 5. 满铺××厚聚苯板用聚合物砂浆粘贴 6. 钢筋混凝土屋面板预埋 φ8 钢筋头,双向中距 900,露出板面 80(预制板时可埋于板缝中) 7. 钢筋混凝土屋面板	1. 预制钢筋混凝土屋面板时,在板缝内预埋 φ8 钢筋的中距,即顺缝方向 900,垂直板缝方向则按板缝设置 2. 适用于屋面坡度 22.5°～45°
彩色水泥瓦屋面 木挂瓦条 木顺水条 钢筋混凝土屋面板 水泥聚苯颗粒板	1. 彩色水泥瓦 2. φ6 挂瓦钢筋与顺水条焊牢 3. φ8 钢筋顺水条中距 900,与预埋钢筋头焊牢 4. 刷 1.5 厚水乳型聚合物水泥基复合防水涂料 5. 20 厚 1:3 水泥砂浆找平 6. ××厚水泥聚苯颗粒板,用建筑胶砂浆粘贴,檐口处设∟50×4 角钢挡(防保温层下滑)用胀管固定在屋面板上 7. 钢筋混凝土屋面板,预埋 φ10 钢筋头,露出板面长度为保温板厚加 30,用作焊顺水条,中距 900×900(预制板时可埋于板缝中)	1. 水泥聚苯颗粒板抗压强度≥0.3MPa 热导率≤0.09W/(m·K)密度为 280～300kg/m³ 2. 屋面坡度≥40°时,水平方向设∟50×4 角钢挡防保温层下滑,中距 1200,用胀管固定在屋面板

名称及简图	用料及分层做法	附　注
彩色水泥瓦屋面 钢挂瓦条 钢顺水条 发泡聚氨酯 φ8钢筋头 钢筋混凝土屋面板	1. 彩色水泥瓦 2. φ6挂瓦钢筋与顺水条焊牢 3. φ8钢筋顺水条中距700,与预埋钢筋头焊牢 4. ××厚(发泡后厚度)发泡聚氨酯 5. 钢筋混凝土屋面板预埋φ8钢筋头,露出板面长度为保温板板厚加10,中距700(平行于屋脊方向)×900(垂直于屋脊方向) 6. 钢筋混凝土屋面板	发泡聚氨酯 热导率≤0.03W/(m·K) 吸水率≤0.04 抗压强度≥2MPa
彩色水泥瓦屋面 木挂瓦条 钢顺水条 硅酸盐聚苯颗粒 钢筋混凝土屋面板	1. 彩色水泥瓦 2. 35×25木挂瓦条 3. 30×10木顺水条,中距700 4. 刷1.5厚水乳型聚合物水泥基复合防水涂料 5. 16厚1:4水泥砂浆找平 6. 抹××厚硅酸盐聚苯颗粒保温料(分两次抹) 7. 钢筋混凝土屋面板,预埋12号镀锌低碳钢丝(绑扎顺水条用),中距700×900(预制板时可埋于板缝中)	硅酸盐聚苯颗粒保温料 热导率≤0.06W/(m·K) 密度≤230kg/m³ 吸水率≤0.06 抗压强度≥0.9MPa
彩色水泥瓦屋面 木挂瓦条 木顺水条 加气混凝土面板	1. 彩色水泥瓦 2. 35×25木挂瓦条 3. 30×10木顺水条,中距900 4. 干铺高聚物改性沥青卷材一层 5. ×××厚筋加气混凝土屋面板,板缝内预埋12号镀锌低碳钢丝(绑扎顺水条用)中距900	1. 适用于屋面坡度≤45° 2. 加气混凝土屋面板兼作保温隔热厚度不宜小于200(不同地区酌情调整) 板型、厚度及配筋等按工程结构设计
彩色水泥瓦屋面 钢挂瓦条 钢顺水条 加气混凝土面板	1. 彩色水泥瓦 2. 2厚冷弯钢板匚形挂瓦条与顺水条焊牢 ⌐30⌐30 3. 2厚冷弯钢板凵形顺水条 ⌐30⌐10 4. 干铺高聚物改性沥青卷材一层 5. ×××厚配筋加气混凝土屋面板,板缝内预埋12号镀锌低碳钢丝(绑扎顺水条用)中距900	

名称及简图	用料及分层做法	附 注
彩色油毡瓦 屋面 镀锌钉 加气混凝 土屋面板	1. 4厚彩色油毡瓦,用沥青胶结剂点粘,并用镀锌钉固定每片瓦钉4～5个钉子 2. 16厚1:0.5:4水泥石灰砂浆找平 3. 专用界面剂一道 4. ×××厚配筋加气混凝土屋面板	1. 油毡瓦粘贴剂配套供应,粘贴搭接等各项操作要求,见坡屋面总说明及产品说明书 2. 适用屋面坡度≥33° 3. 加气混凝土屋面板兼作保温、隔热,厚度不宜小于200(不同地区酌情调整) 板型、厚度及配筋等按工程结构设计
彩色油毡瓦 屋面 镀锌钉 钢筋混凝 土屋面板 水泥聚苯颗粒板	1. 4厚彩色油毡瓦,用沥青胶结剂点粘,并用镀锌钉固定,每片瓦钉4～5个钉子 2. 1.5厚水乳型聚合物水泥基复合防水涂料 3. 20厚1:3水泥砂浆找平 4. ××厚水泥聚苯颗粒板,用建筑胶砂浆粘贴,檐口处设∟50×4角钢挡(防保温层下滑)用胀管固定在屋面板上 5. 钢筋混凝土屋面板	1. 油毡瓦粘贴剂配套供应,粘贴搭接等各项操作要求,见坡屋面总说明及产品说明书 2. 适用于屋面坡度33°～45°,≥40°时,水平方向设∟50×4角钢挡防保温层下滑,中距1200,用胀管固定 3. 水泥聚苯颗粒板性能: 抗压强度≥0.3MPa; 热导率≤0.09W/(m·K) 密度:280～300kg/m³
彩色油毡瓦 屋面 镀锌钉 聚苯板 钢筋混凝土屋面板	1. 4厚彩色油毡瓦用专用沥青胶结剂黏结,并用镀锌钉固定,每片瓦钉4～5个钉子 2. 20厚1:3水泥砂浆找平 3. ××厚聚苯板用聚合物砂浆黏结 4. 1.5厚水乳型聚合物水泥基复合防水涂料 5. 钢筋混凝土屋面板	1. 油毡瓦粘贴剂配套供应,粘贴搭接等各项操作要求,见坡屋面总说明及产品说明书 2. 适用于屋面坡度33°～45°
彩色油毡瓦 屋面 硅酸盐聚 苯颗粒 钢筋混凝土屋面板	1. 4厚彩色油毡瓦用专用沥青胶结剂粘贴,并用镀锌钉固定,每片瓦钉4～5个钉子 2. 15厚1:3水泥砂浆找平 3. ××厚硅酸盐聚苯颗粒保温料,分两次抹 4. 1.5厚水乳型聚合物水泥基复合防水涂料 5. 钢筋混凝土屋面板	硅酸盐聚苯颗粒保温料 热导率≤0.06W/(m·K) 密度≤230kg/m³ 吸水率≤0.06 抗压强度≥0.9MPa

名称及简图	用料及分层做法	附　注
小青瓦屋面 $\phi10$ 钢筋头　　钢板网 钢筋混凝土屋面板	1. 小青瓦用 20 厚 1：1：4 水泥石灰砂浆加水泥重的 3‰麻刀(或耐碱短纤维玻璃丝)卧铺 2. 30 厚 1：3 水泥砂浆 3. 满铺 1 厚钢板网,菱孔 15×40,搭接处用 18 号镀锌钢丝绑扎,并与预埋 $\phi10$ 钢筋头绑牢,钢板网埋入 30 厚砂浆层中 4. ××厚聚苯板用聚合物砂浆粘贴 5. 1.5 厚水乳型聚合物水泥基复合防水涂料 6. 钢筋混凝土屋面板预埋 $\phi10$ 钢筋头,露出屋面 80(90),中距双向 900～1000(预制板时可在板缝内预埋) 7. 钢筋混凝土屋面板	1. 聚苯板密度 16～20kg/m³ 热导率≤0.041W/(m·K) 2. 适用于屋面坡度 22.5°～45°
小青瓦屋面 钢筋混凝土屋面板	1. 小青瓦用 20 厚 1：1：4 水泥白灰砂浆加水泥重的 3‰麻刀(或耐碱短纤维玻璃丝)卧铺 2. 1.5 厚水乳型聚合物水泥基复合防水涂料 3. 20 厚 1：3 水泥砂浆找平 4. ××厚水泥聚苯颗粒板,用建筑胶砂浆粘贴,檐口处设∟50×4 角钢挡(防保温层下滑)用胀管固定在屋面板上 5. 钢筋混凝土屋面板	1. 适用于屋面坡度 22.5°～40° 2. 水泥聚苯颗粒板: 抗压强度≥0.3MPa 热导率≤0.09W/(m·K) 密度为 280～300kg/m³
小青瓦屋面 10号低碳镀锌钢丝 木压毡条 木望板	1. 小青瓦用 20 厚 1：1：4 水泥白灰砂浆加水泥重的 3‰麻刀(或耐碱短纤维玻璃丝)卧铺 2. 25×6 木压条,中距 900,水平方向钉 10 号低碳镀锌钢丝,中距 600(钢丝埋入水泥白灰砂浆中防下滑) 3. 干铺高聚物改性沥青卷材一层 4. 木望板(厚度及檩条尺寸、中距等按工程结构设计)	适用于屋面坡度 22.5°～35°
琉璃瓦屋面 木压毡条 12号低碳镀锌钢丝 木望板	1. 琉璃瓦(盖瓦、底瓦)用 20 厚 1：1：4 水泥石灰砂浆(加水泥重的 3‰麻刀或耐碱短纤维玻璃丝)铺卧 2. 25×6 木压条,中距 900,水平方向钉 12 号低碳镀锌钢丝,中距 600 3. 干铺高聚物改性沥青卷材一层 4. 木望板(厚度及檩条尺寸、中距等按工程结构设计)	适用于屋面坡度为 22.5°～45°,超过 35°时,每块瓦都用 12 号铜丝及钢钉固定于木望板上

名称及简图	用料及分层做法	附　注
琉璃瓦屋面 钢筋头——聚苯板 ——钢筋混凝土屋面板	1. 琉璃瓦(盖瓦、底瓦)用 20 厚 1∶1∶4 水泥石灰砂浆(加水泥重的 3％麻刀或耐碱短纤维玻璃丝)铺卧 2. 满铺 1 厚钢板网,菱孔 15×40,搭接处用 18 号镀锌钢丝绑扎,并与预埋 φ10 钢筋头绑牢 3. ××厚聚苯板用聚合物砂浆卧铺黏结 4. 1.5 厚水乳型聚合物水泥基复合防水涂料 5. 钢筋混凝土屋面板,预埋 φ10 钢筋头,露出屋面长度应高出保温板 10,中距为双向 900(预制板时可在板缝内预埋)	1. 适用于屋面坡度 22.5°～45°,超过 35°时,每块瓦都用 12 号铜丝绑于钢板网上 2. 聚苯板密度 16～20kg/m³ 热导率≤0.041W/(m·K)
彩色压型钢板波形瓦 **(仿水泥瓦外形)** Z形挂瓦条—— ——钢筋混凝土屋面板 25 50 40 φ6流水孔 中距900　挂瓦条	1. 0.5(或 0.6)厚仿水泥瓦外形彩色压型钢板波形瓦,一正一反搭接,用带橡胶垫圈的自攻钉与挂瓦条固定 2. 2 厚 40×50 冷变 Z 形挂瓦条中距 400,用胀管或水泥钉固定于钢筋混凝土屋面板上 3. 1.5 厚聚合物水泥基复合防水涂料 4. 钢筋混凝土屋面板	1. 瓦宽(有效宽度 1000)瓦长(即垂直于屋脊方向)最大可为 400×6,一般可为 400×4 2. 挂瓦条、脊瓦、拉铆钉、密封条、泡沫堵头、自攻钉、垫圈等配套供应 3. 此瓦还可用于斜檐口
彩色压型钢板波形瓦 **(仿水泥瓦外形)** Z形挂瓦条—— ——钢筋混凝土屋面板 硅酸盐聚苯颗粒 25 100 80 挂瓦条	1. 0.5(或 0.6)厚仿水泥瓦外形彩色压型铜板瓦,一正一反搭接,用带橡胶垫圈的自攻钉与挂瓦条固定 2. 2.5 厚 80×100 冷弯铜板 Z 形挂瓦条,中距 400,用胀管或水泥钉固定于钢筋混凝土屋面板上(挂瓦条下部加 8 厚 80×80 木垫块,中距同钉距)。挂瓦条之间抹××厚硅酸盐聚苯颗粒保温层 3. 1.5 厚聚合物水泥基复合防水涂料 4. 钢筋混凝土屋面板	1. 瓦宽(有效宽度)1000,瓦长(即垂直于屋脊方向)最大可为 400×6,一般可为 400×4 2. 挂瓦条、脊瓦、拉铆钉、密封条、泡沫堵头、自攻钉、垫圈等配套供应 3. 硅酸盐聚苯颗粒保温层 热导率≤0.06W/(m·K) 密度≤230 kg/m³ 吸水率≤0.06 抗压强度≥0.9MPa
彩色压型钢板波形瓦 **(仿水泥瓦外形)** 冷弯钢板挂瓦条 ——加气屋面板 25 50 40 挂瓦条	1. 0.5(或 0.6)厚仿水泥瓦外形彩色压型钢板波形瓦,一正一反搭接,用带橡胶垫圈的自攻钉与挂瓦条固定 2. 2 厚 40×50 冷弯钢板 Z 形挂瓦条,中距 400,用镀锌钢钉(下加 8 厚 50×50 顺水垫块)固定在加气混凝土屋面板上 3. 1.5 厚聚合物水泥基复合防水涂料 4. 加气厂配套生产的界面剂一道 5. 厚配筋加气混凝土屋面板	1. 瓦宽(有效宽度)为 1000,瓦长(即垂直于屋脊方向)最大可分为 400×6,一般可为 400×4 2. 挂瓦条、脊瓦、拉铆钉、密封条、泡沫堵头、自攻钉、垫圈等配套供应 3. 加气混凝土屋面板兼作保温、隔热,厚度不宜小于 200(不同地区酌情调整) 板型、厚度及配筋等按工程结构设计

名称及简图	用料及分层做法	附 注
波纹装饰瓦屋面 10 钢筋混凝土屋面板	1. 波纹装饰瓦,用 20 厚 1:2.5 水泥砂浆(掺建筑胶)铺卧,瓦上、下搭接 10,左右平接 2. 1.6 厚水乳型聚合物水泥基复合防水涂料,固化前刷素水泥浆一道 3. 20 厚 1:3 水泥砂浆找平 4. 钢筋混凝土屋面板	1. 适用于屋面坡度 30°~45°,超过 45°时可参考屋 56 增设钢丝网 2. 波纹装饰瓦示意:见下图 3. 配套有脊瓦,滴水瓦(滴水瓦宜用于低层建筑) 150 (200,300) 150 (200,300)
波纹装饰瓦屋面 10 聚苯板 钢筋混凝土屋面板	1. 波纹装饰瓦,用 20 厚 1:2.5 水泥砂浆(掺建筑胶)铺卧,瓦上、下搭接 10,左、右平接 2. 1.6 厚水乳型聚合物水泥基复合防水涂料,固化前刷素水泥浆一道 3. 20 厚 1:3 水泥砂浆找平 4. ××厚聚苯板用聚合物砂浆卧铺黏结 5. 钢筋混凝土屋面板	1. 适用于屋面坡度 30°~45° 2. 聚苯板密度为 16~20kg/m³ 热导率≤0.041W/(m·K) 3. 波纹装饰瓦示意:见下图 4. 配套有脊瓦,滴水瓦(滴水瓦宜用于低层建筑) 150 (200,300) 150 (200,300)
波纹装饰瓦屋面 12号镀锌低碳钢丝 钢丝网 聚苯板 钢筋混凝土屋面板	1. 波纹装饰瓦,用 20 厚 1:2.5 水泥砂浆(掺建筑胶)铺卧,瓦上、下搭接 10,左、右平接 2. 1.6 厚水乳型聚合物水泥基复合防水涂料,固化前刷素水泥浆一道 3. 30 厚 1:3 水泥砂浆分两次抹,第一次抹 10 厚,压入 1.0 厚镀锌低碳钢丝网(网孔 25×25)用预埋的 12 号镀锌低碳钢丝绑扎钢丝网,再抹第二次 20 厚 1:3 水泥砂浆 4. ××厚聚苯板用聚合物砂浆卧铺黏结 5. 钢筋混凝土屋面板,预埋 12 号镀锌低碳钢丝,双向中距 900,露出屋面板(预制板时可在板缝内预埋)	1. 适用于屋面坡度为 45°~75° 2. 聚苯板密度为 16~20kg/m³ 热导率≤0.041W/(m·K) 3. 波纹装饰瓦示意:见下图 4. 配套有脊瓦,滴水瓦(滴水瓦宜用于低层建筑) 150 (200,300) 150 (200,300)
石板瓦屋面 φ8钢筋头 聚苯板 钢筋混凝土屋面板	1. 5~10 厚优质页岩石板瓦用 1:1:4 水泥白灰砂浆(掺水泥重的 3%麻刀或耐碱短纤维玻璃丝)卧铺,上下搭接错缝 2. 25 厚 1:3 水泥砂浆,内加 1.0 厚钢板网,菱形孔 15×40 钢板网与 φ8 预埋钢筋头绑扎 3. 满铺××厚聚苯板,用聚合物砂浆黏结 4. 1.5 厚水乳型聚合物水泥基复合防水涂料 5. 钢筋混凝土屋面板,预埋 φ8 钢筋头,双向中距 900,露出板面 80(100)(预制板时可埋于板缝中)	1. 石板瓦形状有矩形、倒角矩形、菱形、三角形等,见坡屋面总说明 2. 屋面坡度>30°时,每片瓦需钻孔,用镀锌钢钉固定 3. 一般适用于屋面 22.5°~45° 4. 聚苯板密度:16~20kg/m³ 热导率≤0.041W/(m·K)

续表

名称及简图	用料及分层做法	附　注
石板瓦屋面 加气混凝土屋面板	1. 5～10 厚优质页岩石板瓦用 1∶1∶4 水泥白灰砂浆（掺水泥重的 3‰ 麻刀或耐碱短纤维玻璃丝）卧铺,上、下搭接错缝 2. 1.5 厚水乳型聚合物水泥基复合防水涂料 3. 加气混凝土屋面板配套界面剂一道 ×××厚配筋加气混凝土屋面板（板型厚度及配筋等按工程结构设计）	1. 石板瓦形状有矩形、倒角矩形、菱形、三角形等,见坡屋面总说明 2. 屋面坡度＞30°时,每片瓦需钻孔,用镀锌钢钉固定 3. 一般适用于屋面 22.5°～45° 4. 加气混凝土屋面板兼作保温、隔热厚度不宜小于 200（不同地区酌情调整）
琉璃型轻质波形瓦屋面 檩条	1. 琉璃型轻质波形瓦波峰处钻孔,用带橡胶垫的木螺钉固定在木檩条上(采用钢檩条时可用带橡胶垫的 φ6 螺栓固定),穿孔处油膏封严 2. 檩条(断面及中距按工程结构设计)： 小波瓦尺寸一般为 1800×720×5 中波瓦尺寸一般为 1800×745×6	1. 适用于车间、仓库、凉棚等 2. 坡度宜为 1/6～1/2 3. 设计人可酌情换用 PVC 瓦、木质纤维瓦 4. 琉璃型轻质波形瓦为十余种无机化工原料添加改性剂抗水剂等加工而成,表面有一层琉璃质,瓦的颜色有:淡蓝、铁红、白、绿等
瓦垄铁屋面 檩条	1. 刷涂料两遍 2. 镀锌瓦垄薄钢板,波峰处用带胶垫螺钉(或螺栓)钉牢,瓦孔处油膏封严 3. 檩条(断面及中距按工程结构设计)	1. 适用于简易建筑 2. 坡度宜 1/6～1/2 3. 横向搭接 1$\frac{1}{2}$波 4. 厚度为 0.4～1.0,宽度为 750～830,长度为 1800～2000
玻璃纤维增强聚酯波纹瓦（玻璃钢瓦） 檩条	1. 玻璃纤维增强聚酯波纹瓦,坡峰处用带胶垫的木螺丝固定在木檩条上(采用钢檩条时可用带胶垫的 φ6 螺栓固定),穿孔处密封胶封严 2. 檩条(断面及中距按工程结构设计)	1. 适用于室外罩棚 2. 坡度宜 1/6～1/2 3. 一般尺寸为 1800×720×(厚 1.0～2.0) 4. 也可用 R-PVC 塑料波形瓦
阳光板拱形屋面 阳光板 檩条	1. 6～10 厚阳光板(即聚碳酯板,卡普隆板,PC 板)用铝压条固定于薄壁方钢管上 2. 薄壁方钢管檩条 3. 可设计各种形式,包括拱形屋面,弧度由设计人定,但最小弯曲半径见下表 表头：厚度/mm、最小弯曲半径/mm 6 — 1050 8 — 1400 10 — 1750 注:空心版 4～10 厚,实心平板 3 厚,实心波纹板 0.8 厚	适用于拱廊、门头、罩棚、展览廊、温室、游泳池、休息廊、站台棚等 1. 耐冲击,为同厚度钢化玻璃的 30 倍 2. 抗紫外线,抗老化 3. 透光率为玻璃的 86% 4. 阻燃防火性 5. 质量轻,为同厚度玻璃的 1/12 6. 可冷弯、切割,适应各种断面形式 7. 防结露

阳光板拱形屋面下表：

厚度/mm	最小弯曲半径/mm
6	1050
8	1400
10	1750

名称、用料及分层做法	附 注

钢板坡屋面（无保温层）

型号	截面简图	有效覆盖宽度/mm	展形长度/mm	板厚/mm	截面惯性矩/(cm²/m)	截面抵抗距/(cm²/m)
V125	750 120 29 35	750	1000	0.6	13.85	7.48
				0.8	18.83	10.00
				1.0	23.54	12.44

单层板最大允许檩条间距（以1/300的挠度计算压型板最大允许檩距） 单位:m

钢板厚度/mm	支承条件	荷载/(N/m²)						
		500	1000	1500	2000	2500	3000	3500
0.6	连续	2.9	2.3	2.0	1.8	1.7	1.6	1.5
	简支	2.4	1.9	1.7	1.5	1.4	1.3	1.2
0.8	连续	3.2	2.5	2.1	2.0	1.8	1.7	1.6
	简支	2.7	2.1	1.8	1.7	1.5	1.4	1.4
1.0	连续	3.4	2.4	2.3	2.1	2.0	1.9	1.8
	简支	2.9	2.3	2.0	1.8	1.7	1.6	1.5

钢板坡屋面（夹芯保温板）

型号	截面简图（彩板0.6mm厚）	芯板	板自重/(kg/m²)	
V125	750 125 29 35 B	聚苯板（或岩棉）厚B50～150	50厚芯板12.65	芯板每增10厚时增重0.2

夹芯板最大允许檩条间距 单位:m

芯板厚度/mm	荷载/(N/m²)			
	500	1000	1500	2000
50	4.0	3.0	2.1	1.5
100	5.0	4.0	3.2	2.6
150	5.5	4.5	3.6	3.0

聚苯板热导率

板厚/mm	热导率/[W/(m·K)]
80	0.53
100	0.411
120	0.327
150	0.268

附注：

1. 屋面坡度1/10～1/6

2. 板长:在运输吊装许可条件下,应采用较长尺寸的压型板,以减少搭接接缝,防止渗漏

3. 压型板应穿透屋面与檩条连接,板与板连接处与每根檩条应有三个自攻螺栓固定,板中间应有两个自攻螺栓与檩条固定

4. 压型板的长向搭接,上、下均应伸至支承构件上,单层板搭接长度为200;夹芯板搭接长度为250,搭接处均应设防水压缝条

5. 压型板的横向搭接宽度为75,檩条间用拉铆钉连接,中距≤400,加防水压缝条

6. 自攻螺栓应配密封橡胶垫,自攻螺栓、拉铆钉设在波峰上,拉铆钉头涂密封膏

7. 屋脊板、封檐板、包角板、泛水坡、挡水板、导流板、压顶板等由生产厂家配套供应

一般每块板至少有三个支撑檩条,避免简支,夹芯板的长向端搭接处,支座宽度不应小于100mm,否则应设双檩或加焊一通长角钢

6.3 坡屋顶构造

6.3.1 坡屋顶构造详图（一）

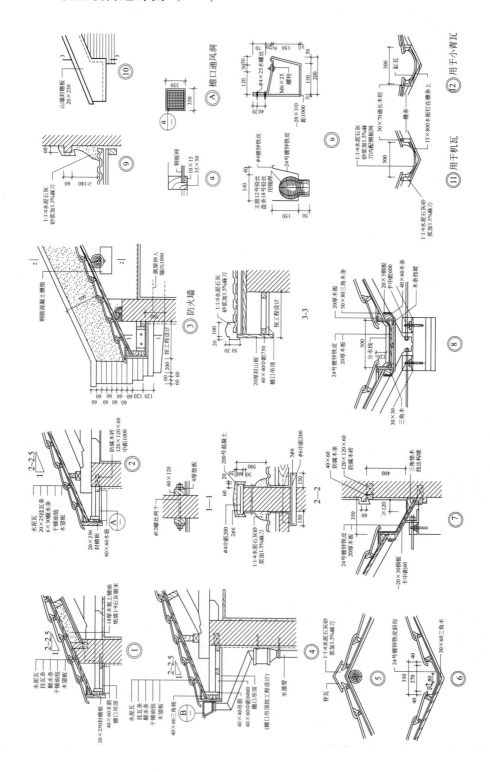

6.3.2 坡屋顶构造详图（二）

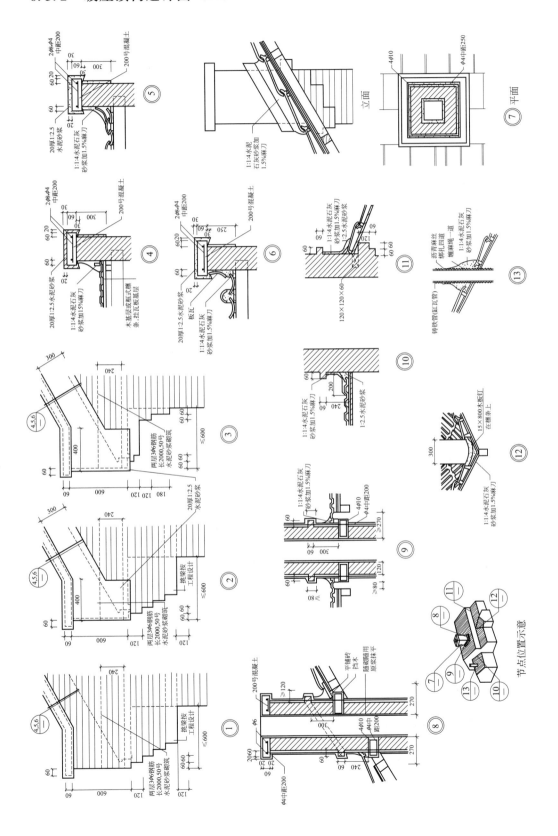

6.3.3 坡屋顶构造详图（三）

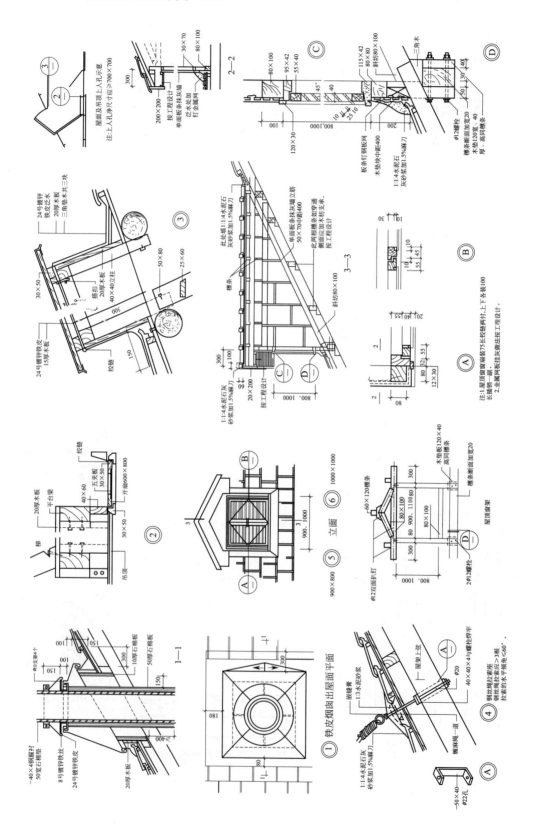

6.3.4　坡屋顶构造详图（四）

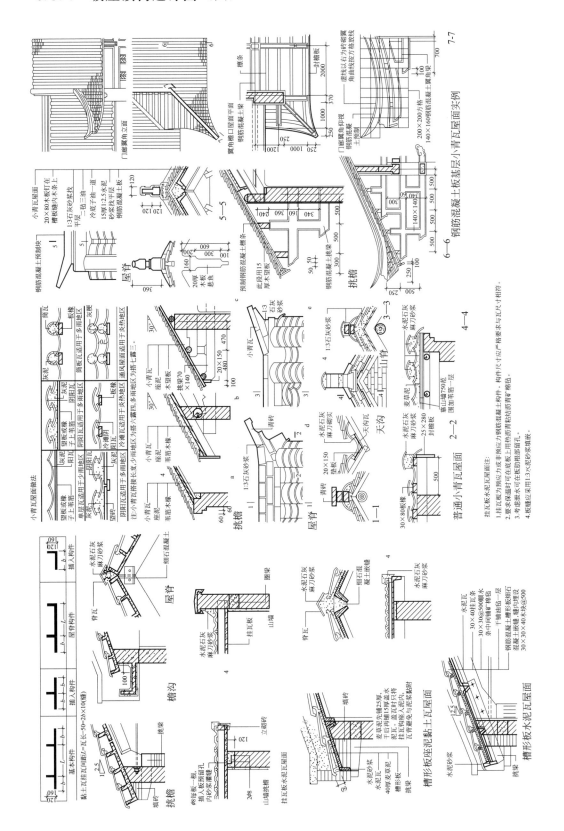

6.3.5 坡屋顶构造详图（五）

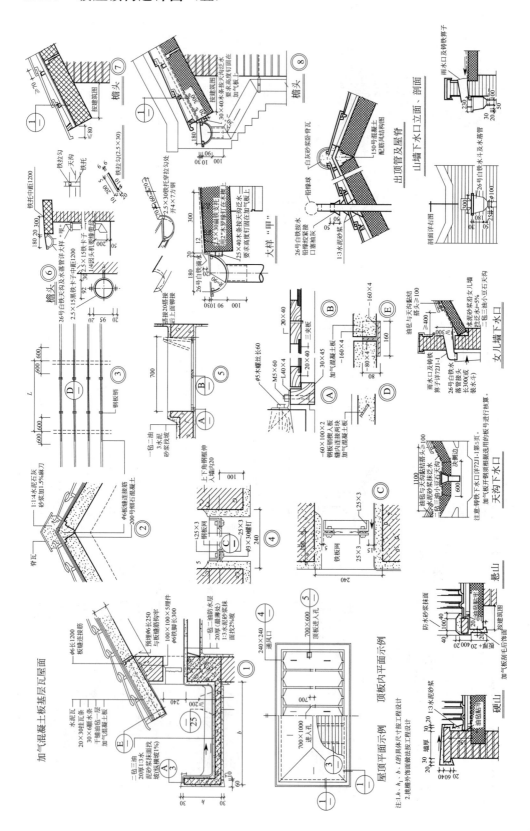

6.3.6　坡屋顶构造详图（六）

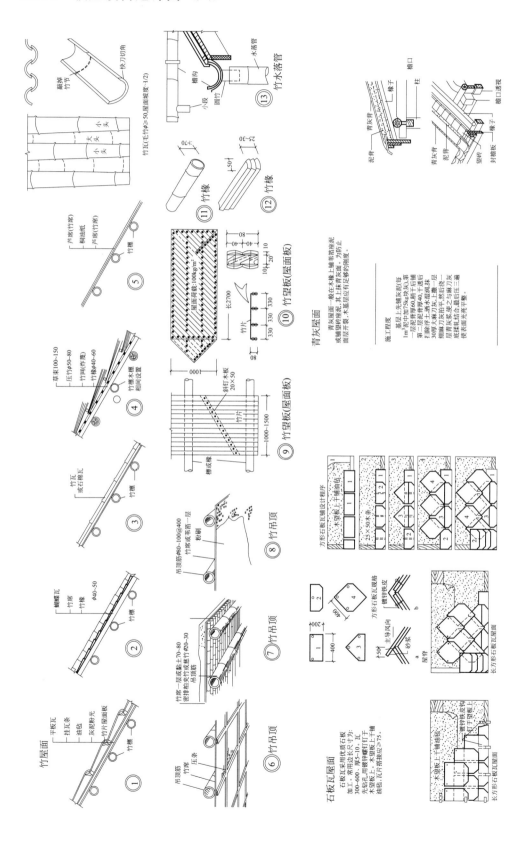

6.3.7 单坡、双坡铝合金玻璃屋顶

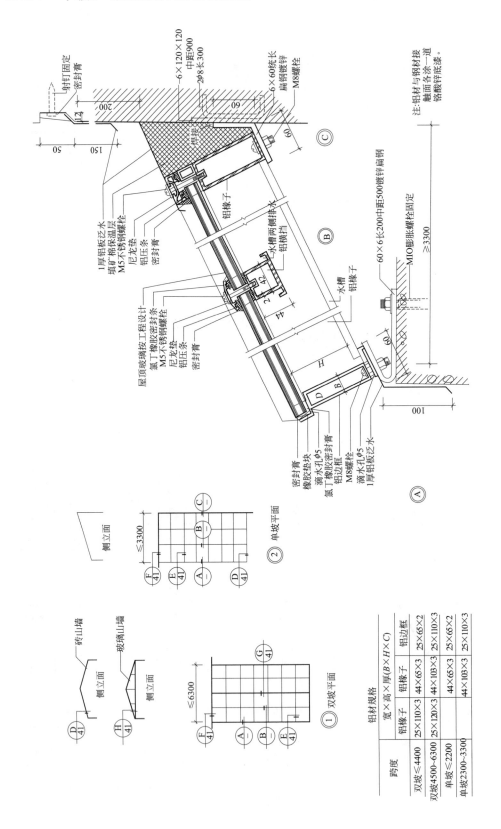

	宽×高×厚 $(B \times H \times C)$		铝边框
铝材规格	铝椽子	铝椽子	
双坡≤4400	25×110×3	44×65×3	25×65×2
双坡4500~6300	25×120×3	44×103×3	25×110×3
单坡≤2200		44×65×3	25×65×2
单坡2300~3300		44×103×3	25×110×3

6.3.8 单坡、双坡铝合金玻璃屋顶

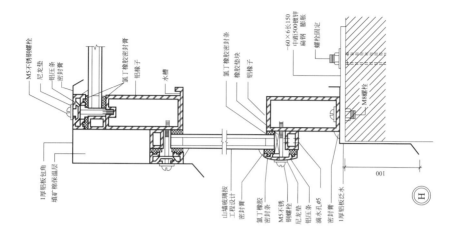

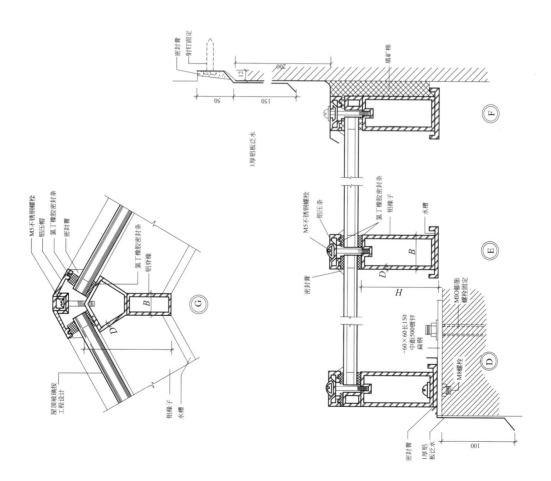

6.3.9 双坡普通型钢玻璃屋顶

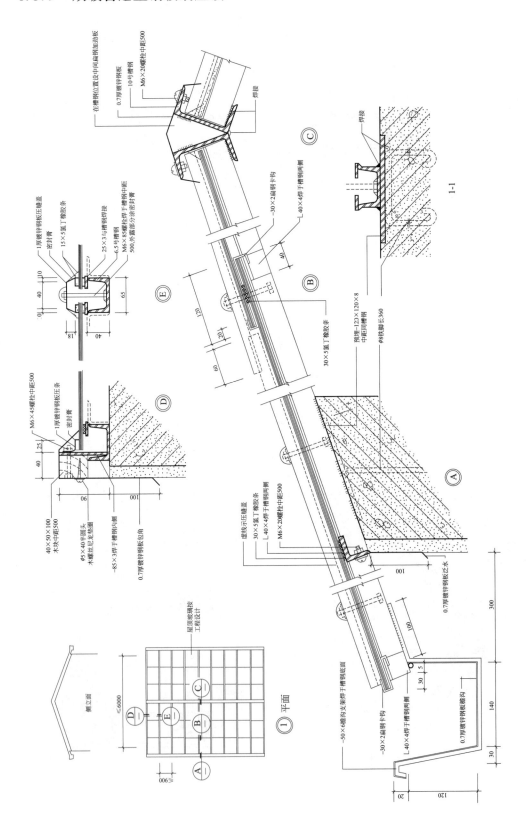

6.3.10 单、双坡普通型钢玻璃屋顶

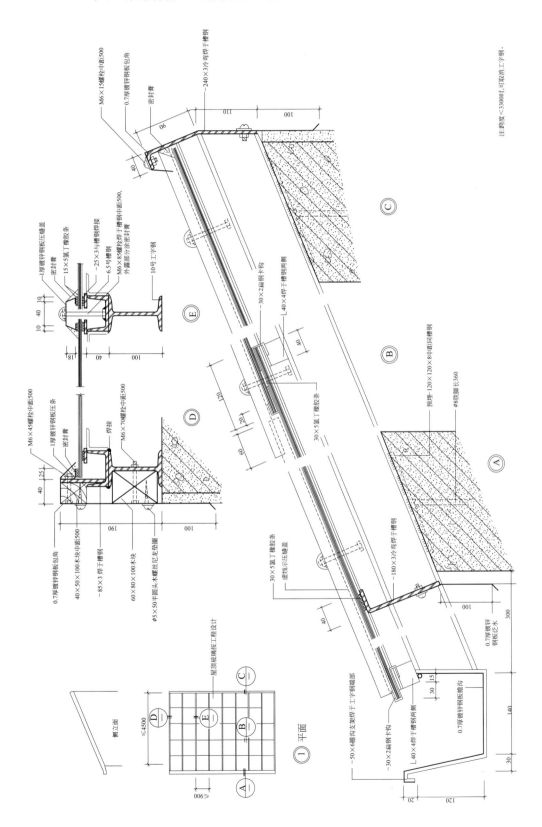

① 平面

6.3.11 坡屋顶采光口

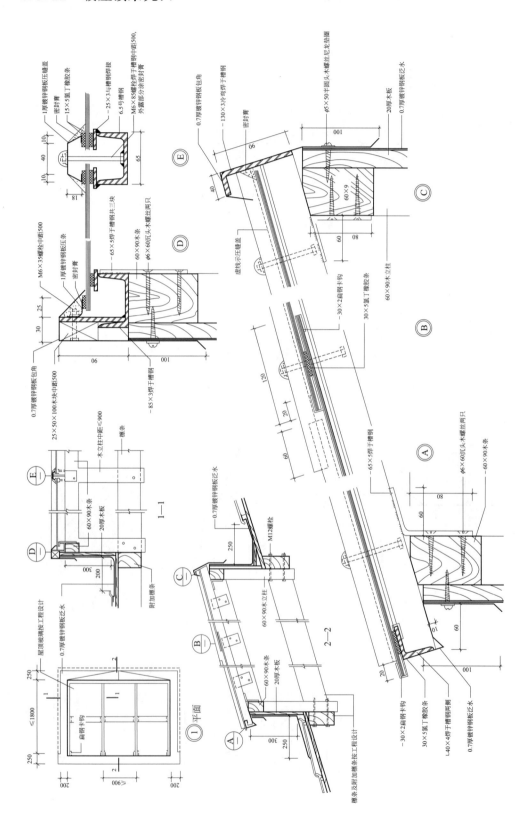

7 城镇住宅的生态设计

可持续发展是指既满足当代人需求的同时，又不损害后代人满足其需求的能力。1999年国际建筑协会《北京宪章》又提出了"建立人居环境体系，将新建筑与城镇住区的构思、设计纳入一个动态的、生生不息的循环体系之中，以不断提高环境质量"的设计原则。城镇住宅量大面广，是城乡生态系统中的重要环节，更应积极发展绿色生态住宅。

7.1 城镇生态住宅的基本概念

21世纪人类共同的主题是可持续发展，对于建筑来说亦必须由传统的高消耗型发展模式转向高效生态型发展模式。生态居住区是由多个生态住宅集合而成的人居环境的总和。在城镇生态居住区建设过程中，采用高效生态型的住宅建筑类型是城镇实现可持续发展的重要内容之一。对于高效生态型住宅建筑，目前学术界有许多不同的称谓，如绿色建筑、生态建筑、低碳建筑等。

7.1.1 绿色建筑

国际上对绿色建筑的探索和研究始于20世纪60年代，随着可持续发展思想在国际社会的推广，绿色建筑理念逐渐得到行业人员的重视和积极支持。到80年代，伴随着建筑节能问题的提出，绿色建筑概念开始进入我国，在2000年前后成为社会各界人士讨论的热点。由于世界各国经济发展水平、地理位置和人均资源等条件的不同，对绿色建筑的研究与理解也存在差异。

住房和城乡建设部（原建设部）于2006年3月发布了《绿色建筑评价标准》（GB/T 50378—2006），该标准将绿色建筑定义为：在建筑的全寿命周期内，最大限度地节约资源（节能、节地、节水、节材）、保护环境和减少污染，为人们提供健康、适用和高效的使用空间，与自然和谐共生的建筑。

《绿色建筑评价标准》用于评价住宅建筑和公共建筑中的办公建筑、商场建筑和旅馆建筑。在该标准中，绿色建筑评价指标体系由节地与室外环境、节能与能源利用、节水与水资源利用、节材与材料资源利用、室内环境质量和运营管理六类指标组成。

绿色建筑的设计理念主要包括以下几个方面。

（1）重视整体设计

整体设计的优劣直接影响绿色建筑的性能及成本。建筑设计必须结合气候、文化、经济等诸多因素进行综合分析、整体设计，切勿盲目照搬所谓的先进绿色技术，也不能仅仅着眼于局部而不顾整体。如热带地区使用保温材料和蓄热墙体就毫无意义，而对于寒冷地区，如果窗户的热性能很差，使用再昂贵的墙体保温材料也不会达到节能的效果，因为热量会通过窗户迅速散失。在少花钱的前提下，将有限的保温材料安置在关键部位，而不是均匀分布，会起到事半功倍的效果。

（2）因地制宜

绿色建筑强调因地制宜原则，不能照搬盲从。气候的差异使不同地区的绿色设计策略大相径庭。建筑设计应充分结合当地的气候特点及其地域条件，最大限度地利用自然采光、自然通风、被动式集热和制冷，从而减少因采光、通风、供暖、空调所导致的能耗和污染。在日照充足的西北地区，太阳能的利用就显得高效、重要，而对于终日阴云密布或阴雨绵绵的地区则效果不明显。北方寒冷地区的建筑应该在建筑保温材料上多花钱、多投入，而南方炎热地区则更多的是要考虑遮阳板的方位和角度，即防止太阳辐射，避免产生眩光。

（3）尊重基地环境

在保证建筑安全性、便利性、舒适性、经济性的基础上，在建筑规划、设计的各个环节引入环境概念，是一个涉及多学科的复杂的系统工程。规划、设计时必须结合当地生态、地理、人文环境特性，收集有关气候、水资源、土地使用、交通、基础设施、能源系统、人文环境等方面的资料，力求做到建筑与周围的生态、人文环境的有机结合，增加人类的舒适和健康，最大限度地提高能源和材料的使用效率。

（4）创造健康、舒适的室内环境

健康、舒适的生活环境包括使用对人体健康无害的材料，抑制危害人体健康的有害辐射、电波、气体等，采用符合人体工程学的设计。

（5）节能设计

节能设计包括6方面内容：（a）建筑形态、建筑定位、空间设计、建筑材料、建筑外表面的材料肌理、材料颜色和开敞空间的设计（街道、庭院、花园和广场等）；（b）可减轻环境负荷的建筑节能新技术，如根据日照强度自动调节室内照明系统、局域空调、局域换气系统、节水系统；（c）能源的循环使用，包括对二次能源的利用、蓄热系统、排热回收等；（d）使用耐久性强的建筑材料；（e）采用便于对建筑保养、修缮、更新的设计；（f）设备竖井、机房、面积、层高、荷载等设计留有发展余地等。

（6）使建筑融入历史与地域的人文环境

包括4方面内容：（a）对古建筑的妥善保存，对传统街区景观的继承和发展；（b）继承地方传统的施工技术和生产技术；（c）继承保护城市与地域的景观特色，并创造积极的城市新景观；（d）保持居民原有的生活方式，并使居民参与建筑设计与街区更新。

7.1.2 生态建筑

20世纪60年代，美籍意大利建筑师保罗·索勒瑞把生态学（Ecology）和建筑学（Architecture）两词合并为"Arology"，意为"生态建筑学"，并在《生态建筑学：人类理想中的城市》一书中提出了生态建筑学理论。

20世纪70年代，在能源危机的背景下，欧美国家就有一些建筑师应用生态学思想设计了不少被称之为"生态建筑"的住宅。这些建筑在设计上一般基于这样的思路：利用覆土、温室及自然通风技术提供稳定、舒适的室内气候；风车及太阳能装置提供建筑基本能源；粪便、废弃食物等生活垃圾用作沼气燃料及肥料；温室种植的花卉、蔬菜等植物提供富氧环境；收集雨水以获得生活用水；污水经处理后用于养鱼及植物灌溉等。因此，在这类建筑中，草皮屋顶、覆土保温、温室及植被、蓄热体、风车及太阳能装置等成为其基本构造特征，如位于美国明尼苏达州的欧勒布勒斯住宅就是一个典型案例。

国内一些有关生态建筑的研究与实践中亦可发现与此类似的设计思路。因此所谓"生态建筑"，即将建筑看成一个生态系统，通过组织（设计）建筑内外空间中的各种物态因素，使物质、能源在建筑生态系统内部有秩序地循环转换，获得一种高效、低耗、无废、无污、生态平衡的建筑环境。

生态建筑的设计理念主要包括以下几个方面。

① 注意与自然环境的结合与协作，使人的行为与自然环境的发展取得同等地位，这是生态建筑设计的最基本内涵。必须了解到人是自然环境的一分子，人的活动必须与环境建立起一种新的结合与协作关系。对自然环境的关心是生态建筑存在的根本，是一种环境共生意识的体现。

② 要善于因地制宜地利用一切可以利用的因素和高效地利用自然资源。根据生态学的进化论，生态建筑设计包含着资源的经济利用问题，其中首要的是土地的利用问题，今后建筑业的发展，势必在有限的土地资源内展开。为了节省有限的土地，必须建立高效的空间体系；其次是建筑节能和生态平衡，也就是减少各种资源和材料的消耗，如太阳能的利用和建筑保温材料的应用等。

③ 注意自然环境设计。重视自然生态环境的特点和规律，确定"整体优先"和"生态优先"的原则。加强对自然环境的利用，使人工环境和自然环境有机交融。

④ 注重生态建筑的区域性。任何一个区域规划、城市建设或者单体建筑项目，都必须建立在对特定区域条件的分析和评价基础之上，包括地域气候特征、地理因素、地方文化与风俗、建筑肌理特征等。

7.1.3 低碳建筑

目前学术界并没有明确的低碳建筑的定义，碳排放量降低到什么程度可以称之为低碳建筑也没有具体的数值。定义低碳建筑可以参照低碳经济等相关概念。

低碳经济是以减少温室气体排放为目标，以低能耗、低污染、低排放为基础的经济模式，其实质是能源高效利用、清洁能源开发、追求绿色 GDP，核心是能源技术和减排技术创新、产业结构和制度创新以及人类生存发展观念的根本性转变。

依据低碳经济的概念，可将低碳建筑定义为：低碳建筑是实现尽可能减少温室气体排放的建筑，在建筑的全生命周期内，以低能耗、低污染、低排放为基础，最大限度地减少温室气体排放，为人们提供具有合理舒适度的使用空间的建筑模式。

低碳建筑的设计理念包括既有能源的优化、节约资源及材料、使用天然材料和本地建材、减少在生产和运输过程中对能源造成的浪费等方面。

（1）能源组合优化

增加清洁能源的使用量，引入天然气、轻烃或生物质固体燃料，使用风能、太阳能等可再生能源；充分利用工业余热；对燃煤锅炉进行改造等，减少碳排放，控制大气污染。

（2）节能

采用节能的建筑围护结构，减少采暖和空调的使用；根据自然通风的原理设置空调系统，使建筑能够有效地利用夏季的主导风向；最大限度地利用自然的采光通风；使用各种自动遮阳、双层幕墙、可调节建筑外立面的设计等。总的来说，即通过各种手段，既保证有非常现代化的建筑形象，又能够达到比较节能和舒适的目的。

（3）节约资源

在建筑设计和建筑材料的选择中，均考虑资源的合理使用和处置。尽可能地优化建筑结构，减少资源浪费，提高再生水利用率，力求使资源可再生利用。

（4）采用天然材料

建筑内部不使用对人体有害的建筑材料和装修材料，尽量采用天然材料，所采用的木材、石块、石灰、涂料等要经过检验处理，确保对人体无害。

（5）舒适和健康的环境

保证建筑内空气清新，温、湿度适当，光线充足，给人健康舒适的生活工作环境。

7.2 城镇生态住宅的基本要求

7.2.1 弘扬传统聚落天人合一的生态观

在优秀传统建筑文化的熏陶下，我国的传统城镇聚落都尽可能地顺应自然，或者虽然改造自然却加以补偿，聚落的发生和发展，充分利用自然生态资源，人们非常注意节约资源，巧妙地综合利用这类资源，形成重视局部生态平衡的天人合一的生态观。经过长期实践，人们逐渐总结出适应自然、协调发展的经验，这些经验指导人们充分考虑当地资源、气候条件和环境容量，选取良好的地理环境构建聚落。在围合、半围合的自然环境中，利用被围合的平原，流动的河水，丰富的山林资源，既可以保证村民采薪取水等生活需要和农业生产需要，又为村民创造了一个符合理想的生态环境。

从对自然的尊崇到对自然的适应，聚落的地方性特征很大程度上就是适应自然生态的结果。聚落在形成过程中采用与自然条件相适应的取长补短的技术措施，充分利用自然能源，就地取材。也正是由于各地气候、地理、地貌以及材料的不同，使得民居的平面布局、结构方式、外观和内外空间处理也不同。这种差异性，就是传统聚落地方特色的关键所在。先民们天人合一的生态平衡乃至表现为风俗的具体措施至今仍有积极意义，尤其是充分利用自然资源、节约和综合利用等思想，仍然可供今天有选择地去汲取。

7.2.2 城镇生态住宅的基本概念

生态住宅是一种系统工程的综合概念。它要求运用生态学原理和遵循生态平衡，即可持续发展的原则，设计、组织建筑内外空间中的各种物质因素，使物质、能源在建筑系统内有秩序地循环转换，获得一种高效、低耗、无废物、无污染、生态平衡的建筑环境。这里的环境不仅涉及住宅区的自然环境，也涉及人文环境、经济环境和社会环境。城镇生态住宅应立足于将节约能源和保护环境这两大课题结合起来。其中不仅包括节约不可再生的能源和利用可再生洁净能源，还涉及节约资源（建材、水）、减少废物污染（空气污染、水污染），以及材料的可降解和循环使用等。城镇生态住宅要求自然、建筑和人三者的和谐统一。

规划设计必须结合当地生态、地理、人文环境特性，收集有关气候、水资源、土地使用、交通、基础设施、能源系统、人文环境等各方面的资料，使建筑与周围的生态、人文环境有机结合起来，增加村民的舒适和健康，最大限度地提高能源和材料的使用效率，减少施工和使用过程中对环境的影响。

我国还是一个发展中国家，资源有限，由于地域条件，气候条件、民族习惯、经济水平、技术力量的差异，在城镇生态住宅的建设中应积极运用适宜技术。

7.2.3 城镇生态住宅的设计原则

（1）因地制宜，与自然环境共生

① 要保护环境，即保护生态系统，重视气候条件和土地资源并保护建筑周边环境生态系统的平衡。要开发并使用符合当地条件的环境技术。由于我国耕地资源有限，在城镇住宅设计中应充分重视节约用地，可适当增加建筑层数，加大建筑进深，合理降低层高，缩小面宽。在住宅室外使用透水性铺装，以保持地下水资源的平衡。同时，绿化布置与周边绿化体系应形成系统化网络化关系。

② 要利用环境，即充分利用太阳能，风能和水资源，利用绿化植物和其他无害自然资源。应使用外窗自然采光，住宅应留有适当的可开口位置，以充分利用自然通风。尽可能设置水循环利用系统，收集雨水并充分利用。要充分考虑绿化配置以软化人工建筑环境。应充分利用太阳能和沼气能。太阳能是一种天然、无污染而又取之不尽的能源，应尽可能利用它。在城镇住宅中可使用被动式太阳房，采用集热蓄热墙体作为外墙。在阳光充足而燃料匮乏的西北地区应推荐采用。

③ 防御自然，即注重隔热、防寒和遮蔽直射阳光，进行建筑防灾规划。规划时应考虑合理的朝向与体型，改善住宅体形系数、窗地比；对受日晒过量的门窗设置有效的遮阳板，采用密闭性能良好的门窗等措施节约能源。特别提倡使用新型墙体材料，限制使用黏土砖。在寒冷地区应采用新型保温节能外围护结构；在炎热地区应做好墙体和屋盖的隔热措施。

总之，要因地制宜，就地取材，充分利用当地资源，采用现代新技术，创造可持续发展的城镇住宅。

（2）节约自然资源，防止环境污染

① 降低能耗，即注重能源使用的高效节约化和能源的循环使用。注重对未使用能源的收集利用，以及对二次能源的利用等。

② 住宅的长寿命化。应使用耐久的建筑材料，在建筑面积、层高和荷载设计时留有发展余地，同时采用便于对住宅进行保养、修缮和更新的设计。

③ 使用环境友好型材料，即无环境污染的材料、可循环利用的材料，以及再生材料的应用。对自然材料的使用强度应以不破坏其自然再生系统为前提，使用易于分别回收再利用的材料，应用地域性的自然建筑材料以及当地的建筑产品，提倡使用经无害化加工处理的再生材料。

（3）建立各种良性再生循环系统

① 应注重住宅使用的经济性和无公害性。应采用易再生及长寿命的建筑消耗品，建筑废水、废气应无害处理后排出。农村规模偏小，居住密度也小。农村住宅的收集生活污水的管道设施、净化污水的污水处理设施，以及处理后的水资源和污泥的再利用设施等的建设会产生很大问题。主要困难是建设、运行维护和费用的解决。因此，因地制宜地选择合理的处理方案，对城镇生活污染的治理极端重要。尤其是规模较小的村庄，必须考虑到住宅分散、污水负荷的时间变动大以及周围环境自净能力强的特点，用最经济、合理的办法解决这些农

村的生活污染问题，保持城镇的生态环境。

② 要注重住宅的更新和再利用。要充分发挥住宅的使用可能性，通过技术设备手段更新利用旧住宅，对旧住宅进行节能化改造。

③ 住宅废弃时注意无害化解体和解体材料再利用。住宅的解体不应产生对环境的再次污染，对复合建筑材料应进行分解处理，对不同种类的建筑材料分别解体回收，形成再资源化系统。

（4）融入历史与地域的人文环境要注重对古村落的继承以及与乡土建筑的有机结合。应注重对古建筑的妥善保存，对传统历史景观的继承和发扬，对拥有历史风貌的古村落景观的保护，对传统民居的积极保存和再生，并运用现代技术使其保持与环境的协调适应，继承地方传统的施工技术和生产技术。要保持村民原有的出行、交往、生活和生产优良传统，保留村民对原有地域的认知特性，我国地域辽阔，各地的气候和地理条件、生活习惯等差别很大，统一的标准和各地适用的方案是不存在的。在城镇住宅设计中，既要反映时代精神，有时代感，又要体观地方特色，有地域特点。即要把生活、生产的现代化与地方的乡土文脉相结合，创造出既有乡土文化底蕴，又具有时代精神的新型城镇住宅。

7.3 城镇生态住宅的形式选择

城镇生态住宅的设计应遵从自然优先的生态学原则，最大限度地实现能量流和物质流的平衡，建筑形式便于能源的优化利用，使设计、施工、使用、维护各个环节的总能耗达到最少。

7.3.1 建筑形式

生态住宅设计是城镇建设中一个十分重要的课题。城镇住宅量多面广且接近自然，在生态化建设上有着得天独厚的优势，城镇住宅生态化对改善全球生态环境具有不可估量的价值和意义。

生态住宅建设要合理确定居民数量、住宅布局范围和用地规模，尽可能使用原有宅基地，正确处理好新建和拆旧的关系，确保城镇社会稳定。建筑平面功能要科学合理，注重适应居民的家庭结构、生活方式和生活习惯；立面造型要有地方传统特色又具现代风格；建筑户型要节约利用土地，符合城镇用地标准；能够服务城镇居民，为群众提供适用、经济、合理的住宅设计方案，造价经济合理。

（1）平面形状的选择

根据住宅中各种平面形状节能效果的量化研究：采用紧凑整齐的建筑外形每年可节约 $8\sim15kW\cdot h/m^2$ 的能耗。当建筑体积（V）相同时，平面设计应注意使维护结构表面积（A）与建筑体积（V）之比尽可能小，以减少建筑物表面的散热量。

建筑平面形状与能耗关系如表 7-1 所列。根据表 7-1 可以看出，城镇生态住宅平面形状宜选择规整的矩形。

表 7-1　建筑平面形状与能耗关系

平面形状	正方形	矩形	细长方形	L 形	回字形	U 形
A/V	0.16	0.17	0.18	0.195	0.21	0.25
热损耗/%	100	106	114	124	136	163

（2）住宅类型的选择

城镇生态住宅建设应本着节约用地的原则，积极引导农民建设富有特色的联排式住宅（见图 7-1）和并联式住宅（见图 7-2），有条件的地方可建设多层公寓式住宅，尽量不采用独立式的住宅，控制宅基地面积，从而提高用地的容积率、节约有限的土地资源。

图 7-1　联排式住宅效果图

图 7-2　并联式住宅效果图

（3）朝向的选择

影响住宅朝向的因素很多，如地理纬度、地段环境、局部气候特征及建筑用地条件等。因此，"良好朝向"或"最佳朝向"的概念是一个具有区域条件限制的提法，是在考虑地理和气候条件下对朝向的研究结论，在实际应用中则需根据区域环境的具体条件加以修正。

影响朝向的两个主要因素是日照和通风，"最佳朝向"及"最佳朝向范围"的概念是对这两个主要影响因素观察、实测后整理出的成果。

① 朝向与日照　无论是温带还是寒带，必要的日照条件是住宅里所不可缺少的，但是对不同地理环境和气候条件下的住宅，在日照时数和阳光照入室内深度上是不尽相同的。由于冬季和夏季太阳方位角的变化幅度较大，各个朝向墙面所获得的日照时间相差很大。因此，应对不同朝向墙面在不同季节的日照时数进行统计，求出日照时数日平均值，作为综合分析朝向的依据。另外，还需对最冷月和最热月的日出、日落时间做出记录。在炎热地区，住宅的多数居室应避开最不利的日照方位。住宅室内的日照情况同墙面上的日照情况大体相似。对不同朝向和不同季节（例如冬至日和夏至日）的室内日照面积及日照时数进行统计和比较，选择最冷月有较长日照时间、较多日照面积，最热月有较少日照时间、最少日照面积的朝向。

在一天的时间里，太阳光线中的成分是随着太阳高度角的变化而变化的，其中紫外线量与太阳高度角成正比，如表 7-2 所列。选择朝向对居室所获得的紫外线量应予以重视，它是评价一个居室卫生条件的必要因素。

表 7-2　不同高度角时太阳光线的成分

太阳高度角	紫外线	可视线	红外线
90°	4%	46%	50%
30°	3%	44%	53%
0.5°	0%	28%	72%

② 朝向与风向　主导风向直接影响冬季住宅室内的热损耗及夏季居室内的自然通风。因此，从冬季保暖和夏季降温的角度考虑，在选择住宅朝向时，当地的主导风向因素不容忽视。另外，从住宅群的气流流场可知，住宅长轴垂直主导风向时，由于各幢住宅之间产生涡流，会影响自然通风效果。因此，应避免住宅长轴垂直于夏季主导风向（即风向入射角为零

度），以减少前排房屋对后排房屋通风的不利影响。

在实际运用中，应当根据日照和太阳辐射将住宅的基本朝向范围确定后，再进一步核对季节主导风向。这时会出现主导风向与日照朝向形成夹角的情况。从单幢住宅的通风条件来看，房屋与主导风向垂直效果最好。但是，从整个住宅群来看，这种情况并不完全有利，而形成一个角度，往往可以使各排房屋都能获得比较满意的通风条件。

根据上述应该考虑的两个方面，不同地区住宅的最佳朝向和适宜朝向可参考表 7-3。

表 7-3　全国部分地区建议建筑朝向

地区	最佳朝向	适宜朝向	不宜朝向
北京地区	南偏东 30°以内 南偏西 30°以内	南偏东 45°范围以内 南偏西 45°范围以内	北偏西 30°～60°
上海地区	南至南偏东 15°	南偏东 30° 南偏西 15°	北，西北
哈尔滨地区	南偏东 15～20°	南至南偏东 20° 南至南偏西 15°	西北，北
南京地区	南偏东 15°	南偏东 25° 南偏西 10°	西，北
杭州地区	南偏东 10～15°	南，南偏东 30°	北，西
武汉地区	南偏西 15°	南偏东 15°	西，西北
广州地区	南偏东 15° 南偏西 5°	南偏东 22° 南偏西 5°至西	西，西北
西安地区	南偏东 10°	南，南偏西	西，西北

（4）层高和面积的选择

要正确对待住宅层高的概念：层高过低，会减少室内的采光面积，阻挡室内通风，造成室内空气混浊和空间的压抑感；层高过高，会浪费建造成本和日常使用的能源。一般以 2.8m 为宜，不宜超过 3m。底层层高可酌情提高，但不应超过 3.6m。

住宅面积和层数的选择，应与当地的经济发展水平和能源基础条件相适应。超越当地的经济社会条件，过分追求大面积的住宅，邻里之间互相攀比，均不应提倡。应提倡节约型住宅，合理的使用面积，是当前最有效的节能措施。可以节约建材、节约劳动力以及建造、使用、维护过程中的大量能源。

建筑面积和层数控制可以分为经济型和小康型两类。

经济型——建筑面积 100～180m²，以 1～2 层为宜。

小康型——建筑面积 120～250m²，以 2～3 层为宜。

（5）地域建筑风貌

通过规划设计创新活动，把本土建筑与传统民居的建筑元素和文化元素相融合，丰富建筑户型，创造出具有地方特色的生态建筑。

结合地域的差异性，融入更多的地方特色。根据城镇不同的地理区位，如山区、丘陵、平原、城郊、水乡、海岛的地形地貌特点，选择适宜的建筑形式和布局方式，注意节地、节能、节材、环保、安全、节省造价。

（6）建筑材料与技术的选用

根据当地的环境和气候特点，积极采用新型环保、节能材料；在经济效能和实用性上应努力降低建造费用。

7.3.2 结构形式

住宅的结构是指住宅的承重骨架（如房屋的梁柱、承重墙等）。住宅的建筑样式多种多样，相应的结构形式也有所不同。城镇生态住宅由于其建筑层数以中、低层为主，故其采用的结构形式主要以砖混结构、钢筋混凝土结构和轻钢结构3种形式为主。

（1）砖混结构住宅

砖混结构是指建筑物中竖向承重结构的墙、柱等采用砖或者砌块砌筑，横向承重的梁、楼板、屋面板等采用钢筋混凝土结构。即砖混结构是以小部分钢筋混凝土及大部分砖墙承重的结构。砖混结构是最具有中国特色的结构形式，量大面广。其优点是就地取材、造价低廉；其缺点是破坏环境资源，抗震性能差。

城镇的生态住宅建设应本着因地制宜、就地取材的原则，并符合国家建筑节能与墙体改革政策。国家正在逐步禁止生产及使用黏土砖。目前能较好地替代黏土实心砖的主导墙体材料有混凝土小型空心砌块、烧结多孔砖、蒸压灰砂砖。

利用工业废料、矿渣等材料生产各种砖和砌块，是符合城镇建设因地制宜、就地取材原则的。我国是最大的煤炭生产国和消费国，每年排放粉煤灰、煤矸石、炉渣等2亿多吨，历年堆积的工业废渣达70多亿吨，占地100多万亩。据专家计算，如果把这些工业废渣全部利用，可生产废渣空心砖52000亿块。考虑到10%~15%废渣用料的性能不适合制砖要求，实际利用废渣可生产44200亿~46800亿块空心砖，可满足全国6~7年建设用砖，还可以退耕还田百万亩。每年2亿多吨废渣全部利用后可生产1500亿块空心砖，可以满足我国市场需求量的1/5~1/4，每年少占地约4万亩，节能和环保效果相当显著。

（2）钢筋混凝土结构住宅

钢筋混凝土结构是指用配有钢筋增强的混凝土制成的结构。承重的主要构件是用钢筋混凝土建造的。钢筋承受拉力，混凝土承受压力，具有坚固、耐久、防火性能好、比钢结构节省钢材和成本低等优点。

钢筋混凝土结构在我国城镇住宅中所占比例很小，其具有平面布局灵活、抗震性能好、经久耐用等优点，其最大的缺点是造价高。

（3）轻钢结构住宅

轻钢结构是一种高强度、高性能、可循环使用的绿色环保材料。轻钢结构住宅的优点是有利于生产的工业化、标准化，施工速度快、施工噪声和环境污染少。目前，与钢结构住宅配套的装配式墙板主要有两大体系：一类为单一材料制成的板材；另一类为复合材料制成的板材。

7.4 城镇生态住宅的建筑设计

在城镇生态住宅的建筑设计中，节约资源技术措施大致可分为"节流"和"开源"两种模式。"节流"指的是减少城镇社区建筑消耗量的资源，包括资源消耗数量数值的绝对减少和提高资源利用效率造成的资源消耗量相对减少两种方式，其基本要求是不能以牺牲建筑的舒适性为代价。"节流"的技术措施包括控制建筑形态、提高建筑热工性能、使用新型建材、降低水电消耗等。"节流"多是针对传统常规资源的措施,"开源"则主要是针对开发利用非常规资源而言的,例如太阳能。

城镇生态住宅建筑设计中常用节约资源技术措施如下所述。

7.4.1 慎重控制建筑形态

建筑物的形态与节能有很大关系,节能建筑的形态不仅要求体型系数小,即围护结构的总面积越小越好,而且需要冬季辐射的热多;另外,还需要对避寒风有利。

① 减少建筑面宽,加大建筑进深,将有利于减少热耗。

② 增加建筑物层数,加大建筑体量,可降低耗热指标。

③ 建筑的平面形状也直接影响建筑节能效果,不同的建筑平面形状,其建筑热损耗值也不同。严寒地区节能型住宅的平面形式应追求平整、简洁,南北方建筑体型也不宜变化过多。

7.4.2 精心处理建筑构造

(1) 墙体节能技术

在节能的前提下,发展高效保温节能的外保温墙体是节能技术的重要措施。复合墙体一般用砖或钢筋混凝土作承重墙,并与绝热材料复合;或者用钢或钢筋混凝土框架结构,用薄壁构料夹以绝热材料作墙体。外保温墙体主体墙可采用各种混凝土空心砌块、非黏土砖、多孔黏土砖墙体以及现浇混凝土墙体等。绝热材料主要是岩棉、矿渣棉、玻璃棉、膨胀珍珠岩、膨胀蛭石以及加气混凝土等。其构造做法有以下几种。

① 内保温复合外墙 将绝热材料复合在外墙内侧即形成内保温。施工简便易行,技术不复杂。在满足承重要求及节点处不结露的前提下,墙体可适当减薄。

② 外保温复合外墙 将绝热材料复合在外墙外侧即形成外保温,外保温做法建筑热稳定性好,可较好地避免热桥,居住较舒适,外围护层对主体结构有保护作用,可延长结构寿命,节省保温材料用量,还可增加建筑作用面积。

③ 夹芯保温复合外墙 将绝热材料设置在外墙中间的保温材料夹芯复合外墙。

(2) 门窗

在建筑外围护结构中,改善门窗的绝热性能是住宅建筑节能的一个重要措施,包括:严格控制窗墙比;改善窗户的保温性能,减少传热量;提高门窗制作质量,加设密封条,提高气密性,减少渗透量。

(3) 屋面

屋面保温层不宜选用容量较大、热导率较高的保温材料,以防屋面重量、厚度过大;不宜选用吸水率较大的保温材料,以防止屋面湿作业时,保温层大量吸水,降低保温效果。

屋面保温层有聚苯板保温层、再生聚苯板保温层、架空型岩棉板保温层、架空型玻璃棉保温层、保温拔坡型保温层、倒置型保温层面等,做法应用较多的仍是加气混凝土保温,其厚度增加 50~100mm。有的将加气混凝土块架空设置,有的用水泥珍珠岩、浮石砂、水泥聚苯板、袋装膨胀珍珠岩保温,保温效果较好。高保温材料以用聚苯板、上铺防水层的正铺法为多。倒铺法是将聚苯板设在防水层上,使防水层不直接受日光暴晒,以延缓老化。

坡屋顶较便于设置保温层,可顺坡顶内铺钉玻璃棉毡或岩棉毡,也可在天棚上铺设上述绝热材料，还可喷、铺玻璃棉、岩棉、膨胀珍珠岩等松散材料。

另外，还可以采用屋顶绿化设计，涵养水分，调节局部小气候，具有明显的降温、隔热、防水作用。同时减少了太阳对屋顶的直射，从而还能延长屋顶使用寿命并具有隔热作用。屋顶绿化还使楼上居民都拥有自家的屋顶花园，更加美化整个新村社区的绿化环境。

（4）遮阳

夏季炎热地区，有效的遮阳可降低阳光辐射，减少 10％～20％居住建筑的制冷用能。主要技术是利用植物遮阳，采用悬挂活百叶遮阳。

（5）通风

夏季炎热地区，良好的通风十分重要。

① 组织室外风。

② 窗户朝向会影响室内空气流动。

③ 百叶窗板会影响室内气流模式。

④ 风塔　其原理是热空气经入口进入风塔后，与冷却塔接触即降温，变重，向下流动。在房间设空气出入口（一般出气口是入气口面积的 3 倍），则可将冷空气抽入房间。经过一天的热交换，风塔到晚上温度比早晨高；晚上其工作原理正好相反。这种系统在干热气候中十分有效。中东地区许多传统建筑有这种系统。一般 3～4m 的风塔可形成室内风速为 1m/s 的 4～5℃的气流。此系统无法在多层公寓中见效，仅在独立式住宅中有效，可用于干热地区城镇社区建设中。

⑤ 太阳能气窗　其原理是采用太阳辐射能加热气窗空气以形成抽风效果。影响通风速率的因素有出入气口的高度、出入气口的剖面形式、太阳能吸收面的形式、倾斜度。这种气窗适用于低风速地区，可以通过获得最大的太阳能热来形成最大通风效果。

⑥ 庭院效果　当太阳加热庭院空气，使之向上升，为补充它们，靠近地面的低温空气通过建筑流动起来，形成空气流动。夜间工作原理反之。应注意当庭院可获取密集太阳辐射时，会影响气流效果，向室内渗入热量。

7.4.3 充分利用太阳能技术

太阳能在当前城镇生态住宅单体设计中的利用方式主要有太阳能采暖与空调、太阳能供热水。

（1）太阳能采暖与空调系统

① 被动式太阳能采暖系统　被动式太阳能采暖系统是指利用太阳能直接给室内加热，建筑的全部或一部分既作为集热器又作为储热器和散热器。该系统可分为直接得热式、集热墙式，附加阳光间式和三者的组合式。

1）直接得热式。其原理是：冬季让阳光从南窗直接射入房间内部，用楼板、墙体、家具设备等作为吸热和储热体，当室温低于储热体表面温度时，这些物体就像一个大的低温辐射器那样向室内供暖。为了减少热损失，窗户夜间必须用保温窗帘或保温板覆盖。房屋围护结构本身也要有高效的保温。夏季白天，窗户要有适当的遮阳措施，防止室内过热。

2）集热墙式。在直接受益式太阳窗后面筑起一道重型结构墙（特朗伯集热墙），该墙表面涂有吸收率高的涂层，其顶部和底部分别开有通风孔，并设有可控制的开启活门。

3）附加阳光间式。这种太阳房的南墙外设有附加温室是集热墙式的发展，即将集热墙的墙体与玻璃之间的空气夹层加宽，形成一个可以使用的空间——附加温室，其机理完全与集热墙式太阳房相同。

② 主动式太阳能采暖系统　主动式太阳能采暖系统主要由集热器、管道、储热物质、循环泵、散热器等组成，其储热物质是水或者空气。由于热量的循环需要借助泵或风扇等产生动力，因而称为主动式系统。

③ 混合式太阳能采暖系统　被动式和主动式相结合的太阳能采暖系统称为混合系统。在混合系统中，主动式系统的储热物质能保存住热量供夜间使用，而被动式系统则可以在白天直接使用，两种方式可以非常有效地相互补充，达到最佳效果。

（2）太阳能供热水系统

太阳能供热水系统目前广泛应用的是太阳能热水器。最为常用的太阳能热水器有平板太阳能热水器、真空管热水器和闷晒式热水器三种。

7.5 城镇生态住宅的建材选择

在城镇生态居住区建设中，应量选择绿色建材。与传统建材相比，绿色建材具有净化环境的功能，而且具有低消耗（所用生产原料大量使用尾矿、废渣、垃圾等废弃物，少用天然资源）、低能耗（制造工艺低能耗）、无污染（产品生产中不使用有毒化合物和添加剂）、多功能（产品应具有抗菌、防霉、防臭、隔热、阻燃、防火、调温、调湿、消磁、防射线、抗静电等多功能）、可循环再生利用（产品可循环或回收再利用）5个基本特征。

住房与城乡建设部（原建设部）于2001年发布的《绿色生态住宅小区建设要点与技术导则》中对绿色建筑材料的要求摘录如下。

10　绿色建筑材料系统

10.1　一般要求

10.1.1　小区建设采用的建筑材料中，"3R"材料的使用量宜占所用材料的30％。

10.1.2　建筑物拆除时，材料的总回收率达40％。

10.1.3　小区建设中不得使用对人体健康有害的建筑材料或产品。

10.2　绿色建筑材料选择要点

10.2.1　应选用生产能耗低、技术含量高、可集约化生产的建筑材料或产品。

10.2.2　应选用可循环使用的建筑材料和产品。

10.2.3　应根据实际情况尽量选用可再生的建筑材料和产品。

10.2.4　应选用可重复使用的建筑材料和产品。

10.2.5　应选用无毒、无害、无放射性、无挥发性有机物、对环境污染小、有益于人体健康的建筑材料和产品。

10.2.6　应采用已取得国家环境标志认可委员会批准，并被授予环境标志的建筑材料和产品。

10.3　部分绿色建筑材料参考指标

10.3.1　天然石材产品放射性指标应符合下列要求：

室外镭当量浓度≤1000Bq/kg；

室内镭当量浓度≤200Bq/kg。

10.3.2 水性涂料应符合下列要求：

① 产品中挥发性有机化合物（VOCs）含量应小于 250g/L；

② 产品生产过程中不得人为添加含有重金属的化合物，总含量应小于 500mg/kg（以铅计）；

③ 产品生产过程中不得人为添加甲醛及其甲醛的聚合物，含量应小于 500mg/kg。

10.3.3 低铅陶瓷制品铅溶出量极限值应符合下列要求：

扁平制品 0.3mg/L；

小空心制品 2.0mg/L；

大空心制品 1.0mg/L；

杯和大杯 0.5mg/L。

10.3.4 产品中不得含有石棉纤维。

10.3.5 黏合剂应符合下列要求：

① 覆膜胶的生产过程中不得添加苯系物、卤代烃等有机溶剂；

② 采用的建筑用黏合剂，产品生产过程中不得添加甲醇、卤代烃或苯系物；产品中不得添加汞、铅、镉、铬的化合物；

③ 采用的磷石膏建材，产品生产过程中使用的石膏原料应全部为磷石膏，产品浸出液各氟离子的浓度应≤0.5mg/L。

10.3.6 人造木质板材中，甲醛释放量应小于 $0.20mg/m^3$；木地板中，甲醛释放量应小于 $0.12mg/m^3$；木地板所用涂料应是紫外光固化涂料。

根据以上要求，城镇生态居住区的绿色建材系统可从外部建造和内部装修两方面来构建。

7.5.1 建筑建造所用绿色建材

（1）地基建材

建筑物的建造必须先打地基，城镇住宅地基用材主要是砖石、钢筋和水泥。为体现资源再循环利用原则，钢筋尽可能采用断头焊接后达标的制品或建筑物拆除挑出的回炉钢筋；水泥尽可能采用节能环保型的高贝利特水泥，该产品的烧成温度为 1200～1250℃，比普通水泥低 200～250℃，既节约能源又大大减少 CO_2、SO_2 等有害气体的排放量。

（2）砌筑建材

传统的墙体砌筑用材是实心黏土砖，不仅烧制过程耗能，有害气体排放量大，还大量毁坏耕地。为了提高资源利用率、改善环境，减少黏土砖的生产和使用以及生产黏土砖造成的资源浪费和环境污染，国家环境保护部（原国家环保总局）于 2005 年发布了《环境标志产品技术要求建筑砌块》（HJ/T207—2005）标准。提倡企业以工业废弃物如稻草、甘蔗渣、粉煤灰、煤矸石、硫石膏等生产建筑砌块（包括轻集料混凝土小型空心砌块、蒸压加气混凝土砌块、粉煤灰砌块、石膏砌块、烧结空心砌块），以达到节约资源的目的。混凝土空心砌块与实心黏土砖性能对比见表 7-4。

尽管新型墙体材料比实心黏土砖造价贵，但新型墙材质量轻，可以降低基础造价，扩大使用面积，节约工时，节省材料，还能享受国家墙改基金返退等政策，综合成本要比使用实心黏土砖便宜，见表 7-5。

表 7-4   混凝土空心砌块与实心黏土砖性能对比

材料名称	产品规格		物理性能			
	模量 /mm	容重 /(kg/m³)	隔音性能 /dB	热导率 /[W/(m·K)]	吸水率 /%	抗压强度 /MPa
实心黏土砖	53×115×240	2200	<20	0.8	18～20	15～30
混凝土空心砌块	390×190×190～140	800～1000	48～68	0.3	<15	3.5～20

表 7-5   100m³ 混凝土空心隔条板住宅经济成本对比

项目	所需人数 /人	所需工期 /d	施工费用节约	新型墙体材料房比实心黏土砖房节省材料					增加使用面积
实心黏土砖建房	10	30	新型墙材节约 50%	土方	水泥	钢筋	砂石	煤	新型墙材增加 15%
新型墙体材料建房	5	15		140m³	7.25t	0.375t	18.75m³	1.875t	

我国气候复杂多变，温差变化较大，北方地区空气干燥、冬寒、风大、少雨，对房屋主要的要求是保温效果。而南方地区空气湿度大、多雾、多雨、寒冷天气较少、湿热天气较多，建筑保温应是以阻隔热空气为主要目的。因此，南、北方在住宅形式、材料的选用以及保温措施上要有所差异，见表 7-6。

表 7-6   南北方主要墙体材料及保温措施比较

区位	墙体形式	墙体材料	保温材料
北方	三合土筑墙、土坯墙和砖实墙	非黏土多孔砖、普通混凝土空心砌块、非黏土空心砖、加气混凝土空心砌块、轻质复合墙板等	有机类保温材料[发泡聚苯板（EPS）、挤塑聚苯板（XPS）、喷涂聚氨酯（SPU）等]或高效复合型保温材料
南方	砖砌空斗墙、木板围墙	普通混凝土空心砌块、加气混凝土砌块、轻骨料混凝土砌块、混凝土多孔砖等	无机材料（中空玻化微珠、膨胀珍珠岩、闭孔珍珠岩、岩棉等）或高效复合型保温材料

城镇生态住宅建设过程中，应结合当地具体用材情况，因地制宜的选择合适的建筑砌块。

（3）建筑板材

利用稻草、甘蔗渣、粉煤灰、煤矸石等废弃物，制作出氯氧镁轻质墙板、加气混凝土板材和复合墙板，以及植物秸秆人造建材和石膏建材产品。其优越性如同砌筑建材，是新型的实用墙体材料。

《环境标志产品技术要求轻质墙体板材》（HJ/T 223—2005）中规定了轻质墙体板材类环境标志产品的基本要求、技术内容和检验方法。该标准中指定的板材有石膏板、纤维增强水泥板、加气混凝土板、轻集料混凝土条板、混凝土空心条板、纤维增强硅酸钙板及复合板等轻质墙体板材。

（4）屋顶建材

屋顶结构选材和结构设计要满足防水和保温隔热的要求。屋面结构提倡采用大坡屋面，宜使用轻质材料。防水材料宜选用新型防水材料。表 7-7 是几种防水材料性能对比、表 7-8 是南北方主要屋面材料及保温措施比较。

表 7-7　几种防水材料性能对比

类型	品种	耐热度/℃	低温柔度/℃	不透水性	
				压力/MPa	保持时间/min
传统防水材料	沥青油毡防水卷材	85	−5	≥0.1～0.15	≥30
新型防水材料	SBS改性沥青卷材	90～105	−25～−18	≥0.2～0.3	≥30
	APP改性沥青卷材	130	−15～−15	≥0.2～0.3	≥30

表 7-8　南北方主要屋面材料及保温措施比较

区位	屋面形式	屋面材料	保温材料
北方	平顶或稍平的坡屋顶	三合土、瓦弹性体(SBS)改性沥青防水卷材	有机类保温材料[发泡聚苯板(EPS)、挤塑聚苯板(XPS)、喷涂聚氨酯(SPU)等]或高效复合型保温材料
南方	屋顶高而尖	小青瓦塑性体(APP)改性沥青防水卷材	无机材料(中空玻化微珠、膨胀珍珠岩、闭孔珍珠岩、岩棉等)或高效复合型保温材料

（5）门窗建材

传统的门窗用材往往采用木制品或钢制品。木材虽属可再生资源，但由于生长期缓慢，且森林本身对保护生态环境具有重大作用，不宜大量开发使用。我国现推出塑料门窗，生产时能耗大大低于钢门窗，使用中又可节能 30%～50%，因此被视为典型的节能产品和绿色建材。

《环境标志产品技术要求 塑料门窗》（HJ/T 237—2006）中规定了塑料门窗环境标志产品的术语和定义、基本要求、技术内容及检验方法。表 7-9 是木、塑钢、铝合金三种门窗主要性能指标对比。

表 7-9　木、塑钢、铝合金三种门窗主要性能指标对比

主要性能指标	木门窗		塑钢门窗		铝合金		星越多表明
	指标	星级	指标	星级	指标	星级	
抗风压性能/kPa	7.8	☆	7.2	☆☆☆	7.0	☆☆	抗风能力强
空气渗透性能/[m³/(m·h)]	0.23	☆	0.24	☆☆	0.3	☆☆☆	透气性好
雨水渗透性能/Pa	450	☆	367	☆☆☆	433	☆☆	防水性好
空气隔声性能/dB	35	☆☆☆	34	☆☆☆	24	☆	隔间效果好
保温性能/[W/(m²·K)]	2.5	☆☆	2.7	☆☆☆	1.5	☆	保温性好
价格		☆		☆☆☆		☆☆	价格贵
防火性能		☆		☆☆		☆☆☆	防火性好
使用寿命		☆		☆☆☆		☆☆	使用寿命长
产品性能/价格比		☆		☆☆☆		☆☆	性价比最优

通过以上对比，可以看出在城镇生态住宅建设中，宜选用塑钢门窗或铝合金门窗，其中塑钢门窗性价比较高，也是国家产业政策重点推荐的产品。

双玻门窗和单玻门窗相比，双玻门窗保温隔声功能都好于单玻门窗，但价格稍贵。在经济条件允许的情况下，建议选用双玻门窗。表 7-10 是 5mm 厚单玻、双玻塑钢窗性能对比。

表 7-10　5mm 厚单玻、双玻塑钢窗性能对比

项目	导热系数/[W/(m² · K)]	隔声量/dB
单玻	2.0	21～24
双玻	2.5	24～49

（6）管道建材

在建筑中，往往需要管道铺设或预留管道孔洞。同传统的铸铁管和镀锌钢管相比，塑料管材和塑料与金属复合管材在生产能耗和使用能耗上节约效益明显。主要包括室内外的给排水管、电线套管、燃气埋地管等及其配件。

《环境标志产品技术要求建筑用塑料管材》（HJ/T 226—2005）中规定了建筑用塑料管材类环境标志产品的基本要求、技术内容及检测方法。该标准适用于所有替代铸铁管及镀锌钢管的建筑用塑料管、塑料-金属复合管等管材（含管件），包括室内外给排水管、电线套管、燃气埋地管、通信埋地管等及其配件产品。

（7）建筑制品

建筑材料中还有一些是建筑制品，用于瓦、管、板及保温材料等。传统用的是石棉制品，在其生产、运输、应用和报废过程中会散发大量的石棉粉尘，被人吸入后，轻者引起难以治愈的石棉肺病，重者会引起癌症（国际癌症中心已将石棉认定为致癌物）。目前，我国以各种其他纤维替代石棉制品，将其称为"无石棉建筑制品"。

《环境标志产品技术要求无石棉建筑制品》（HJ/T 206—2005）中规定了无石棉建筑制品环境标志产品的基本要求、技术内容和检验方法。该标准适用于各种以其他纤维替代石棉纤维的建筑制品（包括瓦、管及保温材料等，但不包括板材和砌块）。

7.5.2　建筑装修所用绿色建材

建筑物外部建造完毕后将进入内部装修。不同档次的建材日益增多，品种规格也愈发齐全，从而不同程度地满足了人们对家居环境美观性的追求。但由于装修建材的引入，使室内环境质量日渐恶化，人们的健康正在受到威胁。近年因建筑装修与家具造成的室内空气污染案件日益增多。

在建房装修中应严格选用无污染或者少污染的绿色产品，如选用不含甲醛的胶黏剂，以及不含苯的材料，以提高室内空气质量。此外，装修应以实用为主，不可追求繁丽复杂。因为很多污染物，如霉菌、尘螨、军团菌、动物皮屑及可吸入颗粒物等很容易在过分繁丽复杂的室内生存，影响人体健康。

（1）板材制品

胶合板、纤维板、刨花板、细木工板、饰面板、竹质人造板等各类板材是室内装修必不可少的材料。由于这些人造板材主要使用的液态脲醛树脂胶中含有甲醛，而甲醛对于人体危害极大，所以国家在《环境标志产品技术要求人造板及其制品》（HJ 571—2010）中，对人造板及其制品所用原材料、木材处理时的禁用物质、胶黏剂、涂料、总挥发性有机化合物（TVOC）释放率、甲醛释放量提出了要求。

对于地板材料，现代装饰中正竭力对传统木地板加以创新，努力克服其不足，在木质表面选用进口的 UV 漆处理，既适合写字楼、电脑房、舞厅之用，更适合家庭居室。其最大特性是防蛀、防霉、防腐、不变形、阻燃和无毒，可随意拆装，使用方便，被称为绿色地板

建材。

（2）黏合制剂

黏合剂是板材制品和木材加工在装修中不可缺少的配料，因其含有大量的苯、甲苯、二甲苯、卤代烃等有毒有机化合物，制造和使用时均存在很大污染，严重危害人类的身体健康。

国家在《环境标志产品技术要求 胶黏剂》（HJ/T 220—2005）中，规定了胶黏剂类环境标志产品的基本要求、技术内容及检测方法。

（3）陶瓷制品

在住宅室内装修中，建筑的墙面、地面及台面等广泛采用的大理石和陶瓷釉面砖（包括厨房、卫生间用的卫生洁具），因其强度高、耐久性好、易清洁以及特有的色泽、花纹、多彩图案等装饰特点而受到人们青睐。但少数天然石材和陶瓷材料中含有对人体有放射性危害的元素如钴、铀、氡等。氡对脂肪有很高的亲和力，影响人的神经系统，体内辐射还会诱发肺癌，体外辐射甚至会对造血器官、神经系统、生殖系统和消化系统造成损伤。

国家在《环境标志产品技术要求卫生陶瓷》（HJ/T 296—2006）中规定了卫生陶瓷中可溶性铅和镉的含量限值，根据我国卫生陶瓷原料使用情况制定了卫生陶瓷放射性比活度指标，按照我国节水的原则规定了便器的最大用水量，同时规定了对卫生陶瓷在生产过程中所产生工业废渣的回收利用率。

（4）磷石膏制品

磷石膏建材制品往往具有两面性：一方面可以代替黏土砖而减少天然石膏的开采量，减少对农田的破坏；另一方面磷石膏在堆存中，其中的水溶性五氧化二磷和氟会随雨水浸出，产生酸性废水造成严重的环境污染。

国家在《环境标志产品技术要求化学石膏制品》（HJ/T 211—2005）中规定了化学石膏制品类环境标志产品的术语、基本要求、技术内容和检验方法。该标准适用于以工业生产中的废料石膏——磷石膏和脱硫石膏为主要原料生产的各类石膏产品，但不包括石膏砌块和石膏板。

（5）壁纸装饰

壁纸在建筑物的室内装饰中应用已十分普遍，但其中的有害物也会对人体健康产生不利影响。

国家在《环境标志产品技术要求壁纸》（HJ 2502—2010）中对壁纸及其原材料和生产过程中的有害物质提出了限量或禁用要求，并对产品说明书中施工所使用材料提出明示要求。该标准适用于以纸或布为基材的各类壁纸，不适用于墙毡及其他类似的墙挂。

（6）水性涂料

水性涂料是以水稀释的有机涂料。可分为水乳型（如乳胶漆）、复合型（如水/油或水性多彩涂料）和水溶型（如电泳漆及水性氨基烘漆）三大类，其中水乳型所占比例约为涂料总量的50%。由于传统涂料含有大量有机溶剂和有一定毒性的各种助剂、防腐剂及含重金属的颜料，在生产与使用中产生"三废"，影响人类健康，已成为继交通污染后的第二大环境污染源。

为此，国家在《环境标志产品技术要求 水性涂料》（HJ/T 201—2005）中，对水性涂料中挥发性有机化合物（VOCs）、甲醛、苯、甲苯、二甲苯、卤代烃、重金属以及其他有害物，提出了限量要求，并规定了水性涂料类环境标志产品的定义、基本要求、技术内容和检验方法。该标准适用于各类以水为溶剂或以水为分散介质的涂料及其相关产品。

8 城镇住宅庭院的景观设计

工业革命的发展又引起了城市形态的重大变革，人口向城市大规模聚集，城市的迅速膨胀打破了传统以家庭经济为中心的格局。城市中出现了前所未有的大片工业区、商贸区、城镇住宅区以及仓储区等职能区划，城市结构和规模自此都发生了急剧的改变。此后，作为城镇住宅环境重要组成部分的庭院空间却渐渐地从人们的生活中消失了，当人们开始对钢筋混凝土的建筑丛林产生厌倦的时候，人们重新意识到了庭院空间的重要性。

现在的城镇住宅庭院已成为家庭生活的一个重要组成部分，是城镇住宅户外的起居空间。城镇住宅庭院一般应占住所总面积的 1/5 左右，是城镇住宅建筑的附属部分，也是住所室内空间向户外大自然的过渡和延续。庭院的设置不但美化了环境，还具有十分重要的作用和意义，大大丰富了人们的城镇住宅生活。由于庭院空间的美化布置，使它可作为社交活动的场所。接待来访的客人或举行聚会，增强家庭的温馨气氛。城镇住宅庭院还能满足日常生活中的运动、散步、游戏，休息等基本需求，也可根据个人喜好安排设施，营造适合自己的环境，如游泳池、球场等。从生态的角度上看，良好的绿化环境还能起到防风、防尘、防噪声、遮阴以及产生负离子等作用，有利于形成健康的城镇住宅环境。

城镇住宅庭院景观是利用城镇住宅周边的空地，合理充分利用空间，有计划地配置各种观赏性植物以及其他休息、娱乐设施，为城镇住宅提供户外活动的方便空间，创造清新雅致的生活品质，与人们的生活融为一体，具有多项功能和意义。

城镇住宅庭院的园林景观依据不同的位置、规模、形态，可包括城镇住宅底层庭院、城镇住宅阳台庭院以及城镇住宅屋顶花园。它们的整体形态、空间性质、规模尺度各具特征，并在城镇住宅环境景观中占有重要的位置。

8.1 底层庭院

8.1.1 城镇住宅底层庭院的概念及意义

（1）城镇住宅底层庭院的定义

城镇住宅底层庭院既包括别墅庭院、低层城镇住宅庭院和高层城镇住宅的一层附属花园，也包括四合院等城镇住宅的天井式庭院，其性质是私密的。城镇住宅底层庭院可看作是城镇住宅建筑的外延，是由人工向自然的过渡空间。城镇住宅底层庭院作为人们的户外厅堂、自然起居室，其主要作用是将自然气息引入人们的日常生活。

城镇住宅底层庭院与住区庭院相比，规模通常更小，私密性和围合感较强，同时与建筑的关系更加紧密。城镇住宅底层庭院由于尺度较小，仅供家人使用，所以在设计上往往更加精致、细腻，体现人性化的需求。

（2）城镇住宅底层庭院的功能性

城镇住宅底层庭院是美化室内空间、改善居住整体环境的有效手段。庭院将室外空间作为城镇住宅不可分割的部分，不仅增加室内的自然气息，同时将室外的景色与室内连接起来，使人们置身自然之中，淡化了钢筋混凝土的生硬僵化之感。城镇住宅的室内空间担负着生活、接待、休息等多种功能，庭院则是人们与自然交流的场所。庭院作为一个独立封闭的空间，使得城镇住宅建筑在空间上内外结合，居住者拥有更多的户外活动空间，从而使城镇住宅更人性化，空间更具有流动性。城镇住宅底层庭院创造的是一种健康的生活方式，是人们回归自然，接触自然的重要场所。庭院是人工化的自然空间，是城镇住宅室内空间的延续，人们在这里呼吸新鲜空气、接受阳光的抚慰，将聊天、散步、娱乐等日常休闲活动融入进自然环境之中。

（3）城镇住宅底层庭院的社会性

城镇住宅底层庭院代表着人的生活方式，设计师创造出个性化的建筑空间与庭院空间，引申出一种全新的生活方式和生活态度。城镇住宅底层庭院景观是城镇住宅个性化的重要体现，不同的业主家庭成员构成不一样，每个家庭的需求也不一样，设计师的设计风格、场地的独特性质等，都使得个性化的要求越来越强，也成为一种趋势。

庭院的景观空间的个性化主要来自于它的内部，庭院是一个外边封闭而中心开敞的半私密性空间，有着强烈的场所感，所以人们乐于去聚集和交往。中国传统的庭院空间承载着人们吃饭、洗衣、聊天、打牌、下棋、看报纸、晒太阳、晾衣服等日常性和休闲性活动。而现代的庭院空间承载的人们活动的范围更广。

（4）城镇住宅底层庭院的地域性

城镇住宅底层庭院的地域性体现在对当地自然条件的尊重、对现状条件的利用以及对室内外空间景观延续性的考虑。首先，城镇住宅庭院通常是私家庭院，这就要求庭院设计讲求经济和环保，以最少的花费到达最优质的效果，这就要求城镇住宅底层庭院的景观设计要充分的因地制宜，利用现状进行设计和改造；同时，利用当地的自然条件和自然资源，既达到与自然的亲密接触，又可以节省资金。其次，城镇住宅底层庭院特殊的位置决定了它必须要与城镇住宅的室内空间有效衔接，形成完美的过渡，这是遵循现状条件必须要考虑的因素。

8.1.2　城镇住宅底层庭院景观的布局和空间特点

（1）城镇住宅底层庭院的布局特点

城镇住宅底层庭院的布局与庭院的规模有很大关系，面积较大的庭院可以选择的设计风格和布局方式也较广泛，自由式、规则式和混合式的布局方式与住区庭院相似。而面积较小的庭院可用空间有限，庭院的布局形式直接受到附属城镇住宅的影响，包括庭院的形状、围合方式等，都与城镇住宅建筑直接相关。无论规模大小，庭院的景观设计通常不能缺少植物的栽植以及铺装场地。

在小巧的庭院设计中，布局非常关键。在庭院中种一些花草或是做一个绿色植物的苗圃可以使庭院简洁清新，充满现代感。在庭院中布置曲折的小径，配置高大树木，可以增大庭院的空间感，而一些借景、透景、框景等设计手段的应用可以使庭院小中见大，视野无限（图8-1）。

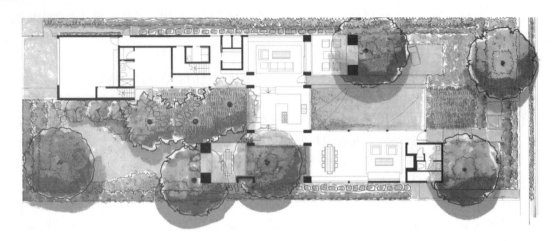

图 8-1　城镇住宅底层庭院与建筑紧密融合

（2）城镇住宅底层庭院的空间特征

城镇住宅底层庭院的空间特征与它的类型有直接关系。高层建筑附属的一层花园通常一面围合感较强，并根据不同的城镇住宅高度产生不同的空间界面，直接影响底层庭院的空间感受；庭院的其他三面通常有围墙或栏杆围合，与建筑的界面相比，封闭性较弱，庭院因此形成了一面封闭、三面半封闭的空间特征。

别墅花园城镇住宅附属的一层花园，空间要更加通透，视野通常也更辽阔。一方面由于别墅大多数处在郊区风景秀丽的地段；另一方面，别墅花园的四面围合感都没有很封闭，甚至有些花园直接与自然的地形或水体相连，形成界面。

还有一类城镇住宅底层庭院是天井式的中庭，这在四合院等古老的建筑中是常见的。通常庭院由建筑四面围合，封闭感较强。

8.1.3　城镇住宅底层庭院景观的设计原则

（1）生态节能

城镇住宅底层庭院与建筑紧密相连，其位置最好选择朝南方向，在冬季可以充分利用阳光，在夏季引入微风。这样可以最大程度地利用自然要素，创造最舒适的庭院空间。对于植物的种植也要本着生态的原则来选择树种。乡土植物的运用是最经济和可靠的，选用适宜本地生长的草种和树种，可以起到经久耐用、低成本和节约的效果。尤其是草坪的本地草种，往往耐寒、耐旱、抗病、适生性强，不仅可以将浇水量降至最低，还可以减少修剪的次数。同时，在底层院中尽量选择种植夏季能遮阴的落叶树，在城镇住宅西侧，落叶遮阴树可以挡住夏季午后强烈的西晒，而在东南侧可以留出温暖舒适的场地，能沐浴晨光。在城镇住宅的北面，选择配植常绿树，以遮挡冬季凛冽的寒风。另外，城镇住宅底层的花园还可以成为野生生物的家园，如保留枯树桩让其成为鸟儿栖息的地方，或者以乡土植物构成混合绿篱，给小动物以庇所和觅食处。在城镇住宅底层庭院中，还可以根据自己的爱好种植草药、蔬菜和香料植物，并可以将做饭剩余的菜叶和庭院中的枯枝落叶等发酵成有机介质，替代合成化肥，这样既可以种植有机食品，又可以美化庭院，为庭院景观带来浓郁的乡土气息。

除了植物的种植，节水也是生态节能的关键。适地适树减少灌溉是节水庭院最佳的策略。选择低养护的本土树种不仅节水，还可以在庭院中实现绿树如荫的自然景观。庭院水景的设计也可以与雨水收集相结合，创造与自然息息相关的景观来美化庭院。

（2）自然要素利用

自然界赋予了庭院天然的造景要素，如阳光、雨露、微风、四季轮回、阴晴变幻，这些都是庭院可以充分利用的媒介，来创造与自然紧密结合的景观。自然要素的利用也是生态环保节能的重要体现。充足的光照决定可栽培哪些花卉，花园建在光照条件好、朝南的地方最理想，很多喜阳的植物就会旺盛生长，减少经常维护的麻烦。庭院的景观设计充分利用自然的光照来维护植物的生长，顺应自然的规律，创造经济节约的城镇住宅庭院。自然界的光照不仅可以为庭院的植物提供资源和能量，还可以成为创造庭院景观的重要元素。

城镇住宅底层庭院中，微风的引入、雨水的收集都可以创造精致的自然景观，既实现环保节能，又创造最接近自然的美景。

（3）符合人的活动需求

城镇住宅底层庭院的特殊类别使其在功能上有着特殊的要求，同时也创造了个性化的庭院景观。每一户庭院的家庭成员都有所不同，庭院的规模大小、风格形式都受到场地的限制，主人喜好的限制。如果是只有上班族夫妇的两口之家，由于无暇养护花草，庭院中可以只种植一些耐生的花木或宿根花卉，并设置安静休息处，供工作之余放松心情；如果是有孩子的家庭，庭院则应铺设可放玩具的草坪或塑胶场地、沙坑等，并种植一些色彩艳丽的一年、二年生花卉和球根花卉，并在儿童活动的区域周边设置座椅或廊架，供家长看护之用；如果家中有人对植物养护管理感兴趣，就可以种植一些四季时令花卉，营建一个完美的观赏花园。总之，庭院的设计风格及栽培植物的种类应根据家庭人员组成与年龄结构有所变化。城镇住宅底层庭院的景观设计首先要考虑就是所服务的家庭成员。

城镇住宅底层庭院是与家庭使用者最直接相关的，一定规模的庭院，它的设计必须满足使用者活动的需求，既包括宜人的尺度，也包括不同使用者的特殊活动要求。有些城镇住宅底层庭院的规模很大，庭院需要承担聚会活动、安静休息、观赏游览等多项功能需求，这就要求庭院景观设计做好功能区域的划分，空间的设计，交通线路的组织等多项工作，以满足不同的需求；也有一大部分城镇住宅的底层庭院规模很小，它所承担的只是家人的安静休息、聊天、品茶、静思、晒太阳等较为私密的活动。这样的庭院景观设计对功能分区要求较弱，但对于使用的尺度有更高的要求，包括儿童活动的尺度、老人活动的便利性等常常有特殊的要求，必须谨慎地完成设计，以呈现既舒适又美观的实用性庭院。

（4）艺术性与科学性结合

城镇住宅底层庭院主要服务于家庭，所以设计的风格受到主人品位与喜好的直接影响。庭院也通常得到细心的设计和良好的维护。城镇住宅的底层庭院对于科学性和艺术性的要求很高，一方面供家庭使用，另一方面又是在生活中接触自然环境的重要场所。这就要求庭院的设计要讲求艺术性与科学性的结合，既要创造舒适宜人的绿色环境，又要经济合理，易于维护。

科学性与艺术性的结合是景观设计的基本原则，但在城镇住宅底层庭院的景观设计中体现得尤为明显。无论是生态节能的要求，还是特殊活动的需要，城镇住宅底层庭院作为与人们结合最紧密的景观形式之一，它要严格满足尺度的要求、技术措施的要求，并时常受到规模、形态的限制，所以城镇住宅底层庭院严谨的科学性原则显得尤其重要。而艺术性是与自然的景色、人工的景观相联系的。城镇住宅底层庭院既要求再现自然，又要求通过人工的改造适应人们的活动，这种自然与人工景观的恰当结合就是艺术性再现的过程。小规模的城镇住宅底层庭院讲求小中见大，并借鉴各类古典园林的造园手法，实现借景、障景、透景的空间变化；大规模的庭院讲求视线的组织，流线的设计，在有限的场地内实现景观变幻的画卷。城镇住宅底层庭院因为与人生活的密切关系而要求更加精致、更加耐用的景观，这决定了它的景观设计必须更好地遵循科学性与艺术性紧密结合的基本原则。

8.1.4 城镇住宅底层庭院景观的总体设计

（1）城镇住宅底层庭院的功能分区

与住区庭院的规模相比，大多数的城镇住宅底层庭院面积较小，要求的功能分区更细致。根据不同的使用者需求以及不同的规模，庭院的功能分区有较大差异。通常可分为使用区、观赏区、休息区等。庭院显示了主人的个性，把艺术与审美生活化，既为了观赏也为了使用。功能的安排直接影响到庭院的实用性。通常储存杂物的空间可以利用角落或阴暗处，并以植物或景墙进行遮挡；安静休息的空间适宜与构筑物相结合，如花架、座椅、围合的栅栏等，形成较封闭安静的环境，以满足静思、读书的功能需求，也可以结合水景、喷泉、花卉等景观元素创造舒适的小气候；娱乐区承载的功能很广泛，包括接待朋友、健身活动、室外就餐、园艺活动等，需要一定的铺装面积和空间尺度，同时要与城镇住宅室内有便利的交通联系，以方便频繁地使用，这一区域可以尽量选择自然化的造景元素来塑造空间，既满足使用的需求又不至于使硬质景观面积过大，减小舒适性，如使用绿篱围合空间，使用耐生的草坪或嵌草格铺装作活动场地，以降低铺装的面积，节省投资，增加自然气息；观赏区常常与室内有直接的视线联系，或与安静休息区形成对景，观赏区可与其他功能分区相互糅合，将优美的景色贯穿于每一个区域内（图8-2）。

（2）城镇住宅底层庭院的空间布局

城镇住宅底层庭院的空间布局直接影响庭院的整体风格和景观效果，空间布局所包含的内容与住区庭院相似，只是底层庭院需要与城镇住宅的室内装饰风格与室外建筑风格相统一，做好过渡与衔接。

城镇住宅底层庭院空间布局的一个重要方面是界面的围合，无论是通透的开敞空间还是阴郁的封闭空间，都需要界面的围合，它是庭院空间形成必不可少的要素。在中国古典园林的造园手法中，常在庭院空间的死角处置景，以减弱空间界面形成的单调感，同时，在墙面与地面交界处也常作置石或搭配水景处理，以消除交角的坚硬感。这些手法在现代城镇住宅庭院空间的处理中也可以采用，是一种丰富界面景观的有效手段。庭院空间界面的处理还可以与室内交融，如室内的地面延伸到室外的铺装，室外的花池、水池等建筑小品伸进室内等手法，以及以通透的玻璃或格栅、凉廊形成界面，都可以使室内外的空间更加紧密，庭院就犹如城镇住宅生长出来的一部分。

庭院空间界面的设计还包括庭院各个部分的交接处理，如绿化与铺地的交接、水面与铺地、植被的交接。这些交接部位的处理和这些不同界面之间的视觉联系直接影响到庭院空间的观赏价值。好的界面处理宜少不宜多、宜简不宜繁，在规模较小的庭院中尤其如此；庭院空间的界面宜纯不宜杂，自然、清雅、朴实大方可以创造舒适的小环境；空间界面交接要保持完整性，以体现庭院空间的整体感。

按照表现形式的不同，围合界面包括植物、绿篱、围墙、栅栏、花坛、台阶等，不同形态的空间界面可以限定出多样的空间，使人产生不同的空间感受。

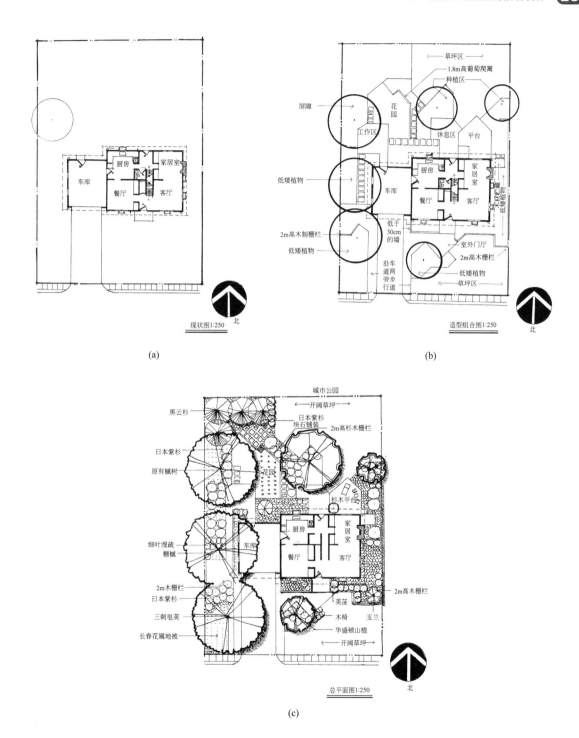

图 8-2　城镇住宅底层庭院的设计步骤

① 砖墙　砖墙的围合较封闭，围合感强，砖的颜色、大小、形状、垒砌方式和勾缝等细节，都直接影响庭院景观的美观程度和空间感受。

② 植物　利用经过人工修剪的植物或自然生长的植物群落来围合空间，例如树阵、灌木丛、树篱等，形成阻断行为路线的屏障，起到围合作用。植物的围合使空间更加自然化，

减弱围合界面的生硬感，为界面景观创造了生机。

③ 石材墙　石材墙可以形成不同的质感、色彩，甚至镂空方式。石材墙的材料选择、垒砌方式和勾缝处理等千变万化，可创造自然质朴的围合界面，如毛石墙、片岩干垒墙；也可以创造出现代简洁的风格，如大理石墙。石材的种类多样，选择广泛，但造价会较高。与植物围合相比，略显生硬。

④ 木墙　木材是一种奇特而惊人的建墙材料。木材特有的纹理效果凸显了一种自然之美。木墙可以与砖块或石头搭配使用。尤其注意，木材使用要特别进行防腐处理。

⑤ 绿篱　绿篱与植物墙不同，通常较低矮，形成视线可贯穿的空间界面，围合出半开敞的庭院空间。绿篱除起到与外界隔离、划分区域作用外，还可以衬托植物群落景观，同时各种造型的绿篱本身也成为庭院景观之一。

现代城市城镇住宅设计中，庭院外围用"围墙"来界定区域边界，首先是考虑住户的私密性和安全性。但"围墙"作为庭院景观要素之一的景观功能是不能忽视的。现代城镇住宅庭院的围合界面设计需要综合运用多种手法，了解不同材料的特性，取长补短，做到虚实相生，软硬结合，透漏适宜。例如：用混凝土作墙柱，取钢材为镂空部分结构框架，用铸铁为花饰构件，再配以植物，这样的绿色围合界面处理既限定了空间范围又达到美观的效果，形成多样的庭院界面。

（3）城镇住宅底层庭院的交通设计

城镇住宅底层庭院中的道路主要突出窄、幽、雅。"窄"是庭院道路的主要特点，因为服务的对象主要是家庭成员及亲朋等，没有必要做得很宽，过宽的道路不但浪费，而且会显得庭院很局促。"幽"是婉转曲折的道路形态，使人们产生幽深的感觉，以扩大空间感，使庭院显得宽阔深邃。"雅"是庭院的最高境界，要做到多而不乱，少而不空，既能欣赏又很实用。

庭院道路的形态设计应与地形、水体、植物、建筑物、铺装场地及其他设施结合，形成完整的庭院景观构图，创造连续展示园林景观的空间和透视线。道路的形态设计应主次分明，以组织交通和游览为基本原则，做到疏密有致、曲折有序。在一些规模较小的庭院内，为了组织景观元素，可适当延长道路流线，以扩大空间感。道路的设计要充分利用自然要素，如地形的起伏、水体的形态、光照的变化等。道路不仅满足庭院的交通，也是景观的一部分。道路的布置应与现状条件，建筑风格等相配合，直线的道路简洁现代，便捷方便；曲线的道路舒缓柔美，能使人们从紧张的气氛中解放出来，而获得安逸的美感。

城镇住宅底层庭院的道路布局要根据城镇住宅的性质和容量大小来决定。地形起伏处道路可以环绕山水；娱乐活动和设施较多的地方，道路要弯曲柔和，密度适当增加。道路的入口起到引导游人进入庭院的作用，可营造出不同的气氛，与园内的景观形成对比或引导暗示，如由窄到宽的豁然开朗、由暗到明的光影变化等，都可以增加空间的多样性和景观的丰富性（图 8-3、图 8-4）。

道路除了具有塑造景观的作用外，基本的功能是满足交通。例如为了让割草机和手推车等工具通过，庭院的主要道路要有一定的宽度和承重力。而靠近城镇住宅建筑的台阶和小路应该满足人们的各项使用要求，如方便小孩、老人和残疾人的出入，一些具有较好摩擦阻力的铺地材料，可以用在较滑的坡道上。

图 8-3　园路的色彩与建筑统一　　　　图 8-4　石汀步引导着进入庭院

8.1.5　城镇住宅底层庭院的景观元素设计要点

（1）种植设计

绿色的植物是城镇住宅底层庭院的重要设计元素，正是因为有了植物的生长才使优美的庭院犹如大自然的怀抱，处处散发着浓郁的自然气息。绿色植物除了有效地改善庭院空间的环境质量，还可以与庭院中的小品、服务设施、地形、水景相结合，充分体现它的艺术价值，创造丰富的自然化庭院景观。底层庭院能否达到实用、经济、美观的效果，在很大程度上取决于对园林植物的选择和配置。园林植物种类繁多，形态各异。在庭院设计中可以大量应用植物来增加景点，也可以利用植物来遮挡私密空间，同时利用植物的多样性创造不同的庭院季相景观。在庭院中能感觉到四季的变化，更能体现庭院的价值。

在城镇住宅底层庭院的景观元素中，植物造景的特殊性在于它的生命力。植物随着自然的演变生长变化，从成熟到开花、结果、落叶、生芽，植物为庭院带来的是最富有生机的景观。在庭院的种植过程中，植物生长的季相变化是创造庭院景观的重要元素。"月月有花，季季有景"是园林植物配置的季相设计原则，使得庭院景观在一年的春、夏、秋、冬四季内，皆有植物景观可赏。做到观花和观叶植物现结合，以草本花卉弥补本花木的不足，了解不同植物的季相变化进行合理搭配。园林植物随着季节的变化表现出不同的季相特征，春季繁花似锦，夏季绿树成荫，秋季硕果累累，冬季枝干苍劲。根据植物的季相变化，把不同花期的植物搭配种植，使得庭院的同一地点在不同时期产生不同的景观，给人不同的感受，在方寸之间体会时令的变化。庭院的季相景观设计必须对植物的生长规律和四季的景观表现有深入的了解，根据植物品种在不同季节中的不同色彩来创造庭院景观。四季的演替使植物呈现不同的季相，而把植物的不同季相应用到园林艺术中，就构成了四季演替的庭院景观，赋予庭院以生命。

园林植物作为营造优美庭院的主要景观元素，本身具有独特的姿态、色彩和风韵之美。既可孤植以展示个体之美，又可参考生态习性，按照一定的方式配置，表现乔灌草的群落之美。如银杏树干通直、气势轩昂，油松苍劲有力，玉兰富贵典雅，这些树木在庭院中孤植，可构成庭院的主景；春、秋季变色植物，如元宝枫、栾树、黄栌等可群植形成"霜叶红于二月花"的成片景观；很多观果植物，如海棠、石榴等不仅可以形成硕果累累的一派丰收景象，还可以结合庭院生产，创造经济效益。色彩缤纷草本花卉更是创造庭院景观的最好元素，由于花卉种类繁多，色彩丰富，在庭院中应用十分广泛，形式也多种多样。既可露地栽植，又可盆栽摆放，组成花坛、花境等，创造赏心悦目的自然景观。许多园林植物芳香宜人，如桂花、腊梅、丁香、月季、茉莉花等，在庭院中可以营造"芳香园"的特色景观，盛夏夜晚在庭院中纳凉，种植的各类芳香花卉微风送香，沁人心脾。

除了植物的各类特性的应用，在庭院景观设计中还应注意一些细节处的绿化美化。如城镇住宅屋基的绿化，包括墙基、墙角、窗前和入口等围绕城镇住宅周围的基础栽植。墙基绿化可以使建筑物与地面之间形成自然的过渡，增添庭院的绿意，一般多采用灌木作规则式配置，或种植一些爬蔓植物，如爬山虎、络石等进行墙体的垂直绿化。墙角可种植小乔木、竹子或灌木丛，打破建筑线条的生硬感觉。城镇住宅入口处多与台阶、花台、花架等相结合进行绿化配置，形成城镇住宅与庭院入口的标志，也作为室外进入室内的过渡，有利于消除眼睛的强光刺激，或兼作"绿色门厅"之用。

（2）园路设计

城镇住宅底层庭院的园路设计是展现动态景观的关键。在庭院中，沿着小路行走，随着园路线型、坡度、走向的变化，景观也在变化。在园路设计中要合理组织各种景观形态，使人能够体会风景的流动，感受最细微的景观层次。在《建筑空间组合论》中曾提到，路线的组织要保证无论沿着哪条路线活动，都能看到一连串系统的、完整的、连续的画面，这对于城镇住宅底层庭院来讲更加重要，正是这样的园路设计创造出有限的空间内无限的美景。

城镇住宅底层庭院的园路因铺装材料和铺装方式的不同而包含多种类型，包括规则砖石结构园路、不规则砖石结构园路、圆形地砖、木桩小路、青石板小路等。不规则砖石结构的园路多由大理石、天然石材或烧制材料拼砌而成，经济、美观、自然。预制的水泥砖、混凝土砖、轻质砖经加工处理后，具有天然石材的自然性纹理，用其砌成园路，能与自然更好地融合；规则砖石结构的园路在庭院的主路用得较多，整齐、洁净、坚固、平稳，但容易造成单调感。因此，在设计时应特别注意材质的选择、色彩的搭配和图案的形式，以求与周围环境协调统一；圆形地砖、混凝土仿木桩、实木桩等追求天然质感，散置于草坪、水面上，在方便行走的同时，又创造了优美的地面景观，亲切自然，趣味无穷；青石板小路、砂石小路主要由卵石、碎石等材料拼铺而成，有黄、粉红、棕褐、豆青、墨黑等多种色彩可以选择，它们的风格朴素粗犷，不同粒径、不同色彩的卵石穿插镶嵌组成的图案，丰富了园路的装饰设计，增添了庭院的浪漫气息。

园路设计应与庭院内的地形、植物、山石等互相配合，通过材料不同的质感、色彩、纹样、尺度等，营造出独特的庭院意境。园路材料的选择要根据不同的环境而定。中国传统庭院中就对园路的铺装很讲究，《园冶》中"花环窄路偏宜石，堂回空庭须用砖"讲的就是园路设计的一些重要原则。在现代庭院中，园路的铺装材料选择范围更加广泛。

（3）铺装设计

城镇住宅底层庭院的植物绿化是主体，铺装设计作为活动场地的支撑是庭院不可缺少的元素之一。

城镇住宅底层庭院的铺装具有重要的功能特性。同时，铺装铺砌的图案和颜色变化，能够给人方向感和方位感。庭院的铺装能够划分不同性质的空间，铺装采用不同的材质对不同的功能空间进行划分，加强各类空间的识别性。在安静休憩区，铺装场地作为观赏、休息、陈列用地，营造了宜人、舒适的氛围。在底层庭院的休憩区，铺装的选材不宜过于艳丽花哨，尺度不宜过大，要注重营造自然、幽静的气氛。在活动娱乐区，铺装场地为居民提供了主要的活动空间。大面积的活动场地宜采用坚实、平坦、防滑的铺装，不宜使用表面过于凹凸不平的材料。城镇住宅底层庭院的儿童活动区，铺装设计要简洁明确、易识别，质地较软的材质能增加安全性。还可以使用一些趣味性图案，增加活泼的气氛。

住区底层庭院的铺装设计除了功能特性之外，还有重要的景观特性。庭院的铺装选择应与周围建筑风格协调统一。和谐的户外环境不是简单地植树种花就可以达到，要通过整个庭院的全面规划设计实现，而铺装设计是庭院环境的主要组成部分，它直接影响到庭院的整体景观风格。现代的庭院铺装种类繁多，主要可归纳为以下几种。

① 砾石铺装　砾石铺装是一种方便、节省劳动力的铺装类型。砾石适用于任何形状的庭院以及庭院的角落，常常形成自然而质朴的感受。砾石的另外一个优点是造价低廉，易于管理。砾石路面不仅能按摩脚底，有助于健康。砾石可以与植物绿化相结合，如砾石可以搭配竹子，会呈现出别具一格的情调（图 8-5、图 8-6）。

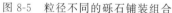

图 8-5　粒径不同的砾石铺装组合　　　　图 8-6　水洗小豆石铺装与水景

② 木质铺装　木材在室内也是常用的装修材料，可以成为底层城镇住宅庭院室内很好的连接方式，形成自然的过渡。木质铺地可以营造出令人倍感亲切的活动平台，实用、美观、意境都能很好地被体现出来。在使用木质铺装时必须考虑安全问题及防腐处理，在雨天，木板容易打滑，长期的潮湿使得木板很容易腐烂，做好安全及防腐工作可以延长铺装的使用寿命。

③ 砖铺装　砖是庭院里常用的材料，并经常与其他材料结合使用，能够形成很多或简单或复杂的图案。砖铺装的颜色有很多种，选择时要适合周围建筑颜色的色调。

④ 混凝土铺装　混凝土铺装的一个优点是便宜且坚固，可以与鹅卵石或碎石等材料相结合使用，形成有趣的图案，并有一种天然去雕饰之感。另外，在新铺的水泥铺装上压印一些图形，如树叶、文字等，会形成一种装饰性的印记。

⑤ 椰壳碎片和粗糙的树皮　这些铺装材料具有不规则的外观，能产生自然而放松的气氛，给人耳目一新的感觉，无论是在视觉还是触觉上都会产生一种柔和的感觉。

（4）水景设计

城镇住宅底层庭院的水景设计类型很多，既有静水也有动水，包括池塘、喷泉、喷雾、泳池、湖等，根据庭院规模、风格的不同，水景设计选择的类型也有所不同。庭院水体有自然状态的水体，如自然界的湖泊、池塘、溪流等，其边坡、底面均是天然形成，也有人工状态的水体，如喷水池、游泳池等。

① 静水　池塘或静水池通常是人工建造的水池，是比湖泊小而浅的水景，阳光常常能

够直接照到池底。它们都是依靠天然的地下水源或以人工的方法引水进池，池塘可以结合水生植物的种植，形成自然的小景。水景可以提供庭院观赏性水生动物和植物的生长条件，为生物多样性创造必需的环境，如各种荷花、莲花、芦苇等的种植和天鹅、鸳鸯、锦鲤鱼等的饲养。城镇住宅庭院的静水还常常结合泳池的功能进行设计，池底的铺装设计景观精心的处理，色彩与纹理透过水体显得更加精致。

② 动水　主要有落水、跌水、喷泉及喷雾等。

落水——利用地形的高差使上游渠道或水域的水自由落下，来模拟自然界中瀑布的形态。

跌水——跌水的高差比落水要小，有些结合修筑的阶梯，流水自由地跌落而成。跌水可分为单级跌水和多级跌水，跌水的台阶以砌石和混凝土材料居多。

喷泉——喷泉是一种为了造景的需求，将水经过一定压力通过喷头喷洒出来，具有特定形状的景观，提供水压的一般是水泵。在城镇住宅底层庭院的水景设计中，喷泉很常用。喷泉的样式很多，可以产生不同形体、高低错落的涌泉，加上特定的灯光、声音和控制系统，还可以形成具有独特魅力的水景艺术，包括音乐喷泉、程控喷泉、音乐程控喷泉、激光水幕电影、趣味喷泉等。喷泉不仅具有造景功能，还可以净化空气，减少尘埃，降低气温，改善小气候，促进身心健康。

喷雾——一种悬浮在气体中的极小滴的水。喷雾可以与植物、建筑物、石头等元素组合在一起，形成如仙境般的感觉，加强了庭院景观的视觉审美层次和艺术感。

城镇住宅底层庭院的水景设计虽然规模通常很小，但要做得很精致。水池既不能太深又不能太浅，要根据使用者的需求而变换，如家有小孩，就要考虑以安全性为主。另外，当水体的设计标高高于所在地自然常水位时，需要构筑防水层以保证水体有一个较为稳定的标高，达到景观设计的要求。人工的水体必须要有一定的面积和容量限制，以控制工程造价和养护费用。

（5）构筑物设计

城镇住宅底层庭院的以植物绿化为主，也要适当的点缀构筑物，既包括景观小品，也包括一些服务设施。

① 景观小品　在庭院景观中，艺术雕塑常常成为画龙点睛的景观焦点，雕塑可以使用石、木、泥、金属等材料直接创作，反映历史、文化，或追求的某种艺术风格。在城镇住宅底层庭院中，雕塑的使用可以分为圆雕、浮雕和透雕三种基本形式，现代艺术中还包括声光雕塑、多媒体雕塑、动态雕塑和软雕塑等。装置艺术是一种新兴的艺术形式，是"场地＋材料＋情感"的综合展示。装置艺术将日常生活中物质文化实体进行选择、利用、改造、组合，以令其延伸出新的精神文化意蕴的艺术形态。在城镇住宅的底层庭院中，装置将生活与艺术紧密结合在了一起。

在城镇住宅底层庭院中还可以设置一些假山，体现古典园林的韵味。假山的类型包括孤赏石、散点石、驳岸石等。山石的选用要符合庭院总体规划的要求，与整个地形、地貌相协调。

② 休息设施　休息设施时城镇住宅底层庭院必不可少的构筑物，从简单的座椅，到复杂的园亭、花架，它们为使用者提供了舒适的庭院环境。

座椅是城镇住宅底层庭院景观环境中最常见的室外家具，它为人们提供休憩和交流的设施。路边的座椅应退出路面一段距离，避开人流，形成休憩的空间。座椅应该面对景色，让人休息时有景可观。庭院的座椅形态与庭院的整体风格相关，直线构成的座椅，制作简单，造型简洁，给人一种稳定的平衡感。曲线构成的座椅，柔和，流畅，活泼生动，具有变化多样的艺术效果。座椅的设计也要与环境相呼应，产生和谐的生态美。

园亭可提供人们休憩观赏的空间，也可以具有实用功能，如储物木屋、阳光温室等。园亭的风格多种多样，设计时必须要斟酌庭院的整体风格进行确定。庭院园亭的体量通常较小，有三角、正方、长方、六角、八角以至圆形、海棠形、扇形，由简单而复杂，基本上都是规则几何形体，或再加以组合变形。园亭也可以和其他园林建筑如花架、长廊、水榭组合成一组建筑。园亭的平面组成比较简单，除柱子、坐凳、栏杆，有时也有一段墙体、桌、碑、匾等。而园亭的立面，则因样式的不同有很大的差异，但有大多数都是内外空间相互渗透，立面开畅通透。

庭院花架体型不宜太大，尽量接近自然。花架的四周一般较为通透开敞，除了支承的墙、柱，没有围墙门窗。城镇住宅底层庭院内的花架还可以与攀缘植物相结合，一个花架配置一种攀缘植物，同时要考虑花架材料的承重性。

③ 灯具　灯具也是城镇住宅底层庭院中常用的室外家具，主要是为了方便居住者夜间的使用，灯光设计可以渲染庭院景观效果。庭院灯具的设计要遵守功能齐备，光线舒适，能充分发挥照明功效的原则。同时，灯具的风格对庭院的景观产生重要影响，所以灯具设计的艺术性要强，形态具有美感，光线设计要配合环境，形成亮部与阴影的对比，丰富空间的层次感和立体感。灯具设计一定要保证安全，灯具线路开关以及灯杆设置都要采取安全措施。

④ 围墙与栏杆　城镇住宅底层庭院的边界围合常常以围墙或栏杆来实现，它们起到分隔、导向的作用，使庭院边界明确清晰。栏杆或围墙常常具有装饰性，就像衣服的花边一样。同时，庭院边界的安全性也是至关重要的。一般低栏高 0.2～0.3m，中栏 0.5～0.8m，高栏 1.1～1.3m，具体的尺度要根据不同的需求选择。一般来讲，草坪、花坛边缘用低栏，明确边界，也是一种很好的装饰和点缀，在限制入内的空间、大门等用中栏强调导向性，高栏起到分隔的作用，同时可产生封闭的空间效果。栏杆不仅有分隔空间的作用，还可以产生优美的庭院界面。栏杆在长距离内连续地重复可以产生韵律美感，还可以结合动物的形象、文字等或者抽象的几何线条形成强烈的视觉景观。栏杆色彩的隐现选择，不能够喧宾夺主，要与整体庭院相和谐。栏杆的构图除了美观，也要考虑造价，要疏密相间、用料恰当。

底层庭院围墙有两种类型：一种是作为庭院周边的分隔围墙；另一种是园内划分空间、组织景色、安排导游而布置的围墙。庭院内能不设围墙的地方尽量不设，让人们能够接近自然、爱护绿化。要设置围墙的地方，尽量低矮通透，只有少量必须掩饰隐私处才用封闭的围墙。还可以将围墙与绿化结合，以景墙的效果实现围合的目的。

8.2 楼层阳台

8.2.1　城镇住宅阳台庭院的概念及意义

（1）城镇住宅阳台庭院的含义

绿色植物是阳台庭院的重要元素，它不但可以绿化、美化、净化、彩化、香化阳台和居室的生活环境，还能够衬托建筑的立面，渲染建筑风格，使城镇住宅建筑焕发出生机与活力。盆景是阳台绿色植物的重要部分，有幽、秀、险、雄的神韵和态势，在阳台庭院中创作和观赏盆景可以培养审美观念，陶冶情操，增长园艺科学知识，丰富业余文化生活，让阳台、居室成为大自然景观的缩影，一年四季都洋溢着春意盎然和蓬勃向上的气息。

阳台一词来源于德语词根"balco"，意思是在最低程度上附着于建筑主体的一个凸起的平台。《中国大百科全书——建筑·园林·城市规划》将阳台定义为"楼房有栏杆的室外小平台，阳台除了供休息、眺望，还可以进餐，养殖花卉。阳台在居住建筑中已经成为联系室内外空间、改善居住条件的重要组成部分。"● 阳台是生活环境与自然环境之间的中介场所，是最贴近人们的绿色生活空间。

（2）城镇住宅阳台庭院的功能性

近年来，新的城镇住宅楼盘中常常打造不同类型的阳台庭院，并逐渐成为各个楼盘的重要"卖点"。新时代的阳台庭院具有以下功能。

① 扩大室内的视野，增加景观层次　无论是室内的阳台庭院还是室外的，都比普通的窗户多出几个层次，从而扩大了视野范围，增加了空间层次，最大限度地将室外的自然景观引入室内。所以，如果阳台庭院面向景色优美之处，开阔的视野和室内外的通透性，可充分满足人们的感观享受，提高居住环境的艺术品位。

② 美化室内环境　阳台通常因外挑而增加了居室的面积，如果能够合理利用阳台庭院，恰当进行植物配置或艺术小品的点缀，则能起到美化室内环境的作用。

③ 增加了室内使用功能　阳台庭院因规模不同可以承载多项室内的使用功能。在阳台庭院中放置座椅或凭栏观景，增加了休闲功能；阳台庭院还可以用来储物、晾衣，进行园艺活动，大规模的阳台庭院甚至可以成为一个小会客室或读书室，阳光房等，阳台庭院的存在极大地丰富了室内居室的使用功能。

④ 丰富、美化城镇住宅建筑立面　阳台庭院可以利用垂直绿化来遮挡室外空调机，使建筑的立面不受到空调机的影响。同时，绿色的阳台庭院还可以形成建筑立面丰富的设计语言，绿色的斑点是建筑立面生机盎然的重要体现。

（3）城镇住宅阳台庭院的必要性

随着人们越来越追捧健康城镇住宅、宜居生活的居住理念，城镇住宅的绿色环境成为首要的考虑问题之一，从住区庭院的绿色环境，到底层附带的庭院，阳台庭院可以说是最接近人们日常生活的绿色空间。并且由于它的面积大小适宜，几平方米的地方就可以实现接触自然，放松心情，绿化居住环境的作用，阳台庭院已经成为了现代城镇住宅设计的重要组成部分。尤其是入户花园，它是人们进入居室的第一个空间，绿色的花园极好地渲染了居室绿色居住环境的理念和氛围。现代的城镇住宅设计常常将阳台庭院作为主要亮点来进行宣传，也极大地推动了阳台庭院空间的发展。

人们看中阳台庭院，并将其作为重要的城镇住宅组成部分，是因为阳台庭院是以最小的面积实现了最贴近的大自然感受，为居住环境提供了一处能够承载不同功能、创造不同自然景观的重要绿色开放空间，使人们放松心情，呼吸清新气息的重要室内场所，是室内与室外不可取代的过渡空间。

对于阳台庭院的景观设计，它不仅是城镇住宅主人思维方式与爱好的体现，也是具体空间的功能化安排。过多的重复会造成庭院形式的单一，缺乏个性化的色彩。因此阳台庭院是

● 中国大百科全书出版社编辑部，中国大百科全书总编辑委员会《建筑·园林·城市规划》编辑委员会. 中国大百科全书——建筑·园林·城市规划 [M]. 北京：中国大百科全书出版社，2004.

现代人审美价值的重要体现，是引领居住环境发展的重要先锋。

8.2.2　城镇住宅阳台庭院景观的分类及特点

（1）城镇住宅阳台庭院的分类

城镇住宅阳台庭院按照不同的类别进行划分，可分为多种形式。按阳台庭院在城镇住宅建筑中的位置分类，有入户花园，位于城镇住宅入口部分的庭院；起居室阳台庭院是与起居室紧密相连的庭院空间；厨房阳台庭院通常是储存杂物和简单植物绿化的空间；客厅阳台庭院是主要的类型之一，它的景观与功能更加多样和丰富。

如果按照阳台庭院的使用性质分类，可分为生活阳台庭院、服务阳台庭院和观景阳台庭院。生活阳台庭院供人们的生活起居，休闲娱乐使用。通常设在阳光充足的城镇住宅南侧，附属于起居室或卧室。服务阳台庭院多与厨房或餐厅相连，是堆放杂物，储存闲置物或洗衣、晾衣的地方。无论是生活阳台庭院还是服务阳台庭院，都可以在其中营造富有情趣的优美景观。如在阳台的实面栏板上摆置一些盆栽，顶部悬吊一些花架花盆，或摆放一些放置盆栽的架子等，以简单的方式美化居住环境。如果墙面附有不锈钢网、铁网或合成材料网等各种安全防护网，除了应对安全网进行景观花的设计外，还可种植一些爬蔓植物，既可减少各种安全网给人的不良感受，又可美化环境，增加建筑立面的自然元素。

按照阳台庭院的形态分类，有露台、通高阳台和飘窗。其中，飘窗无论是窗台式的还是落地式的，尺度上都会小于一般的阳台。在空间上属于室内空间，不具有过渡或半室外的阳台空间特性，但是却具有阳台的空间意向。另外，还有一些阳台庭院的形式，包括悬挂花池，可利用放大的外窗台设置花池或台架，在狭小的空间里养花植草，美化环境，同时也可以作为建筑的垂直绿化；一步阳台具有阳台的形态，但尺度更小一些，仅仅用于凭栏远眺和呼吸室外的新鲜空气。通高阳台庭院一般出现在跃层户型当中，庭院占据了层高上的优势。两层通高的阳台庭院接受的光线更加充足，视线干扰程度降低，空间比例也更加符合作为户外空间的要求。另外，阳台庭院按照结构还可分为凹阳台和凸阳台两种基本形式。凸阳台通常设置在普通平层城镇住宅中，因为平层阳台层高不大，三面悬空利于采光和通风；而通高阳台则适合凹阳台，层高加大的时候，三面悬空的处理会使居住者在阳台上的安全感降低。

（2）城镇住宅阳台庭院的总体特点

阳台庭院是城镇住宅与室外沟通的特殊生活空间，它是建筑物室内外的过渡，也是居住者呼吸新鲜空气与大自然亲密接触的场所。阳台庭院不仅庭院本身形式变化多样，结合庭院的城镇住宅平面空间组合也更为灵活，因而备受人们青睐。城镇住宅阳台庭院按照不同的类别可以分为很多种形式，其中的主要类型可以集中地反映出城镇住宅阳台庭院的总体特点。

在现代的城镇住宅建筑设计中，入户花园日益受到人们的重视，并成为城镇住宅阳台庭院的主要类型之一。入户花园是一种创新设计的庭院形式，所谓入户花园就是在城镇住宅设计中，打破了通常的入门即是客厅的布局方式，而采用一进门就是独立小庭院的户型模式，是庭院城镇住宅楼层化的发展方向。入户花园是城镇住宅入口到客厅、餐厅、卧室或其他室内空间的重要连接，它把绿色的气息引入家居环境中，并使自然空间到室内空间的过渡显得顺畅而舒缓。入户花园有一面或两面开敞，其余部分被室内墙面、地板以及天花板围合，相当于一个凹阳台，但一般比阳台具有更大的面积，并且入户花园的使用功能和参与性比阳台要更强。入户花园通常是对外的半开放式的庭院，在城镇住宅建筑面积中只计算一半的面积，从而增加了使用的空间，所以现在许多户型设计中加入了入户花园的模式，以此作为居住的亮点。入户花园是很好的庭院花园形式，它兼具阳台与露台的功能。入户花园的设计受到地区气候环境因素的影响。在我国，北方地区气候寒冷、干燥、风大，设置入户花园，应采取可开启玻璃窗封闭的形式，夏天可打开窗户，成为直接对外的敞开空间；冬季窗户关闭后则成为一个阳光室，把绿色带到寒冷冬季的室内，对改善北方城镇住宅环境质量具有积极的作用。而温暖湿润、气候温和的南方，入户花园的设置能很好地起到通风效果，可以调节室内外温差，改善室内空气质量的效果。

阳台入户花园的设计，是一个楼层住户的半私密性空间。因此，有利于邻里交往，是一种倡导邻里关怀的设计创新。

"一步阳台"又称法式阳台，它的特点在于小尺度的空间，宽度仅在0.5m左右，但比飘窗的开放性更强，能够在这里接触自然，享受阳光和微风，但又不需要过多的面积，轻巧而实用，充满了居室的灵气和居住的生活化品味，通常设置在卧室、客厅、餐厅的外侧。一步阳台可以简单摆放一些轻巧的花卉盆栽或是悬挂一些植物，为一步阳台增添亮色。

飘窗起源于17世纪，早期人们并没有关注到飘窗的观景功能。18世纪中叶，飘窗再次出现在建筑形式中，这并不是简单的建筑风格的怀旧潮流，而是为了满足那些刚刚富裕起来的地主阶层在豪华的客厅里欣赏优美风景的需求。一个飘窗的窗台长度多在1m以上，宽度多为50~80cm，面积可以到达1~2m²，有效地扩大了室内空间和视野。同时，各种飘窗的样式，以及产生的细部阴影和所用的材料都构成了城镇住宅建筑立面重要的组成元素，丰富了建筑立面。

另外，与不同的室内空间相连的阳台庭院具有不同的景观特征。阳台庭院与客厅相连可作为客厅的延伸，满足会客、交谈、休息的需求。由于客厅通常处于城镇住宅的重要位置，朝向和景观效果相对其他空间较好，因此庭院的使用频率更高一些；阳台庭院与卧室相连，空间会相对较安静，基本为家庭内部成员服务，庭院的规模可能更小一些，但常常可以放下一张躺椅或点缀几盆盆景，以满足休息、读报等功能需求；庭院作为餐厅的延伸，可根据面积的大小在庭院中摆放桌椅，夏日傍晚可在庭院中用餐。借助室外凉爽的空气消夏纳凉。

总的来说，城镇住宅阳台庭院的空间尺度通常较小，作为城镇住宅的附属部分，面积受到限制，一般面积小的在3m²左右，大的也不过7~8m²，露台庭院可能会稍大一些，面积大小对于植物绿化的质量、植株的大小都有一定限制；阳台庭院还受自然环境的影响，南北阳台差别更大，对植物的选择产生至关重要的影响。阳台的高度、有无遮挡、风力大小等都对植物生长产生影响，因此必须有针对性地来进行阳台庭院的景观环境设计。

8.2.3　城镇住宅阳台庭院景观的设计原则

(1) 经济性

城镇住宅阳台庭院景观的设计具有特殊性，它作为室内空间的延续，面积很小，但地位却极其重要。在狭小的空间中如何营造舒适的景观环境，关键在于合理的空间设计，富有内涵的景观创意和植物的种植配置。只要用心设计，就可以以很低的造价创造出身边最贴近的绿色空间，这是阳台的优势所在。在庭院景观的设计过程中，要求合理地选择造景要素，以耐于生长的绿色植物为主要元素来进行阳台的美化，尽量不要堆砌造价高昂的艺术品，既不能形成舒适的环境，又浪费投资。

(2) 生态性

城镇住宅的阳台庭院不仅是城镇住宅内部难得的自然空间，也是城镇住宅外部形态的重要装饰要素。阳台作为城镇住宅建筑附带的小空间，一般都呈凌空的形式，没有地面的土壤条件，一般多用盆栽或栽植箱，但用土不可能太多，根系的伸展必然受到限制，从而影响它对养分的吸收。所以在庭院景观的设计中要以绿色环保为基本的理念，选择适合于阳台生长的植物。阳台的庭院绿化本身就是生态性城镇住宅建筑的重要方面，从建筑的外部来看，绿色的阳台庭院可形成建筑的垂直绿化，降低建筑的能耗，美化建筑的立面，形成生态节能的城镇住宅建筑。

（3）功能性

无论是服务型阳台还是观赏型阳台，城镇住宅阳台庭院景观设计的首要任务就是保证功能性，发挥相应的作用。城镇住宅的阳台庭院首先是人们生活中接触自然的首要途径，它是联系室内外的过渡空间，所以阳台庭院的中介功能占据第一位置；另外，阳台庭院的观景、品茶、读报、聊天等休闲功能是在景观设计中需要明确的。一些阳台庭院兼具服务性质，这就要求在阳台庭院景观的设计中要平衡好储物或晾晒功能与美化、绿化的关系，使阳台庭院在人们生活中发挥多元化的作用。

（4）安全性

城镇住宅阳台庭院景观设计的重要准则是保证安全性，这一属性是高于上述三个原则的。城镇住宅阳台庭院通常供家人，包括老人和小孩的使用，人性化的设计是至关重要的。另外，阳台庭院中的各种造景元素都是需要考虑其安全性的，如阳台的玻璃、栏杆、铺装等，包括阳台植物。在阳台养花要特别注意安全，防止阳台的盆花、容器坠落造成污染及危险。

8.2.4　城镇住宅阳台庭院景观的总体设计

（1）城镇住宅阳台庭院的平面布局形态

城镇住宅阳台庭院的平面布局与城镇住宅建筑的整体形态和建筑结构相关，阳台庭院的平面布局形式以方形为主，其他形式还包括弧形、梯形、L形、异形。其中，飘窗分为很多种，直角飘窗、斜角飘窗、转角飘窗和弧形飘窗，其平面形式分别为方形、梯形、三角形、L形和弧形，转角飘窗出现在两面外墙的转角处，弧形飘窗最为少见，常用于立面造型的需要。一步阳台面积比阳台小，所以平面形式变化少，仅有方形、弧形、L形。

阳台庭院的平面布局比例尺度因不同的类型而有所变化。对于用于服务的阳台庭院来讲，进深约1.1m已经可以满足洗衣、晾晒、摘菜、堆杂物等功能；而对于生活需求的阳台庭院，进深控制在1.2～1.8m之间可以满足家人坐在阳台上休息娱乐的需求。此外，生活阳台庭院的净面积不应小于2.5m^2，而服务性阳台庭院的净面积则不能小于1.5m^2。飘窗一般出挑墙面0.5～0.8m，窗台高出室内地面0.5～0.6m。其净面积可达到1～3m^2，能很好地扩大室内空间。一步阳台的进深控制在0.5～0.8m之间，其净面积可达1～3m^2。

入户花园的平面布局与城镇住宅内的客厅、厨房等房间有关，其组合的不同方式对入户花园的平面布局产生重要影响。在城镇住宅入户的门厅处设置庭院可以在城镇住宅入口与客厅之间形成过渡，使客厅不与外界直接接触，增加了家庭的私密性，同时丰富了室内空间格局的层次，营造出温馨的氛围。入户花园的面积通常不大，一般仅布置一些小型的盆栽与水景，或以廊架、花架形成半遮蔽的顶部，即可改变家庭生活环境，创造舒适别致的入口景观。

（2）城镇住宅阳台庭院的立面构成形态——立面质感，围合效力，功能划分，立面组合城镇住宅阳台庭院的立面构成形态对于狭小的庭院空间至关重要，无论是开敞的露台还是半封闭的阳台或室内阳台，都会有至少一个主要的界面限定空间，甚至四个界面都被完全封闭，这时的立面构成形态直接影响阳台庭院的空间感受。不同的材料、色彩、质感在布局上只要运用得恰当，就可以产生出各种不同的视觉效果。不同的材料选择和搭配方式会产生不同庭院立面形态。在庭院内，这些不同的立面元素不仅可以美化立面的形态，也可以分隔不同的空间，创造丰富的层次和具有纵深感的空间效果。

8.2.5 城镇住宅阳台庭院的景观元素设计要点

（1）植物绿化

阳台的植物绿化与其他类型城镇住宅庭院的不同之处在于其土地面积与土壤条件都有很大限制，植物品种以及种植方式的选择是城镇住宅阳台庭院绿化需要考虑的主要方面。

阳台庭院的植物栽植不仅提供室内的观赏，也是建筑物外观的重要装饰。绿色的植物空间即是连接室内与室外自然景观的场所，也起着丰富建筑物景观层次的作用。城镇住宅阳台庭院的植物栽植要考虑树木的大小、栽植的方式、养护管理，以及建筑物的构造，室内空间的使用等多个方面，常常会受到较大的限制。阳台庭院植物种植多以植物容器为主，包括花盆、花钵、种植池等，以便管理和更换，并且植物的品种多以花卉、灌木、草本植物为主，也有一些面积较大的阳台庭院种植小乔木。由于城镇住宅阳台的层高通常只有 3m 左右，因此植物的种植在高度上受到限制。同时由于阳台为悬挑结构，所以承重上有着较高的要求，因此阳台庭院中宜用易于维护的盆栽植物进行绿化。同时，植物的高度也要合理，应该根据主人的需求来营造私密或开放的庭院空间，并且不能影响室内正常的采光与通风。适宜于阳台庭院种植的植物种类很多，如常绿植物铺地柏、麦冬、葱兰等，观叶植物八角金盘、菲白竹、车线草等，观花植物金鸡菊、红花酢浆草、毛地黄等。阳台庭院的灌木种植可以选择一些矮小植物，如榆叶梅、连翘、火棘等。

阳台庭院的不同形态以及在建筑中的不同位置，会直接影响所得到的日照及通风情况，也形成了不同的小气候环境，这对于植物配置有很大影响。阴面的阳台适宜种植耐荫的植物，而南侧的阳台得到光照充足，适宜生长喜阳的植物。此外，阳台庭院所处的层高不同会受到不同的风力影响，一般低层位置上的风力较小，而高层位置上的风力很大，会直接影响植物的正常生长。特别是在夏季，干热风会使植物的叶片枯黄，损伤根系，所以要为植物的生长提供必要的挡风遮阴条件。阳台庭院的植物绿化必须要做到根据具体情况选择不同习性的植物，这样才能保证阳台庭院绿化的最佳效果。

另外，阳台庭院的种种限制决定了要根据阳台的面积大小来选择植物，一般在庭院中栽植阔叶植物会得到较好的室内观看效果，使阳台的绿化形成"绿色庭院"的效果。因为阳台的面积有限，所以要充分利用空间，在阳台栏板上部可摆设较小的盆花或设凹槽栽植。但不宜种植太高太密的植株，因为这有可能影响室内通风，也会因放置的不牢固而发生安全问题。阳台庭院的植物绿化还可以选择沿阳台板种植攀缘植物，或在上一层板下悬吊植物花盆，形成空中的绿化和立面的绿化，装点封闭的阳台庭院界面，无论是从室内还是从室外看都富有情趣。值得注意的是爬蔓或悬吊植物不宜过度，以免使阳台庭院更加封闭。

（2）水景设计

城镇住宅阳台庭院的美化大多数是以植物为主要的要素进行设计，水景相对较少。但亲水性是人们向往大自然的重要体现。城镇住宅阳台庭院中较常见的有水生植物种植池和水生小动物的养殖器。在一些面积较大的阳台庭院中,种植池很常用,水生植物的种植可以有效地降低阳台庭院的高温,带来湿润的小气候。同时,植物与动物的生命力又可以增加阳台庭院的活力和生机。

(3)构筑物设计

城镇住宅阳台庭院中的构筑物设计是庭院景观的重要方面,因为阳台庭院通常围合感较强,是室内与室外空间的过渡形式,阳台庭院中的墙体、格栅、立面装饰、栏杆、座椅、照明设施,甚至建筑的门、窗都是阳台庭院的重要组成元素,它们的样式、风格与形态对庭院景观产生重要的影响。和谐统一的构筑物设计能够打造一个完美的阳台庭院,不仅是室内的延伸,也是室外的过渡。然而,各具风格的庭院构筑物的罗列会使狭小的阳台空间显得更加局促,眼花缭乱。所以,城镇住宅阳台庭院的构筑物设计最基本的原则就是与建筑风格的整体和谐。

(4)铺装设计

城镇住宅阳台庭院的铺装设计要考虑室内铺装的整体风格,坚持连续性与统一性。庭院的铺装设计宜选用质感较好的材料,尤其是用于休闲娱乐的阳台庭院,它是住户放松身心,享受自然的场所,铺装的色彩与质感直接影响人们视觉与触觉上的享受。另外,阳台庭院的铺装设计还要考虑植物种植和浇灌过程中的水或肥料的遗留,加上阳台通常都是一个平面较为封闭的场地,所以,易于打理和清扫也是铺装材料选择时需要考虑的因素。

8.2.6 城镇住宅阳台庭院景观的生态设计及节能处理

(1)城镇住宅阳台庭院结合生产

目前,绿色环保食品逐渐走俏,其高昂的价格让很多人只能偶尔尝试,但人们追求自然纯净的心理从未消减。这使得家庭菜园、自助菜园等开始流行,城镇住宅的阳台庭院就提供了这样的一处场地。阳台庭院中的蔬菜种植仅能局限在一些简单易生、植株较小的品种,对于较大的植物可以在城镇住宅的底层庭院中种植。

(2)城镇住宅阳台庭院的太阳能温室

大多数用于休闲娱乐的阳台都位于城镇住宅建筑的南侧,阳光充足,视野较好。在庭院的景观设计中应尽量应用这些自然的资源,尤其是光照资源,来挖掘阳台庭院的潜在功能。良好的光照是难得的资源,尤其在倡导节能环保的今天,更应该珍惜这些自然资源。城镇住宅的阳台空间一般是悬挑的,且有2~3面较开敞,无论是完全开放还是以玻璃围合都可以得到较好的日照,尤其是阳面的阳台,对于植物的生长是非常有利的。但阳台庭院内的日照条件随季节的变化而变化。春季的时候,阳光照射角度高,阳台内的阴影部分较多;夏季时,外栏杆部分有直接而强烈的阳光照射;秋天时,太阳的照射角度逐渐降低,一般可照射到整个阳台,甚至可以射入室内。一些阳台庭院中珍贵的光照资源要充分加以利用,在实现绿色庭院景观的同时,利用太阳能板储存太阳能,提供家庭小型电器的用电量。也可以利用充足的太阳光打造一处城镇住宅内的绿色温室,这对喜爱园艺的人们是极好的选择。城镇住宅的阳台庭院可以设置成为阳光房,用于晒日光浴或温室植物培育,充分发挥充足光照的作用。尤其在一些采光良好,外围封闭的阳台庭院中,阳光房可以成为一处独特的温室景观,种植稀有的喜阳植物,形成城镇住宅室内独一无二的绿色空间。

(3)城镇住宅阳台庭院的雨水收集

城镇住宅阳台庭院中可以利用的自然资源不仅有充足的阳光,还有雨水与冰霜,这些都是珍贵的水资源。城镇住宅阳台通常有大面积的玻璃围合或三面开敞,这都有利于雨水的收集。回收的水资源可以用于阳台庭院的植物浇灌,或打造一处水景,在有水时水波荡漾,无水时也可以是装饰物。阳台庭院景观与生态的理念相结合,可以实现与自然环境紧密结合,随自然规律变化生长的景观效果。

8.2.7 城镇住宅阳台庭院景观的安全性防护

(1)城镇住宅阳台庭院的承载力

城镇住宅阳台庭院的结构决定其对承载力的严格要求,一般凹阳台比凸阳台负载能力要大些,但也只能在 $2.5kN/m^2$ 左右。即使较大的阳台或露台也不能放过大或过重的东西。在摆放盆栽植物时,要尽量将大而重的花盆放在接近承重墙的地方,并尽量采用轻质或无土栽培基质,在数量上也要严格控制,不宜过多。庭院构筑物的设计也要适当考虑阳台庭院的承载能力,不宜放置过多的物品或装饰品。庭院的铺装材料也以轻质材料为主,除了阳台庭院固定的物品外,还有人们的频繁活动,所以要尽量减轻阳台庭院的承重,以保障安全性。

(2)城镇住宅阳台庭院的防盗

城镇住宅阳台庭院的防盗是至关重要的。尤其对一些半开放的阳台,防贼防盗是庭院设计首先要考虑的问题。可以利用藤蔓植物的攀爬形成绿色的防护网,也可以在较容易攀爬的地方放置种植池,这些手法只能缓解此类问题,要解决问题仍然需要结合一些构筑物,如栏杆、铁丝网等来进行防护,植物可以作为有效的美化手段进行配合。

(3)城镇住宅阳台庭院的栏杆

城镇住宅阳台庭院的栏杆、围墙等围合物的高度和空隙,以及坚固程度是至关重要的。尤其是在住户有老人和小孩的情况下,阳台庭院栏杆的安全性非常重要。阳台庭院作为室内外景观的过渡,观景是一项重要的功能。通常栏杆的高度不能低于80cm,如果栏杆上部有窗户,要保证其坚固性。有些阳台庭院的绿化会借助栏杆或围墙悬挂种植池,以节省空间,美化环境,这一做法是值得提倡的,但栏杆的承重力,以及悬挂的稳固性是首先要明确的问题。

(4)城镇住宅阳台庭院的玻璃窗

现行国家标准《城镇住宅设计规范》❶ 明确规定:外窗窗台距楼面、地面的净高低于0.9m时,应有防护措施。由于飘窗的窗台通常高出室内地面0.5~0.6m,因此带来一定的安全问题。飘窗内侧的栏杆经常在室内装修的时候被去掉,留下了极大的安全隐患,儿童极易爬上飘窗窗台玩耍嬉戏而造成危险。落地窗阳台的景观效果通常很好,可以扩大视野,增加与室外环境的接触面,但安全措施是必须要实施的,如落地窗内侧的栏杆围合、窗框的材料选择及坚固程度的评估等,都是阳台庭院景观设计的前提与基础。

8.2.8 阳台设计的材料选择

目前新建的很多城镇住宅中,都有两个、甚至三个阳台。在家庭的设计中双阳台要分出主次。

---

❶ 中华人民共和国建设部. 城镇住宅设计规范 [M]. 北京:中国建筑工业出版社,2003.

① 与起居厅、主卧相邻的阳台是主阳台，功能以休闲为主。装修材料的使用同起居厅区别不大。较为常用的材料有强化木板、地砖等，如果封闭做得好，还可以铺地毯。墙面和顶棚一般使用内墙乳胶漆，品种和款式要与起居厅、主卧相符。

② 次阳台一般与厨房相邻，或与起居厅、主卧外的房间相通。次阳台的功用主要是储物、晾衣等。因此，这个阳台装修时封闭与不封闭均可。如不作封闭时，地面要采用不怕水的防滑地砖，顶棚和墙壁采用外墙涂料。次阳台上可以安置几个储物柜，以便存放杂物。

③ 材料要内外相融　阳台的装修既要与家居室内装修相协调，又要与户外的环境融为一体，可以考虑用纯天然（包括毛石板岩、火烧石、鹅卵石、石米等）未磨光的天然石。天然石用于墙身和地面都是适合的。为了不使阳台感觉太硬，还可以适当使用一些原木，最好是选择材质较硬的原木板或木方，有条件的话可以用原木做地面，能有很舒适的效果，但原木地面要求架空排水。宽敞的阳台可以用原木做条形长凳和墙身，使阳台成为理想的休息场所。

④ 阳台的灯　灯光是营造气氛的主法，过去很多家庭的阳台是一盏吸顶灯了事。其实阳台可以安装吊灯、地灯、草坪灯、壁灯，甚至可以用活动的仿煤油灯或蜡烛灯，但要注意灯的防水功能。

8.2.9　阳台的绿化和美化

（1）阳台绿化的作用

对于讲究生活质量、注重家居整体风貌的都市居民来说，阳台的绿化和美化已成为家居的重要内容。阳台的绿化除了能美化环境外，还可缓解夏季阳光的照射强度、降温增湿、净化空气、降低噪声，营造健康优美的环境。在对阳台进行绿化的同时，享受田园乐趣，陶冶性情，丰富业余生活。

不同的阳台类型与不同的动植物材料能形成风格各异的景色。例如，为突出装修效果，形成鲜明的色彩对比，可用暖色调的植物花卉来装修冷色调的阳台，或者相反，使阳台花卉更加鲜艳夺目。向阳，光照较好的阳台应以观花、花叶兼美的喜光植物来装修。而背阴，光照较差的阳台则就以耐阴喜好凉爽的观叶植物装饰为宜。

（2）阳台绿化的几种形式

① 悬垂式　悬垂式种植花卉是一种极好的立体装饰。有两种方法：一是悬挂于阳台顶板上，用小巧的容器栽种吊兰、蟹爪莲、彩叶草等，美化立体空间；二是在阳台栏沿上悬挂小型容器，栽植藤蔓或披散型植物，使它的枝叶悬挂于阳台之外，美化围栏和街景。采用悬挂式可选用垂盆草、小叶常春藤、旱金莲等。

② 花箱式　花箱式的花箱一般为长方形，摆放或悬挂都比较节省阳台的面积和空间。培育好的盆花摆进花箱，将花箱用挂钩悬挂于阳台的外侧或平放在阳台围墙的上沿。采用花箱式可选用一些喜阳性、分枝多、花朵繁、花期长的耐干旱花卉，如天竺葵、四季菊、大丽花、长春花等。

③ 藤棚式　在阳台的四角立竖竿，上方置横竿，使其固定住形成棚架；或在阳台的外边角立竖竿，并在竖竿间缚竿或牵绳，形成类似的棚栏。将葡萄、瓜果等蔓生植物的枝叶牵引至架上，形成荫棚或荫篱。

④ 藤壁式　在围栏内、外侧放置爬山虎、凌霄等木本藤植物，绿化围栏及附近墙壁。

⑤ 花架式　是普遍采用的方法，在较小的阳台上，为了扩大种植面积，可利用阶梯式或其他形式的盆架，将各种盆栽花卉按大小高低顺序排放，在阳台上形成立体盆花布置。也可将盆架搭出阳台之外，向户外要空间，从而加大绿化面积也美化了街景。但应注意种植的种类不宜太多太杂，要层次分明，格调统一，可选用菊花、月季、仙客来、文竹、彩叶草等。

⑥ 综合式　将以上几种形式合理搭配，综合使用，也能起到很好的美化效果，在现实生活中多应用于面积较大的露台。

另外，在阳台上种植花草也要适量，切不可超过阳台的负荷而形成不安全的隐患。

8.3 屋顶花园

8.3.1　城镇住宅屋顶花园的概念及意义

（1）城镇住宅屋顶花园的定义

从一般意义上讲，屋顶花园是指在一切建筑物、构筑物的顶部、天台、露台之上所进行的绿化装饰及造园活动的总称。它是根据屋顶的结构特点及屋顶上的生态环境，选择生态习性与之相适应的植物材料，通过一定的配置设计，从而达到丰富园林景观的一种形式。

城镇住宅屋顶花园是居住建筑附属的公共的或私家的花园空间，对于绿色城镇住宅的建设具有重要意义，同时也是居住者接触大自然的重要途径。

（2）城镇住宅屋顶花园的生态效益

随着社会的进步，用屋顶空间进行绿化美化得到更多重视，改善人们的工作和生活环境是屋顶花园迅速发展的主要原因。屋顶花园可以改善屋顶眩光、美化城市景观、增加绿色空间与建筑空间的相互溶透，并且具有隔热和保温效能、储存雨水的作用。屋顶花园使建筑与植物更紧密地融为一体，丰富了建筑的美感，也便于居民就地游憩，当然，屋顶花园对建筑的结构在解决承重、漏水方面提出了要求。

（3）城镇住宅屋顶花园的经济效益

在现代社会生活中，利用屋顶、阳台、露台空间设置庭院，绿化对于拓展人们的生活空间、解决用地紧张问题是有效的举措；同时，屋顶花园也是改善居住环境景观、缓解地球温室效应的重要手段。美化环境可增进人们的身心健康及生活乐趣，是追求优雅、精致的生活品质的象征。因此屋顶花园景观设计的发展越来越受到人们的关注与青睐，逐渐成为打造宜居住区的重要标志之一。城镇住宅屋顶花园能够充分地利用空间，将原有的生活场所扩大，增加了活动的区域，满足人们各种休闲娱乐的需求。屋顶花园将绿意穿插在建筑之中，同时也提高了顶楼的附加价值。其次，解决了顶楼隔热问题，屋顶花园利用了植物、土壤、草地等阻隔日照辐射，加之使用良好的隔热材料，有效地增强了隔热效果，获得了良好的生活环境。此外，屋顶花园还能有效减小漏水问题，长时间的日晒雨淋往往会破坏屋顶的防水层，造成屋顶漏水的现象，而屋顶花园植物的种植需再做一次防水处理，增强了原有的防漏效果。

总之，屋顶花园不仅节约了土地的使用，也以绿色的环境提升了地价，改善了环境，它带来的不仅是个人利益的增加，也是整个社会潜在经济利益的提升。

8.3.2　城镇住宅屋顶花园的分类及特点

（1）城镇住宅屋顶花园的布局特点

城镇住宅屋顶花园位于建筑顶层，或是形成建筑几面围合的室外中庭，或是形成开敞的顶部花园，都与建筑紧密相连，又可以形成独立的空间体系。

屋顶花园既是城镇住宅建筑向上的延续，也是代替屋顶与外界环境相通的媒介，城镇住宅的室内空间、屋顶花园空间和外界环境三者之间具有一定的联系，而屋顶花园恰好是其中的"过渡空间"，起到构建空间布局的作用。在空间特点上，屋顶花园可以是完全开敞的空间，也可以是四面围合的空间。在朝向外界环境的部分，屋顶花园可以通过栏杆、景墙、植物、建筑等来围合，人的视线可以延伸到天空、到远方，同时来自外界环境的视线也可以感知和了解这部分空间的特征与形态，城镇住宅屋顶花园的性质是开放的。屋顶花园成为了从城镇住宅室内向室外过渡的媒介，从而实现了三个不同空间的有机联系，不同空间的心理感受创造了丰富的居住空间层次。在屋顶花园的景观设计中，应通过恰当的设计手法和造园要素的引导与加强屋顶花园的布局特征，保持空间的连续性，同时又应该形成不同空间的个性，使屋顶花园产生丰富的美感。

根据屋顶花园在城镇住宅建筑上的分布情况，其在整体上形成了垂直方向的布局特征，从而实现了建筑立面的美化和绿化。在建筑立面的绿化布局中，地面底层庭院位于城镇住宅建筑底部楼层附近，而阳台庭院则分布在城镇住宅建筑中各个楼层之间，屋顶花园是建筑顶部的庭院，它们共同组成了绿色的建筑立面。其中，屋顶花园将城镇住宅建筑的绿化引向空中，是垂直方向绿化布局中最重要的部分。

（2）城镇住宅屋顶花园的分类

城镇住宅屋顶花园按复杂程度、空间特征、城镇住宅高度、种植方式等都有不同的分类。首先，屋顶花园的复杂程度与它承载的功能以及植物种植的方式都有关联，复杂的屋顶花园将屋顶按照园林建筑的模式进行景观设计，并根据屋顶的功能和载荷力，设置景观小品、喷泉水池，在园林景点的衬托下再用乔灌木、花卉、草坪等进行搭配，满足观赏、娱乐、休憩、活动等功能。简单的屋顶花园只种植单一的植物，满足观赏和绿化的效果。

从空间特征来讲，城镇住宅屋顶花园可以是屋顶上完全开敞，只有防护性的低矮栏杆维护的空间；也可以是中层建筑顶部的花园，周边由各栋建筑紧密围合；私家的屋顶花园可以按照不同需求将花园打造为封闭的空间，开敞的空间，或不同空间特征相互组合的场所。城镇住宅建筑高度对屋顶花园本身的影响并不大，高层建筑、低层和多层建筑，以及私家别墅，都可以实现屋顶花园的设计，充分利用土地，打造绿色的生活方式。

以植物的种植方式来划分城镇住宅屋顶花园是一种直观的方法，它与屋顶花园的设计风格、整体形式、功能使用都具有重要的联系。

① 地毯式屋顶花园　这种形式的屋顶花园主要是利用低矮的乔木和生长繁茂的灌木，以及花卉地被覆盖屋顶。从高空中看下去，就好像一张绿茸茸的地毯，对整个居住环境都起到夏季降温、冬季保暖的有效作用。这类屋顶花园通常的使用功能很简单，场地面积很小，主要满足观赏和绿化的作用。

② 花坛式屋顶花园　是指在特定的环境里，按照屋顶可能使用的有效面积做成花坛，填放培养土，栽植花卉。根据各类花卉品种的色彩、姿态、花期来精心配植，形成不同的屋顶花园图案和外部轮廓。有些花坛式屋顶花园也会与其他类型的花园搭配设计，花坛占地面

积很小，能像宝石一样镶嵌在花园中，成为整个屋顶花园的一部分。

③ 棚架式屋顶花园　棚架式屋顶花园以亭、廊、架等构筑物为主要承载物，种植植物，可以有效地减小对屋顶土层厚度的要求。这些景观建筑配以攀缘植物或蔓生植物，让其沿亭廊、花架攀爬，进行垂直立体绿化的效果，不但可以增大屋顶的绿化面积且不需要过多的土壤，还为人们提供了绿色的遮阴棚。

④ 园艺式屋顶花园　以植物配置为主，按照露地花园的形式进行设计、布局，既可以填放培养土进行地面栽培，也可以使用花盆、花钵、种植池等，按各类几何图案进行艺术摆放，花园形态灵活多变，随时都能改变摆放方式，形成不同的花园风格。园艺式屋顶花园既可以形成规则的几何式花园，也可以形成充满野趣的自然式花园。几何式花园具有较强的人工韵味，而自由式花园则体现了植物生长自然的形态与规律。

8.3.3　城镇住宅屋顶花园的设计原则

（1）经济性

城镇住宅屋顶花园的景观设计与公共建筑的屋顶花园不同，它是人们居住环境改善，休息娱乐、放松心情的场所，不需要繁杂的形象装饰，也不需要昂贵的品味展现。城镇住宅屋顶花园实现的是绿色居住环境的延续，所以经济性是城镇住宅屋顶花园设计的原则之一。在植物的选择上，充分考虑植物的不同生态习性，以乡土树种、易于生长与修剪的树种为主，尽量减少植物维护管理的费用；在硬质景观的设计中，要尽量减少构筑物、景观小品的数量，既减小屋顶的承重压力，又可以把节省的资金用来种植更多的植物，改善环境；屋顶花园的场地满足基本的活动需求即可，减少铺装的面积；屋顶花园的功能可以结合生态环保、经济生产，如雨水收集、太阳能再利用、果树药材的种植等，不仅节省投资，还能创造附加经济价值。

（2）生态性

城镇住宅屋顶花园具有特殊的空间结构，土壤厚度的限制、屋顶的大风、光照与温度的变化等都极大地影响屋顶花园的设计效果。所以，城镇住宅屋顶花园的景观设计必须从如下方面保持生态性的设计，力求在有限的条件下创造优质的生活空间。

① 土壤　由于受建筑物结构的制约，城镇住宅屋顶花园的荷载只能控制在一定范围内，土壤的厚度也不能超过相关荷载要求的标准。较薄的种植土层，不仅极易干燥使植物缺水，而且土壤养分含量也少，需要定期添加腐殖质，提供屋顶花园植物生长所需的养分。

② 温度　有些高层顶部的屋顶花园昼夜温差很大，加上建筑材料的热容量小，白天接受太阳辐射后迅速升温，晚上受气温变化的影响又迅速降温，屋顶花园植物常常处在较为极端的温度环境里面。过高的温度会使植物的叶片焦灼、根系受损，过低的温度又会给植物带来寒害和冻害。但是，一定范围内的温差变化也会促使植物生长。在屋顶花园的设计中，及时注意温度的变化，能够有效地防止植物受到伤害。

③ 光照　城镇住宅建筑屋顶的光照充足，光线强，接受阳光辐射较多，为植物光合作用提供良好环境，利于阳性植物的生长发育。但也有一些阴角的地方，适宜种植喜湿、耐阴的植物。同时，建筑物的屋顶上紫外线较多，日照长度比其他类型的庭院要增加很大，这为某些植物品种，尤其是沙生植物的生长提供了较好的环境。总之，要充分利用屋顶花园的光照资源，与适宜的植物品种相结合，创造舒适生态的城镇住宅屋顶花园景观。

④ 风力　建筑屋顶上通常通风流畅，风力较大，而屋顶花园的土壤一般又较薄，只能

选择浅根性的植物进行种植。这就要求选择植物时应以浅根性、低矮又能抵抗一定风力的植物为主。尤其要注意主导风向，可在此方向设置一些景墙或构筑物，有效地缓解较强的风力，并将怕风吹的植物种植在角落或有遮挡的地方。

（3）功能性

城镇住宅屋顶花园是住区园林绿化的一种重要形式，为改善居住生态环境、创建花园式居住环境开辟了新的途径。城镇住宅屋顶花园所具有的各种功能明显地体现了它的积极作用，为改善人们的居住环境展现了美好的前景。

① 丰富居住环境景观　城镇住宅屋顶花园的建造能够丰富建筑群的轮廓线，将绿色注入环境景观之中，是垂直立面中绿色空间与建筑空间重要的相互渗透媒介，也使环境的俯视景观更加自然化。精心设计的城镇住宅屋顶花园能够与建筑物完美结合，通过植物的季相变化，赋予建筑物以时间和空间的时序之美、规律之美。

② 调解居住的身心和视觉感受　在经济飞速发展、竞争日益激烈的社会中，人们的生活和工作处于极度紧张的状态。居住环境的适当放松能够最好地改善与缓解这些压力，调节身心健康。城镇住宅屋顶花园的位置与空间特性决定了它能够打造一处世外桃源的绿色空间，让人们在宁静安逸的氛围中得到心灵的栖息，城镇住宅屋顶花园成为了人们身居闹市中的宁静之地。

城镇住宅屋顶花园在建筑物之上展现着大自然的景色之美，把植物的形态美、色彩美、芳香美和韵律美带到了居住区中，对减缓人们的紧张度、消除工作中的疲劳、缓解心理压力起到有效的作用。同时，城镇住宅屋顶花园中的绿色代替了建筑材料的僵硬质感，调节了建筑的外轮廓，也改善了住区内和建筑内的小气候，增加了人与自然的亲密感，无论从视觉上还是心理上都能起到良好的效果，从而改善居住环境。

③ 生态功能

1）城镇住宅屋顶花园能够有效地改善生态环境，增加环境的绿化面积。现代社会发展的特征之一就是大量建筑与基础设施的兴建，其不可避免地需要越来越多的土地面积。屋顶花园与垂直绿化相同，都能够有效地补偿建筑占用的绿地面积，大大提高绿化覆盖率。而且，屋顶花园植物生长的位置通常较高，能在多个环境垂直空间层次中净化空气，起到地面植物达不到的绿化效果。

2）城镇住宅屋顶花园能够起到建筑隔热保温的作用，减少建筑的能耗，有效节省资源，并达到居住环境冬暖夏凉的目的。在炎热的夏季，照射在屋顶花园的太阳辐射热多被植物吸收，有效地阻止了屋顶表面温度的升高。在寒冷的冬季，外界的低温空气由于种植层的作用而不能侵入室内，有效地保证了室内热量不会轻易通过屋顶散失。

3）城镇住宅屋顶花园还可以通过收集雨水、截留雨水等解决灌溉用水和花园水景用水，不仅创造自然的景观，也能减少排入城市下水道的水量，使城市排水管网可以适当缩小，以节省市政设施投资。

（4）安全性

城镇住宅屋顶花园的特殊位置以及服务的人群和承载的功能都较为特殊，屋顶花园距离地面具有一定高度，建筑顶部绿地的承载能力、花园空间的界面围合，都需要很高的安全性保障，这是城镇住宅屋顶花园设计的前提和基础。这种安全性主要来自于两个方面的因素：一是建筑本身的安全；二是住户使用花园时的人身安全。

① 城镇住宅建筑本身的安全性与建筑屋顶的承重和防水有关。城镇住宅建筑屋顶的承

重是有一定限制的，因此在进行屋顶花园设计与建造时，不能够随意选择植物品种或设置景观小品，屋顶花园中的所有设施与材料的重量一定要经过认真的核算，确保在规定范围之内。在此基础上，尽量选择轻质的材料或草本植物，以减轻对屋顶的压力。另外，城镇住宅屋顶花园的防水也是安全性的重要方面。通常具有屋顶花园的建筑屋顶结构要包含防水层，以有效防止渗水现象，并保证植物吸收充足的水分。在屋顶花园的建造过程中，要注意可能的防水层破坏问题，修补防水层要追加很多花园营造的费用，同时也给住户的正常生活带来不便。因此在进行花园建造时要尽量选用浅根性植物，并提前深入了解花园地层结构，避免施工过程中的无意破坏。

② 城镇住宅屋顶花园是人们家居活动，方松心情的地方，无论是私家屋顶花园还是公共的屋顶花园，都要承载很多的活动项目，这样，在活动过程中的人身安全问题就显得非常重要。城镇住宅建筑的屋顶花园围合面主要是建筑墙面或栏杆、护栏等，这些构建物的坚固程度以及高度、间隙宽度等直接影响屋顶花园的安全性。在家庭成员中，小孩的安全要着重考虑。在保证屋顶花园围合的界面可靠性基础上，还要注意一些种植设备或景观小品的摆放，应尽量远离栏杆、护栏，避免放在栏杆上。即使要放置这些设备，也应该进行必要的加固措施以确保安全。

8.3.4 城镇住宅屋顶花园景观的总体设计

（1）城镇住宅屋顶花园的空间布局

在城镇住宅屋顶花园景观设计中，空间布局之前首先要了解并确定地块中最根本的限定条件和优势是什么，如主导风向、土层厚度、温度变化、光照条件等，并根据这些基本情况分析优劣势。如何阻隔和过滤强风，如何确定用餐或娱乐区域的光照与遮阴，建筑屋顶承重力对植物种植和其他较重构筑物的摆放位置限制等，都是城镇住宅屋顶花园设计的首要考虑问题。

接下来的城镇住宅屋顶花园空间布局与划分是景观设计的基础，通常城镇住宅屋顶花园包括两大区域：观赏区和活动区，形成屋顶花园的景观功能与使用功能。观赏区一般以种植为主，通过植物景观产生生态效益，提供自然化的观赏美景，同时可少量点缀景观小品，丰富观赏区的景观层次和元素。活动区主要满足居住者的日常活动需求，通过一定的场地面积，必要的功能设施或一些景观构筑物来形成各个功能空间，如聚会空间、就餐空间、休闲娱乐空间、休憩空间等。另外，有些城镇住宅屋顶花园的面积有限，植物的种植常常与活动区相互结合，活动区可设置在花园的中部位置，这样可以使人们在绿色的植物环境中进行休闲活动。观赏区与活动区实现了屋顶花园的景观功能与使用功能，使花园成为一个既能观景，又能进行休闲活动的场所。

城镇住宅屋顶花园的空间布局除了协调观景与活动的需求之外，还要注意把握花园整体的景观特征与建造风格。空间布局的形式直接影响屋顶花园的整体风格，规则式的花园严谨庄重，简洁大方，但可能较呆板，单一；自由式的花园灵活多变，丰富活泼，但可能凌乱繁杂。重要的是把握整体的空间布局特征，一方面体现主人的个性化设计，另一方面与建筑的形式与风格相统一（图8-7、图8-8）。

（2）城镇住宅屋顶花园的分区设计

在城镇住宅屋顶花园的分区设计中，植物种植的区域是屋顶花园设计的必备内容，也是实现屋顶花园绿化的必要条件。种植区域在进行设计时，应该考虑植物的生长条件、建筑屋

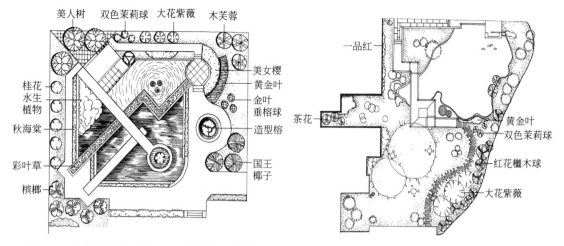

美人树　双色茉莉球　大花紫薇　木芙蓉

桂花
水生
植物

秋海棠

彩叶草

槟榔

美女樱
黄金叶
金叶
垂榕球
造型榕

国王
椰子

一品红

茶花

黄金叶
双色茉莉球
红花檵木球
大花紫薇

图 8-7　规则的屋顶花园布局更容易与建筑协调　　图 8-8　曲线式的屋顶花园布局更容易融入自然环境

顶的图层厚度、承重要求以及花园功能组织的要求。

　　花园植物的种植要兼顾建筑立面的绿化，尤其是种植在花园外围界面的植物，直接影响建筑的整体形象。植物的种类、色彩、形态和种植位置、层次变化等应与建筑的整体形态相融合，不仅创造舒适的花园环境，同时实现整体建筑立面的统一景观。

　　活动区域对于城镇住宅屋顶花园来说是很重要的，城镇住宅屋顶花园除了进行观景外，还应该具备必要的活动场所，这对于居住者来说是必不可少的。人们能够在绿意盎然的高空环境中休憩娱乐，可以说是紧张生活中的一方净土。不同的城镇住宅屋顶花园有不同的限制，其活动区域也受到相应的限定，所以在进行屋顶花园设计时要根据实际情况进行活动区域的设置。

　　一些面积较小的屋顶花园不能实现大面积庭院的多种活动空间设置，所以常常满足主要的功能或以重要的功能安排为主，协调各个场地之间的关系，尽量合理安排，不浪费空间。花园中可以尽量设置一些简单的设施满足基本的功能需求，如植物种植池可以兼作座椅，景观小品既可以观赏又可以使用。总的来说，活动空间的设计可以与观景的空间相结合，创造布局紧凑、节省用地的屋顶花园。

　　（3）城镇住宅屋顶花园与周边环境的关系

　　城镇住宅屋顶花园附属于城镇住宅建筑，其整体的风格与形态与周边的建筑、居住区的环境等都有直接的关系，要想获得好的花园设计效果，就要做到与建筑及相邻周围环境的和谐。城镇住宅屋顶花园的不同设计风格都有各自特色，无论是乡村式的、传统式的、日式的、欧式的或者其他样式，都与建筑的风格有所关联。

　　屋顶花园的设计风格也与建筑、花园的色调有关，城镇住宅屋顶花园的铺装、景观小品、植物种植等要与建筑的外立面颜色、质感以及室内的主色调相关，达到花园在平面与立面上作为建筑的延伸，使主题与风格连贯而单纯。

　　城镇住宅屋顶花园通常是集休憩、观赏、娱乐为一体的"空中花园"，在拥挤的市区中，屋顶花园是一处可以俯瞰所有景观的空间，与屋顶花园周边的环境有密切的联系。所以在城镇住宅屋顶花园的景观设计中，要重点考虑花园的界面处理，以及观景空间的视野范围。通过开敞的界面处理或半通透的界面来引入花园周边的自然景观或繁华的都市景观，以借景或对景的手法将屋顶花园的空间感扩大，同时也将屋顶花园融入进周边的环境之中。

8.3.5 城镇住宅屋顶花园的景观元素设计要点

（1）植物绿化

在城镇住宅屋顶花园景观设计中，植物绿化是最重要的组成部分，其中植物品种的选择、植物种植方式、种植位置等都与屋顶花园的荷载以及土壤的性质有重要关系，这是不同于其他类型庭院植物种植的一点。城镇住宅屋顶花园的空间特殊性决定了植物种植的特殊性。

城镇住宅屋顶花园在选择植物时，应以喜阳性、耐干旱、浅根性、较低矮健壮、能抗风、耐寒、耐移植、生长缓慢的植物种类为主。城镇住宅屋顶花园多选用小乔木、灌木、花卉地被等植物绿化环境。

① 小乔木和灌木　就北方的城镇住宅屋顶花园而言，常用的灌木和小乔木品种有鸡爪槭、紫薇、木槿、贴梗海棠、蜡梅、月季、玫瑰、海棠、红瑞木、牡丹、结香、八角金盘、金中花、连翘、迎春、栀子、鸡蛋花、紫叶李、枸杞、石榴、变叶木、石楠、一品红、龙爪槐、龙舌兰、小叶女贞、碧桃、樱花、合欢、凤凰木、珍珠梅、黄杨，以及紫竹、箬竹等多种竹类植物。这些植物中既有观花植物，也有观叶观干的植物，在城镇住宅屋顶花园的植物配置中应充分考虑它们季相的变化，在不同的季节展现植物丰富多姿的景观。

② 草本花卉和地被植物　城镇住宅屋顶花园由于建筑荷载的限制，常常大面积地选用地被植物或轻质的草本花卉来装点花园，如天竺葵、球根秋海棠、菊花、石竹、金盏菊、一串红、风信子、郁金香、凤仙花、鸡冠花、大丽花、金鱼草、雏菊、羽衣甘蓝、翠菊、太阳花、千日红、虞美人、美人蕉、萱草、鸢尾、芍药等。它们是屋顶花园重要的点景植物，大片的花卉和悠悠的花香使屋顶花园的环境更加吸引人。此外，还可以搭配一些常绿的、易于管理的植物，如仙人掌科植物，因耐干旱的气候，也常用于屋顶花园之中，形成四季有景的花园景观。城镇住宅屋顶花园的地被植物常用的有早熟禾、麦冬、吊竹兰、吉祥草、酢浆草等，它们是屋顶花园重要的基础绿化。也有一些城镇住宅屋顶花园种植有水生花卉，如荷花、睡莲、菱角等。

③ 攀缘植物　攀缘植物在城镇住宅屋顶花园中也较常用，如爬山虎、紫藤、凌霄、葡萄、木香、蔷薇、金银花、牵牛花等。这些爬蔓的植物与花架、景墙结合，形成了垂直的花园绿化，既可以作为绿色的屏障，也可以作为绿色的凉棚。

（2）水景设计

在一些较高档的城镇住宅屋顶花园中，常常有动人的水景设计，包括静水池、叠水、喷泉、游泳池、植物种植池等，屋顶花园的水景形式很多，在建筑荷载以及满足防水的基础上可以实现各种各样的水景观。

城镇住宅屋顶花园的水池一般为浅水池，可用喷泉来丰富水景。也可采用动静结合的手法，丰富景观视觉效果，但要做好防水措施。屋顶花园水池的深度通常在 30～50cm，建造水池的材料一般为钢筋混凝土结构，为提高其观赏价值，在水池的外壁可用各种饰面砖装饰，达到在无水时也能够作为一处可观的景色。同时，由于水的深度较浅，可以用蓝色的饰面砖镶于池壁内侧和底部，利用视觉效果来增加水池的深度。

在我国北方地区，由于冬季气候寒冷，水池的底部极易冻裂，因此，应清除池内的积水，也可以用一些保温材料覆盖在池中。另外，要注意水池中的水必须保持洁净，尽可能采用循环水，或者种植一些水生植物，增加水的自净能力。尤其一些自然形状的水池，可以用一些小型毛石置于池壁处，在池中放置盆栽水生植物，例如荷花、睡莲、水葱等，增加屋顶花园的自然山水特色。

屋顶花园中的喷泉管网布置要成独立的系统，便于维修。小型的喷泉对水的深度要求较低，特别是一些临时性喷泉很适合放在屋顶花园中。

城镇住宅屋顶花园的水景也可以与假山置石相结合，但受到屋顶承重的限制，山石体量上要小一些，重量上也不能超过荷载的要求。屋顶花园中的假山一般只能观赏不能游览，这就要求置石必须注意形态上的观赏性及位置的选择。除了将其布置于楼体承重柱、梁之上以外，还可以利用人工塑石的方法营造质量轻、外观可塑性强、观赏价值也较高的假山。

（3）构筑物设计

城镇住宅屋顶花园的构筑物设计多以满足居住者使用功能为基础，也有点景、美化环境的作用。

① 入口门廊　城镇住宅屋顶花园的大门是内外空间最直接的转换。首先要满足便捷的、内外交通顺畅的需求。其次，要在景观上形成内外空间的过渡。屋顶花园的入口可以采用休息的廊架、花池、规则的植物种植等方式连接室内外空间，使居住者能够从室内的封闭空间逐渐地过渡到绿色的花园之中。

② 亭、廊、架　城镇住宅屋顶花园中的休息设施通常采用木质的亭廊花架，材料较轻，又可以与植物种植相结合。这些构筑物的设置与花园的空间布局有很大关联。通常在休息区会放置一些遮蔽物、座椅，满足私密的活动。

③ 景观小品　雕塑、假山、艺术装置等是城镇住宅屋顶花园中经常出现的点景要素，它们往往能够形成视觉焦点和空间中心的作用。景观小品也与植物种植相互映衬，为花园营造出精致的景观，并起到点题和强化风格的作用。如叠石假山可以营造中式传统园林的韵味，石灯和白砂的搭配可以营造日式枯山水的意境，艺术雕塑的摆放可以体现现代园林的风格。

在城镇住宅屋顶花园的设计中，选择景观小品时要遵循以下几点：首先，景观小品的风格要与屋顶花园的风格与形式相协调，能体现花园的主题和整体韵味；其次，景观小品的数量不宜过多，它们起到画龙点睛的作用，太多的景观小品会产生琐碎杂乱之感，也会增加屋顶的压力。所以城镇住宅屋顶花园中，应以植物造景为主，景观小品为辅，起到深化主题，形成亮点的作用。

城镇住宅屋顶花园的景观以经济性、实用性、美观性为主要原则，景观小品的设计同样要遵循这些原则。花园中的景观小品不仅起到美化环境，增加视觉舒适感的作用，同时要与使用功能相结合。景观小品的设置可以起到分隔空间、休息、遮风避雨等功能，使这些小品与使用者的关系更亲近、密切。

（4）铺装设计

城镇住宅屋顶花园的铺装设计为居住者提供了活动的场地，也直接影响花园的整体景观。铺装材料的选择可以使用一些与室内相同的材料，以形成空间的延续与联系，例如室内的木地板可以直接延伸至花园，作为室外的活动平台；地砖的部分延出也可以形成室内外自然的过渡。

铺装设计对于屋顶花园空间的外观很有意义，它可以形成一定的表面图案和肌理质感，例如方向感强的线条可以引导视线，强化形式感，可以在主要的视点或入口位置的设置，引导人们进入花园。铺装形式的不同产生不同的空间感受。与人的观赏实现相同的方向的铺装形式会使人的目光快速穿越，有可能遗漏掉许多细节，该区域就可能显得较小；反之，当铺装的线条与人的视线垂直设置时，那么视线就有可能放慢下来，同时用较长的时间穿越该区域，从而使空间显得较大。所以铺装的设计与空间的感受直接相关。

合适的尺度和比例会给人以美的感受，不合适的尺度和比例则会让人感觉不协调。铺装能很好地反映周围空间环境的尺度关系。带有一定色彩和质感的铺装能恰当地反映比例尺度关系。小尺度和比例的铺装会给人肌理细腻的质感，大尺度的铺装能够表现简洁大方的风格。

铺装设计也可以产生地面上的花园节奏，宽条的铺装比窄条的铺装更具有静态的视觉效果，小模数的铺装材料在视觉上会显得比大模数更加轻盈，因此当需要将狭小的空间感受扩大化时，可以选择前者。铺装设计的节奏感与空间感也可以与植物相结合，形成相互穿插的效果，既可以用作活动场地，又可以提高绿地面积。

在城镇住宅屋顶花园的铺装设计中，经常使用的材料有木板、木块、砖、花岗岩或者鹅卵石等，可以形成不同的装饰图案和铺装形式，用以引导视线、强调与烘托周围景物。

（5）服务设施

由于屋顶花园通常要比地面上的庭院小很多，加上在设计过程中的一些限制，都决定了要尽可能地避免太多不同的材料、设施、构筑物等，避免繁复的图案和过重的承载力，这也包括一些附加的服务设施、花盆、种植箱和雕塑等，应该有统一的主题和风格。在城镇住宅屋顶花园中，室外家具经常是既满足景观的需求，也提高人们活动的功能需求。城镇住宅屋顶花园服务设施的选择要注意使用的舒适性、合理性和便捷性，并强调居住者在使用过程中与自然的亲和，既要符合人的行为模式与人体尺度，又要使人感到舒适、方便和亲切。另外服务设施强烈的视觉特征，直接影响花园的整体景观。在较小的屋顶花园中，设施的造型要尽量简洁、轻巧，营造和谐、舒适的气氛。

8.3.6 城镇住宅屋顶花园景观的施工与养护

（1）城镇住宅屋顶花园的基本构造

城镇住宅屋顶花园不同的区域具有不同的构造结构，花园中的植物种植区，园路铺装区和水景区都有不同的构造层。

① 植物种植区　城镇住宅屋顶花园的植物区构造包括植被层、基质层、隔离过滤层、排水层、保湿毯、根阻层和防水层。屋顶花园的植被层包括花园中种植的各种植物，即乔木、灌木、草坪、花卉、攀缘植物等；基质层是指满足植物生长需求的土壤层，包括改良土和超轻量基质两种类型；隔离过滤层位于基质层的下方，用于阻止土壤基质进入排水系统而造成堵塞；排水层位于防水层与过滤层之间，用于改善种植基质的通气情况，排除多余的滞水；保湿毯用于保留一定量的水分，以提供植物的营养，同时保护下面的隔根层和防水层；根阻层是为防止植物的根系穿透防水层而造成防水系统功能失效；防水层要选择耐植物根系穿刺的材料。

② 园路铺装区　城镇住宅屋顶花园为了满足休憩和娱乐、观景等需求，需要设置园路和活动场地。因为不必考虑植物的种植需求，所以铺装区域的构造相对简单，只要保证排水性，同时不破坏原有的屋顶防水系统即可。

③ 水景区　常用的水池做法有钢筋混凝土结构和薄膜构造两种（图 8-9、图 8-10）。

（2）城镇住宅屋顶花园的荷载承重

现代的城镇住宅屋顶花园运用科学的设计手法和技术将传统的绿化庭院从地面扩展到空

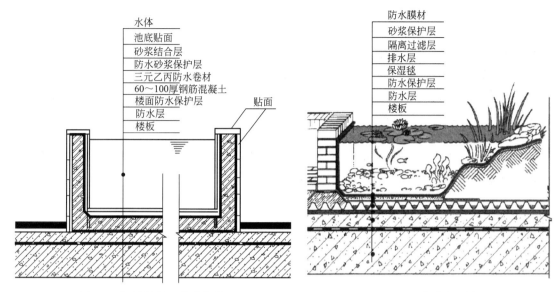

图 8-9　钢筋混凝土水池结构　　　　　图 8-10　薄膜水池构造

中，有效地提高了现代居住环境的质量。由于所处位置的特殊性，建筑屋顶的荷载承受能力远比地面低。城镇住宅屋顶花园的荷载类型包括永久荷载（静荷载）和可变荷载（活荷载）。静荷载包括花园中的构筑物、铺装、植被和水体等产生的屋面荷载；活荷载主要包括活动人群和风霜雨雪荷载等。种植区荷载包括植物荷载、种植土荷载、过滤层荷载、排水层荷载、防水层荷载。园路铺装荷载要取平均每平方米的等效均布荷载、线荷载和集中荷载来计算，并根据建筑的不同结构部位进行结构设计。水体荷载根据水池积水深度以及水池建设材料来计算。构筑物荷载根据它们的建筑结构形式和传递荷载的方式分别计算均布荷载、线荷载和集中荷载，并进行结构验算和校核。一般屋顶花园屋面的静荷载取值为 $2.0 \mathrm{kN/m^2}$ 或 $3.0 \mathrm{kN/m^2}$。

在具体设计中，除考虑屋面静荷载外，还应考虑非固定设施、人员数量流动、自然力等不确定因素的活荷载。为了减轻荷载，设计中要将亭、廊、花坛、水池、假山等重量较大的景点设置在承重结构或跨度较小的位置上，地面铺装材料也要尽量选择质量较轻的材料。从安全角度考虑，铺装在整个屋顶花园中所占的面积比例要得当，太小不能提供足够的供人们活动的场地，太大势必缩减绿化面积，也会在一定程度上增加荷重。所以，应根据不同的使用需求来确定铺装的面积和设施、构筑物的数量以及植物的种类，兼顾安全性、经济性和美观性。

（3）城镇住宅屋顶花园的养护管理

城镇住宅屋顶花园植物生长的土壤基质较薄，需要比其他庭院更精细的管理与维护。在屋顶花园建造结束之后，应加强日常的管理，建立完善的、切实可行的管理措施。适宜恰当的管理方式可以节省时间、精力与投资。

① 灌溉　城镇住宅屋顶花园的植物浇灌要适宜，既不能过多也不能过少，要本着少浇和勤浇的原则。因为，过多的灌溉一方面造成浪费，更重要的是增加荷重，极易破坏植物区的基质层。屋顶花园的植物浇灌也可以结合雨水收集与再利用，节省水资源。

② 施肥　城镇住宅屋顶花园的植物养护要根据不同的植物种类和植物的不同生长发育阶段来进行施肥。同时，可以利用家庭剩余的烂菜叶、淘米水等，形成自制的花费，既经济

又环保。

③ 种植基质　在城镇住宅屋顶花园中，由于风力较大、日照较强，植物生长的土壤基质自然流失较严重，需要及时更新种植基质，以满足植物生长所需的充足营养。

④ 防寒、防日灼、防风　城镇住宅屋顶花园防寒、防日灼、防风的需求要比其他类型的庭院高许多，因为屋顶花园特殊的位置，导致其温度变化较大，阳光强烈，风力也比地面大很多，所以植物的生长常常受到气候的影响。尤其是一些开敞的屋顶花园，要实时地关注气候变化对花园造成的伤害。

⑤ 排水　在城镇住宅屋顶花园中，排水是至关重要的，对已建成的屋顶花园的给排水和渗透情况要及时进行检查与维修，防患于未然。

城镇住宅设计实例

9.1 低层住宅(1~3层)

9.1.1 少数民族住宅

（1）四川藏族牧民住宅（设计：攀枝花市规划建筑设计研究院 卢海滨等）

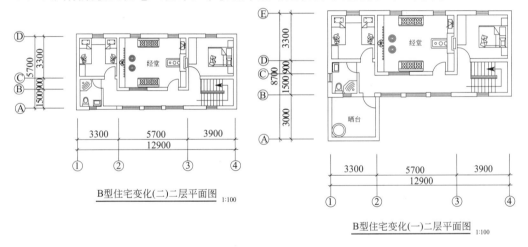

B型住宅变化(二)二层平面图 1:100

B型住宅变化(一)二层平面图 1:100

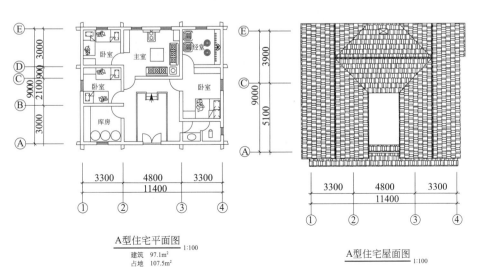

A型住宅平面图 1:100

建筑 97.1m²
占地 107.5m²

A型住宅屋面图 1:100

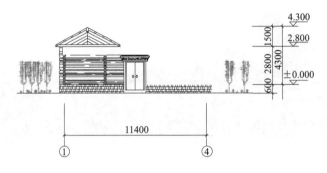

<u>A型住宅立面图</u> 1:100

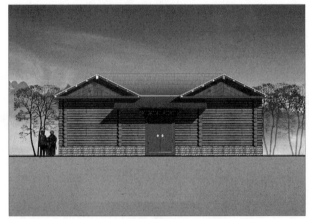

A 型住宅立面图

B 型住宅立面图

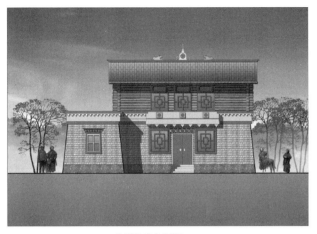

C型住宅立面图

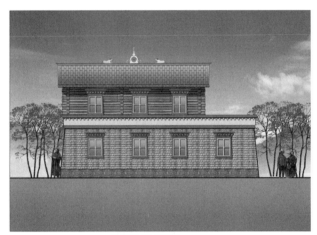

D型住宅立面图

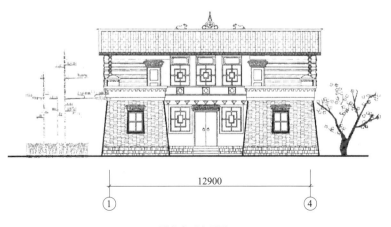

B型住宅正立面图 1:100

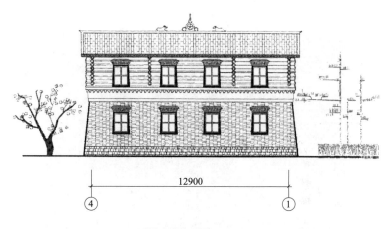

B型住宅背立面图 1:100

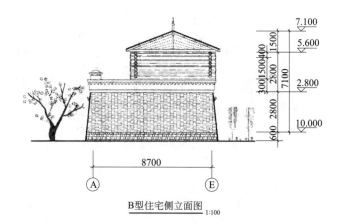

B型住宅侧立面图 1:100

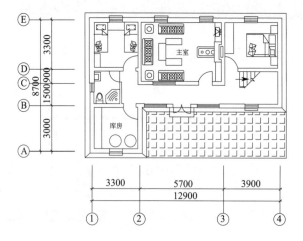

B型住宅(变化一)层平面图 1:100

建筑 168.5m²
占地 89.7m²

（2）云南省傣族住宅（摘自《村镇小康住宅设计图集（二)》)

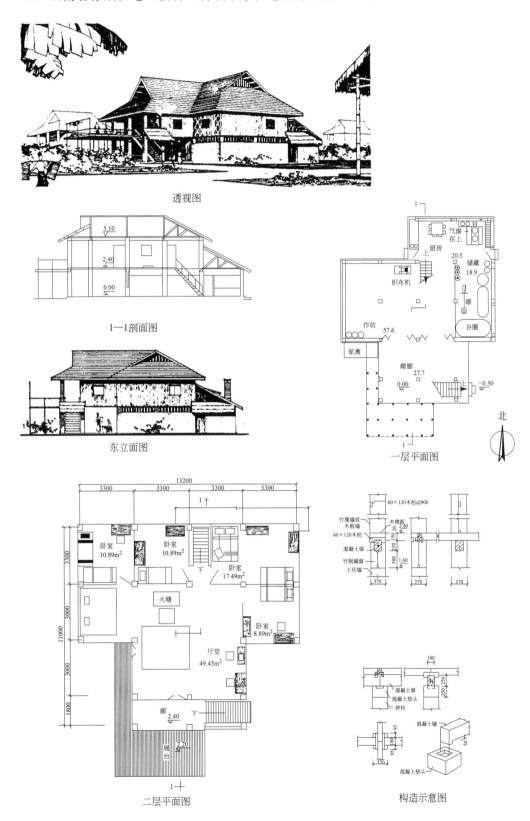

透视图

1—1剖面图

东立面图

一层平面图

二层平面图

构造示意图

9.1.2 专业户住宅

（1）经商专业户住宅（一）（摘自《村镇小康住宅设计图集（一）》）

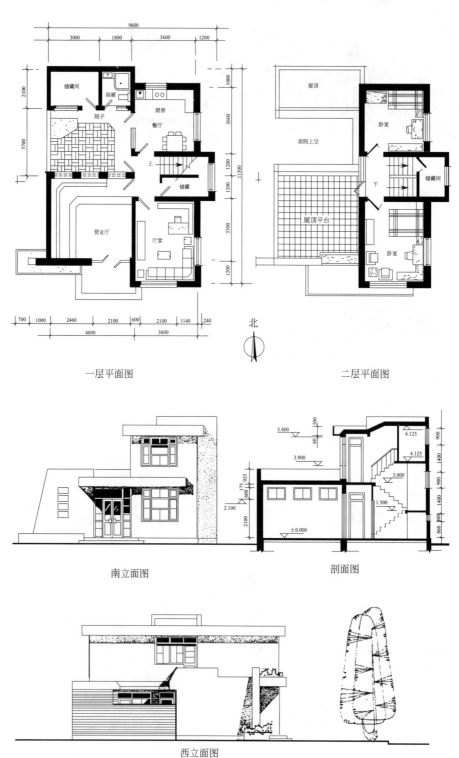

（2）经商专业户住宅（二）（摘自《村镇小康住宅设计图集（一）》）

南立面图

西立面图　　　　　　　　　　　剖面图

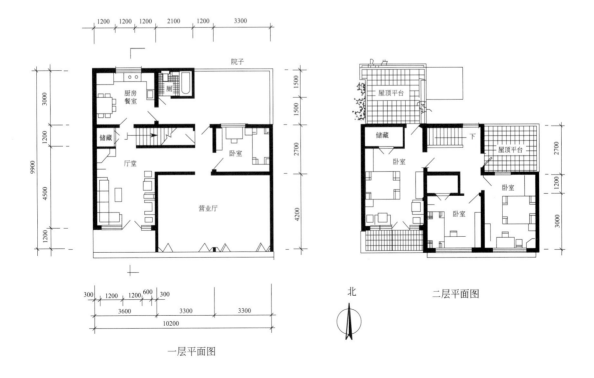

一层平面图　　　　　　　　　　北　　　　二层平面图

（3）制茶专业户住宅（设计：福建华安县建设局　邹银宝等；指导：骆中钊）

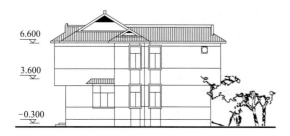

西立面图

北立面图

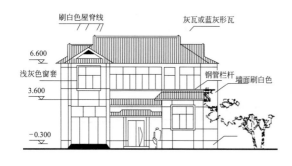

南立面图

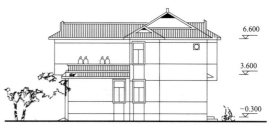

东立面图

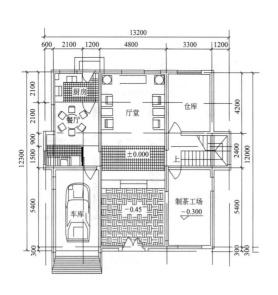

一层平面图

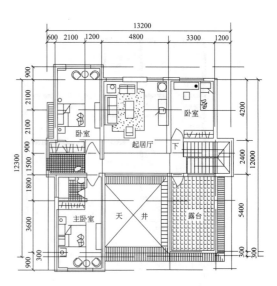

二层平面图

（4）养花专业户住宅（摘自《村镇小康住宅设计图集（二）》）

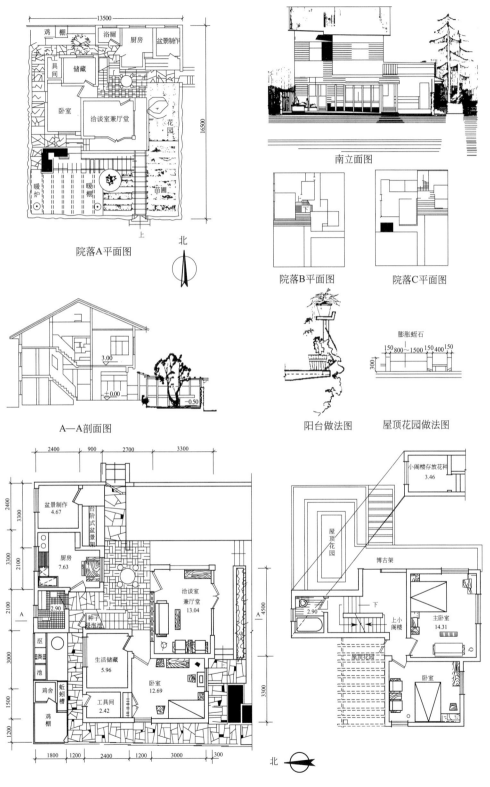

院落A平面图

南立面图

院落B平面图　　院落C平面图

A—A剖面图

阳台做法图　　屋顶花园做法图

一层平面图　　二层平面图

（5）食用菌专业户住宅（摘自《村镇小康住宅设计图集（二）》）

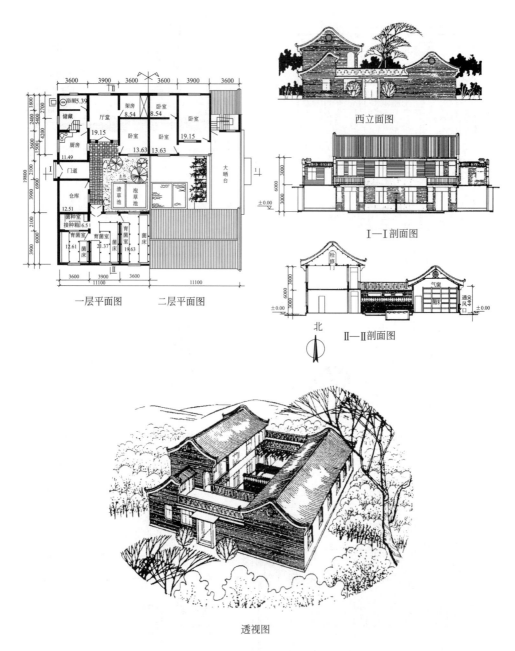

西立面图

I—I剖面图

II—II剖面图

北

一层平面图　二层平面图

透视图

群体组合示意图

9.1.3 代际型住宅

（1）代际型住宅（一）（设计：连云港市建筑设计研究院 屈雪娇，仰君华）

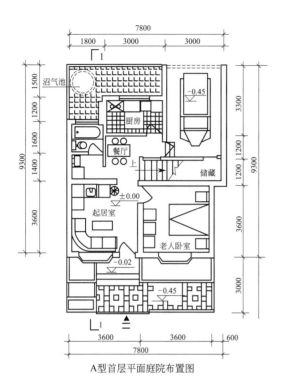

A型首层平面庭院布置图

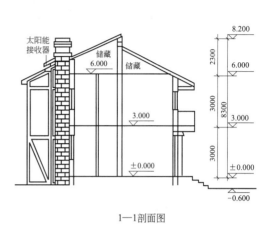

1—1剖面图

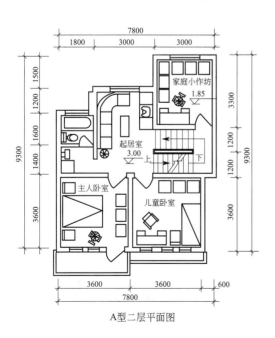

A型二层平面图

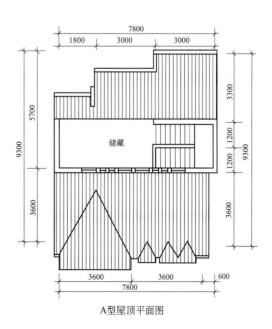

A型屋顶平面图

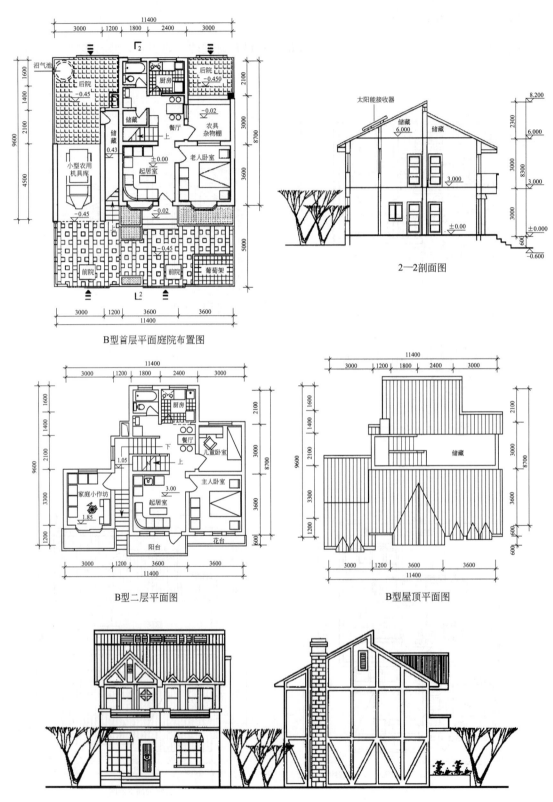

B型首层平面庭院布置图

2—2剖面图

B型二层平面图

B型屋顶平面图

A型南立面图

A型西立面图

B型南立面图　　　　　　　　B型西立面图

设计简介

● 本方案在设计上充分考虑了当代人的生活方式，以相互尊重的态度，将这一思想体现在设计中。根据老人的特点，将一层作为老人的居住空间，设单独出入口、单独厨卫；二层作为青年一代的居住空间，也设单独出入口、单独厨卫。同时，又通过一部室内楼梯将一层、二层连接，这样形成了两部分既独立又紧密联系的布局，充分体现了敬老、爱老、护老这一主题，同时，尊重了两代人互不相同的生活方式，在功能布局上利用了较符合人性的处理手法，充分体现"两代居"的特点。

● 方案在庭院布局上形成前后独立的前院与后院，前院做生活庭院布置，后院做杂物院布置并设计有沼气池，形成良好的使用功能。两种方案都考虑到村镇建设用地实际，建筑结合庭院形成矩形用地，使方案组合起来更加灵活，既可作独立布置又可做联排布置。

● 方案设计充分考虑村镇居民的劳动副业问题，在机具库上布置家庭小作坊，为使用者创造更好的致富环境；同时在布局上又充分考虑作坊可能给居住空间带来的影响，利用楼梯间里的休息平台做文章，既充分地利用了空间，又将作坊与生活空间自然分开，同时提高了建筑的经济性。

● A、B型方案在造型上，追求一种与大自然相互融合的当代民居风格，力求形式新颖、风格独特，A、B型方案都属于小面积住宅，设计力求在小面积控制下形成良好的使用功能，为小康农家创造出更加实际、更加完美的居住条件。

技术经济指标

面积＼户型	A 型	B 型	面积＼户型	A 型	B 型
建筑面积/m²	121	142	前院面积/m²	22.2	53.2
使用面积/m²	97.4	116	后院面积/m²	9.18	25.6
建筑占地/m²	66.1	82.4	总用地面积/m²	97.5	161.2
平面利用系数/%	80.5	81.6			

（2）代际型住宅（二）（设计：北方工业大学　宋效巍，中国建筑技术研究院　梁咏华；指导：骆中钊）

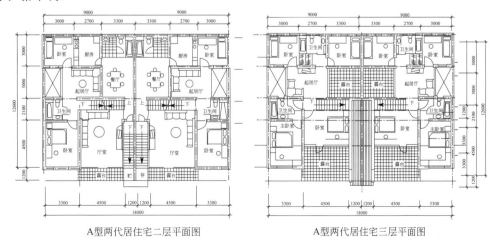

A型两代居住宅二层平面图　　　　　　　A型两代居住宅三层平面图

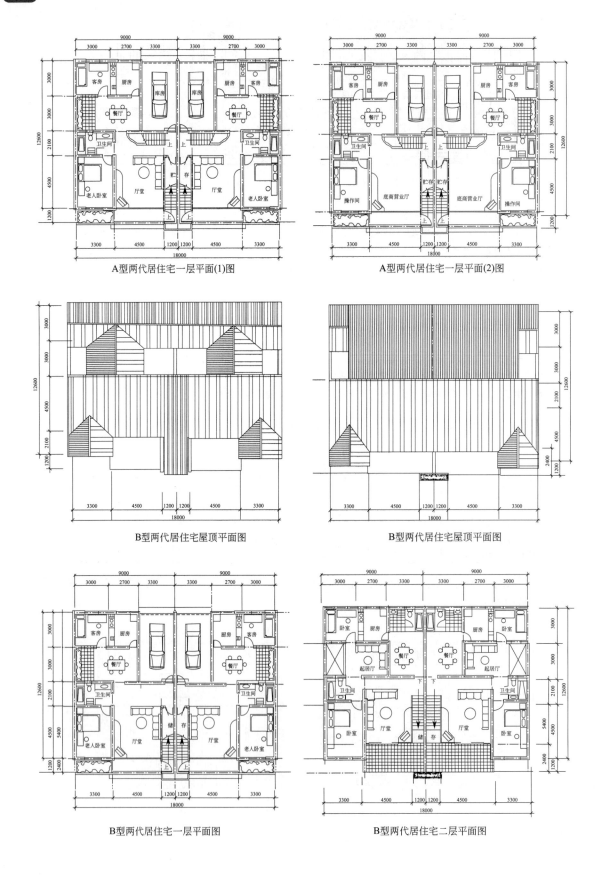

A型两代居住宅一层平面(1)图

A型两代居住宅一层平面(2)图

B型两代居住宅屋顶平面图

B型两代居住宅屋顶平面图

B型两代居住宅一层平面图

B型两代居住宅二层平面图

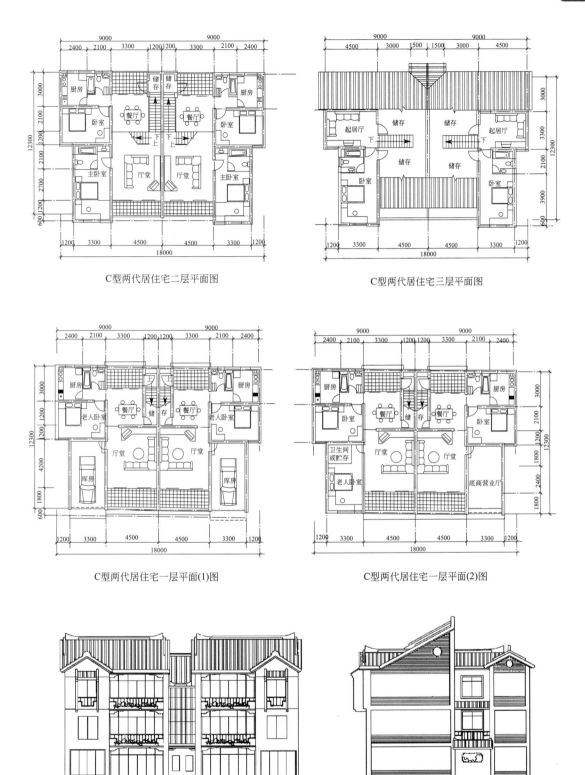

C型两代居住宅二层平面图

C型两代居住宅三层平面图

C型两代居住宅一层平面(1)图

C型两代居住宅一层平面(2)图

C型两代居住宅正立面(1)图

C型两代居住宅侧立面(1)图

C型两代居住宅正立面(2)图   C型两代居住宅侧立面(2)图

（3）代际型住宅（三）（设计：上海同济城市规划设计研究院）

A型两代居住宅南立面图　　A型两代居住宅北立面图　　A型两代居住宅剖面图

A型两代居住宅一层平面图　　A型两代居住宅二层平面图　　A型两代居住宅三层平面图

B型两代居住宅南立面图　　B型两代居住宅北立面图　　B型两代居住宅剖面图

B型两代居住宅一层平面图　　B型两代居住宅二层平面图　　B型两代居住宅三层平面图

9.1.4　山坡地住宅

（1）山坡地住宅（一）（设计：桂林地区规划建筑设计院　于小明）

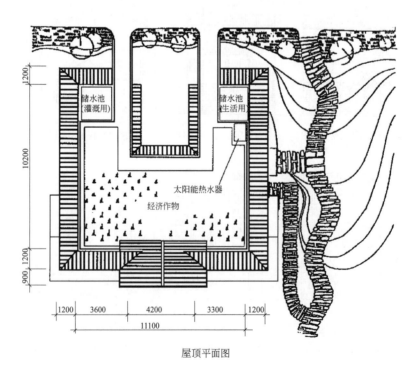

屋顶平面图

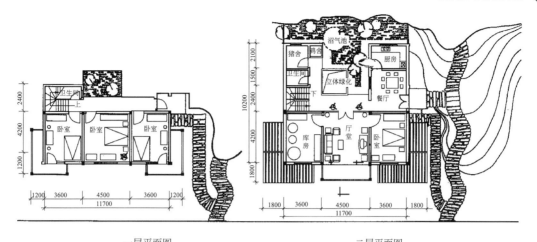

一层平面图　　　　　　　　　　二层平面图

侧立面图　　　　　　　　　正立面图

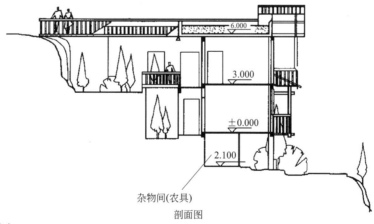

剖面图

设计简介

● 合理利用坡地，在创造理想的居住环境同时改善生态环境。

● 重视节能和生态环境保护，设有沼气池、太阳能热水器，并设屋顶储水池。

● 建筑造型体现桂北民居特色，依山就势，错落有致，收放自如。

● 力求生活环境与自然环境息息相通，"天人合一"的古代自然观。

● 庭院经济、庭院绿化立体化。

技术经济指标

户　　　型	建筑面积/m²	阳台面积/m²	使用面积/m²	平面利用系数/%
两房两厅	152.36		109.78	72.05

注：每户用地 150m²；建筑占地 108.5m²。

（2）山坡地住宅（二）（摘自《村镇小康住宅设计图集（二）》）

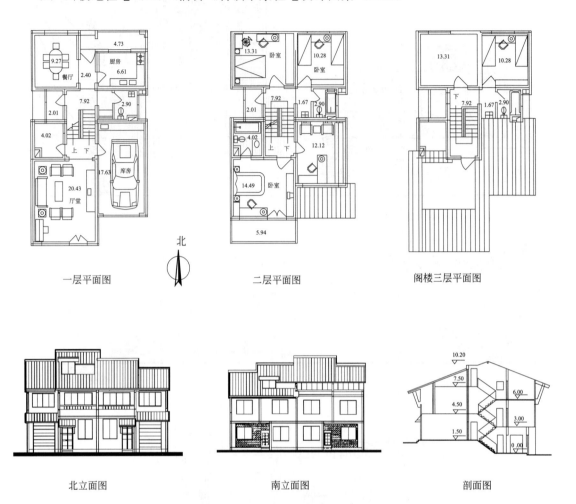

一层平面图　　　　　　二层平面图　　　　　　阁楼三层平面图

北立面图　　　　　　　南立面图　　　　　　　剖面图

（3）山坡地住宅（三）（摘自《村镇小康住宅设计图集（二）》）

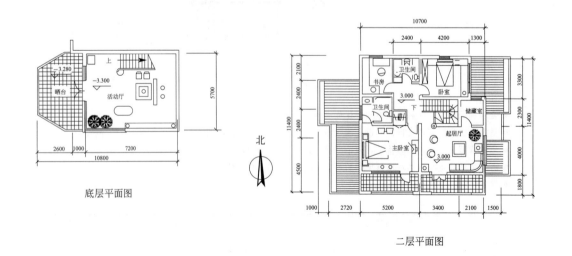

底层平面图　　　　　　　　　　　　　二层平面图

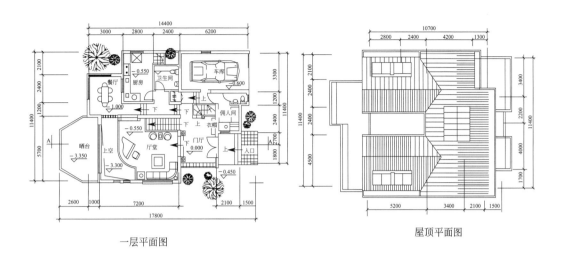

一层平面图

屋顶平面图

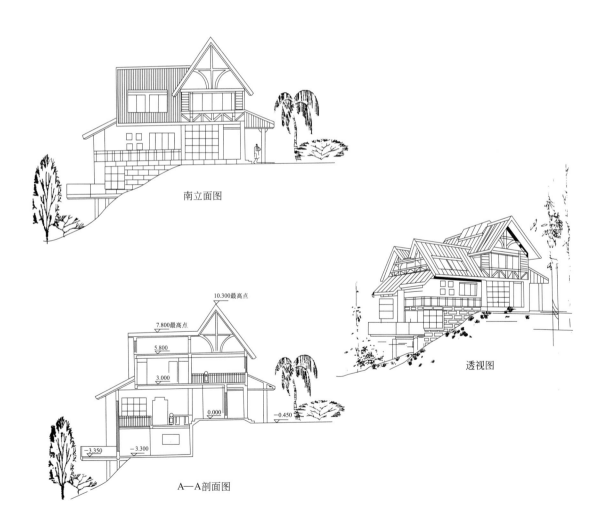

南立面图

A—A剖面图

透视图

（4）山坡地住宅（四）（设计：永嘉县规划设计研究院）

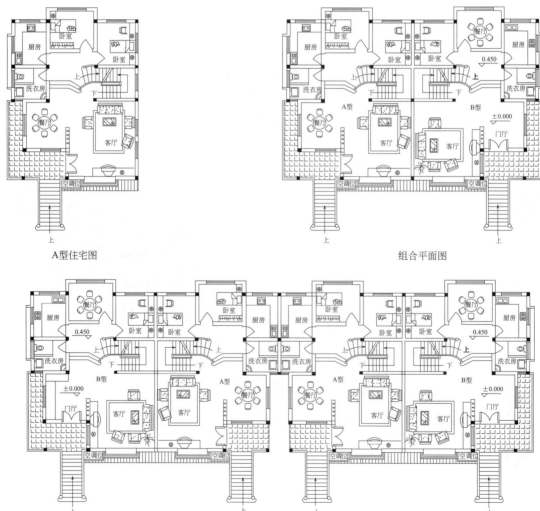

A型住宅图   组合平面图

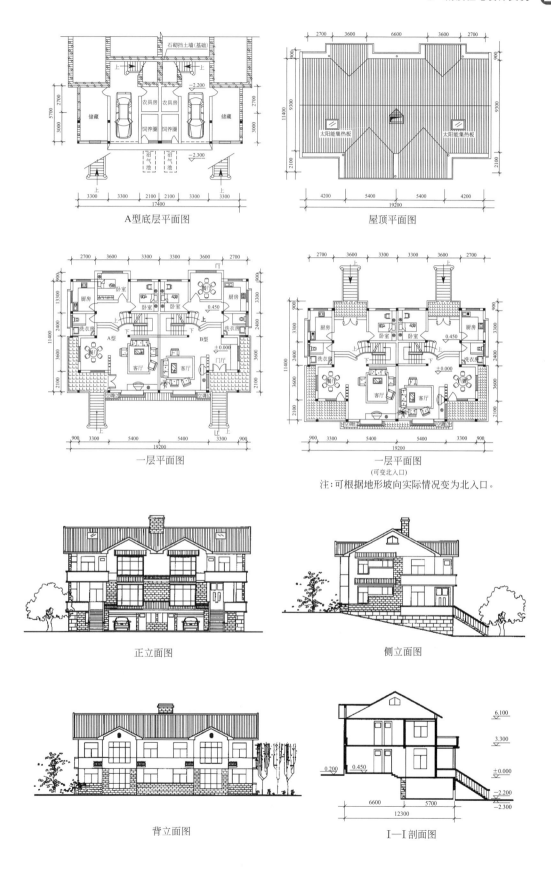

A型底层平面图

屋顶平面图

一层平面图

一层平面图
（可变北入口）

注：可根据地形坡向实际情况变为北入口。

正立面图

侧立面图

背立面图

I—I 剖面图

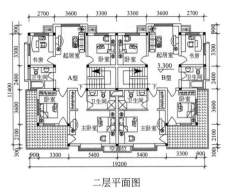

二层平面图

（A 户型建筑面积 224.8m²；

B 户型建筑面积 224.8m²）

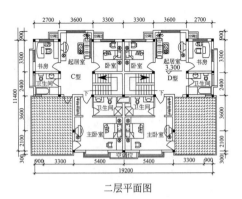

二层平面图

（C 户型建筑面积 204.4m²；

D 户型建筑面积 204.4m²）

设计简介

① 功能齐全　各户型均有储藏、饲养、农具等辅助用房，同时设有沼气池、太阳能集热板等节能设施。

② 户型可变　根据住户家庭人口结构，可做如下 4 种户型变化而不改变主要结构。

A 型：六室三厅三卫（适宜三代同堂）。

B 型：五室三厅三卫（带门厅）。

C 型：五室三厅三卫（设大平台）。

D 型：四室三厅三卫（设大平台，带门厅）。

③ 组合灵活　可按用地条件和场地大小实际情况，分别以单户独立式、两户联立式或四户、六户联排式进行总平面设置，而不影响采光通风。

（5）山坡地住宅（五）（设计：浙江温州市联合建筑设计院）

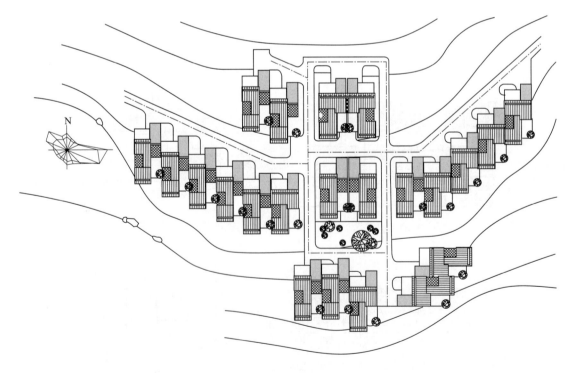

总平面图

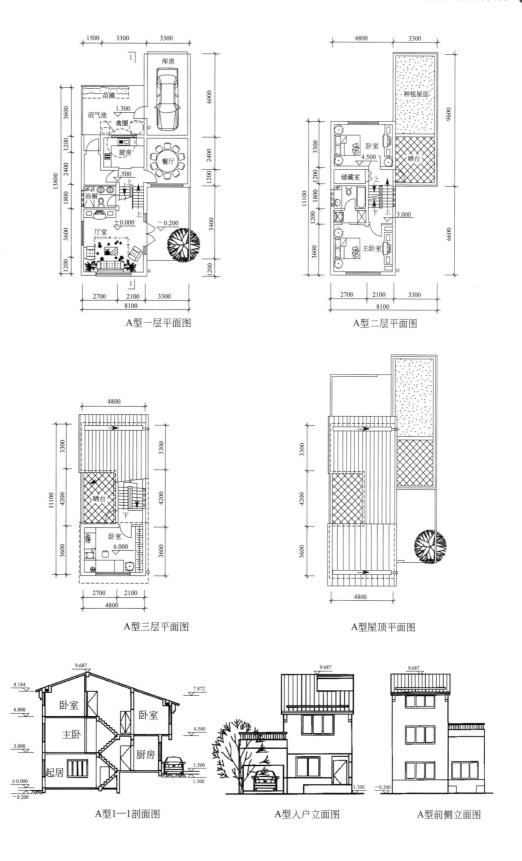

A型一层平面图

A型二层平面图

A型三层平面图

A型屋顶平面图

A型1—1剖面图

A型入户立面图

A型前侧立面图

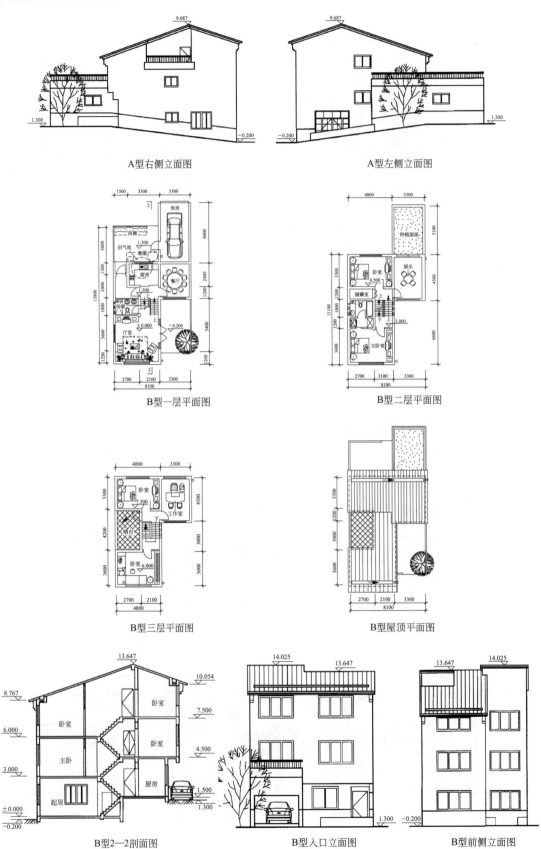

A型右侧立面图

A型左侧立面图

B型一层平面图

B型二层平面图

B型三层平面图

B型屋顶平面图

B型2—2剖面图

B型入口立面图

B型前侧立面图

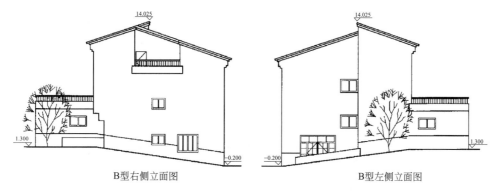

B型右侧立面图　　　　　　　　　B型左侧立面图

设计简介

● 平面沿自然地形，错层布置，灵活布局，合理紧凑。

● 两种户型均采用两开间形式，每个层面均有平台，使户型不论在并排、错排、横排、竖排时均有良好的通风和采光，亦使得单体住宅在适应不同地形时具有较好的适应性，充分利用土地资源。

● 宅院分为前庭和后院，丰富室内外景观，且入户方式具有较大的自由度，有利于总体的规划布局。

● 组合平面主要采用联排式错落围合，创造了悠闲、舒适的交往空间，体现出亲切朴素的地方民居特色。

技术经济指标

户型	宅基地面积/(m²/户)	建筑占地面积/(m²/户)	建筑面积/(m²/户)	使用面积/(m²/户)	平面利用系数/%
户型 A	126.20	89.48	165.99	131.20	79.04
户型 B	126.20	89.48	222.36	167.59	75.37

9.1.5　独立式住宅

（1）独立式住宅（一）（设计：中国建筑技术研究院　刘燕辉；指导：骆中钊）

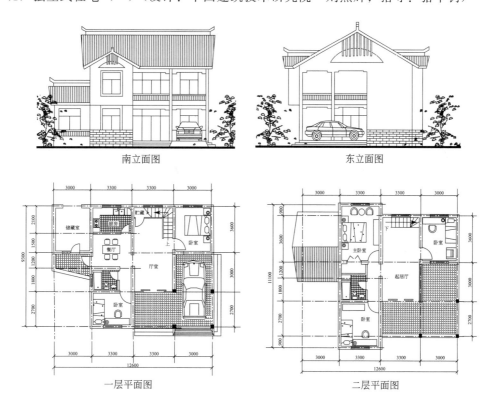

南立面图　　　　　　　　　　　东立面图

一层平面图　　　　　　　　　　二层平面图

（2）独立式住宅（二）（设计：镇江市规划设计研究院）

总平面图

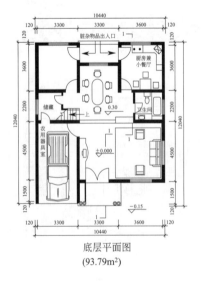

底层平面图
（93.79m²）

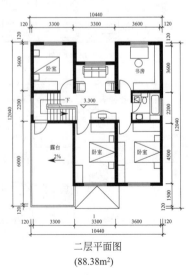

二层平面图
（88.38m²）

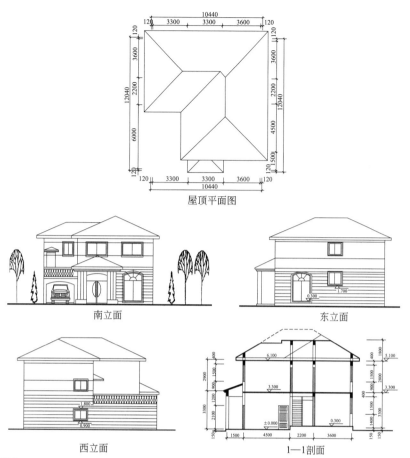

屋顶平面图

南立面　　　　　东立面

西立面　　　　　1—1剖面

设计简介

① 建筑面积182m²。

② 底层为动、杂、脏区，南面为动区，北面为杂、脏区，底层高为3.300m。考虑到餐厅的尺度要求餐厅地面抬高两个踏步，餐厅与客厅空间既合又分；农用器具室高为2.200m，二层部分作为晒台以楼梯相连接。

二层为净、静区，层高为2.800m，前门楼双柱做法是从功能及尺度考虑，既强调入口又具有人情味，外墙颜色采用砖红色，预示吉祥如意；同时也避免农村易受到污染的影响。该方案可做多种面积衍变，既可作独立式又可做并立式。

技术经济指标

● 面积指标

建筑面积/m²	使用面积/m²	面积利用系数/%
182	154.4	84.9

③ 结构形式：砖混。

● 主要材料用量

水　泥	黄　砂	碎　石	红　砖	钢　筋
25.4t	81.9t	69.2t	29120块	3.09t

衍变式

（3）独立式住宅（三）（设计：湖南省城乡规划设计咨询中心）

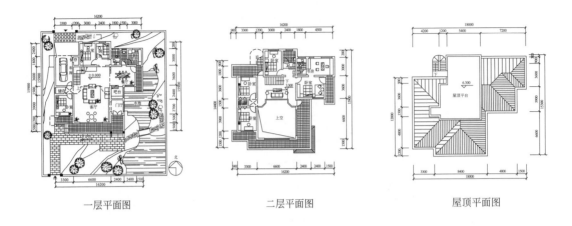

一层平面图　　　　　二层平面图　　　　　屋顶平面图

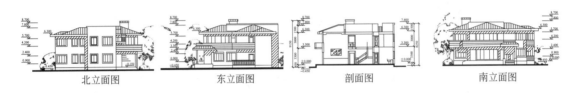

北立面图　　　　东立面图　　　　剖面图　　　　南立面图

（4）独立式住宅（四）（设计：昆明理工大学建筑系）

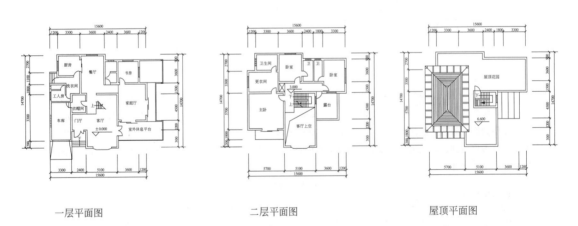

一层平面图　　　　　二层平面图　　　　　屋顶平面图

南立面图　　　　　　　　　　　东立面图

（5）独立式住宅（五）（设计：江苏省城市规划设计研究院　吴娜）

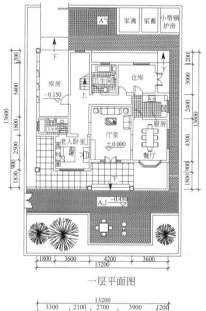

一层平面图

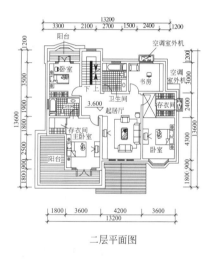

二层平面图

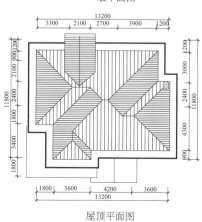

屋顶平面图

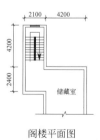

阁楼平面图

技术经济指标

占地面积	建筑面积	使用面积	容积率	平面利用系数
375.16m²	277.19m²	223.52m²	0.788	0.806%

南立面图

北立面图

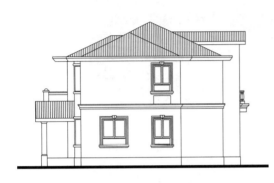

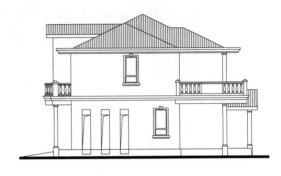

东立面图

西立面图

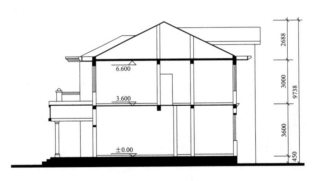

A—A剖面图

设计简介

● 住宅空间的功能分区：按照动静分离、污洁分离的原则，采用明厨原则。

● 适应农村多代人共同居住的家庭结构，可供一对夫妇、子女和双方父母居住。一层设有带卫生间的卧室，专为行动不便的老人设置。二层设有三间卧室和一间书房，书房亦可作其他用途。

● 兼顾传统与现代的观念和生活方式，一层设中国传统民居的堂屋，满足传统的待客、祭祖等活动空间要求，二层起居室的设置体现了现代社会的主流生活方式。

● 设置专用的储藏空间，包括小型仓库、农机仓库、各主要房间的存衣间等，并利用坡屋顶下的空间做成储藏空间。

● 立面造型采用了新典雅风格。

技术经济指标

占地面积	建筑面积	使用面积	容积率	平面利用系数
375.16m²	277.19m²	223.52m²	0.788	80.6%

（6）独立式住宅（六）（摘自《台湾农村现代民居建筑设计》）

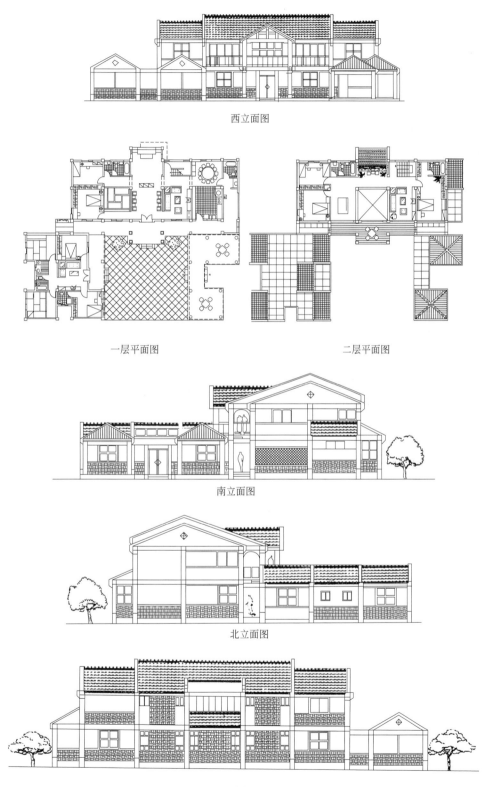

西立面图

一层平面图　　　　　　　　　二层平面图

南立面图

北立面图

东立面图

（7）独立式住宅（七）（设计：福建省龙岩市规划设计院　陈雄超；指导：骆中钊）

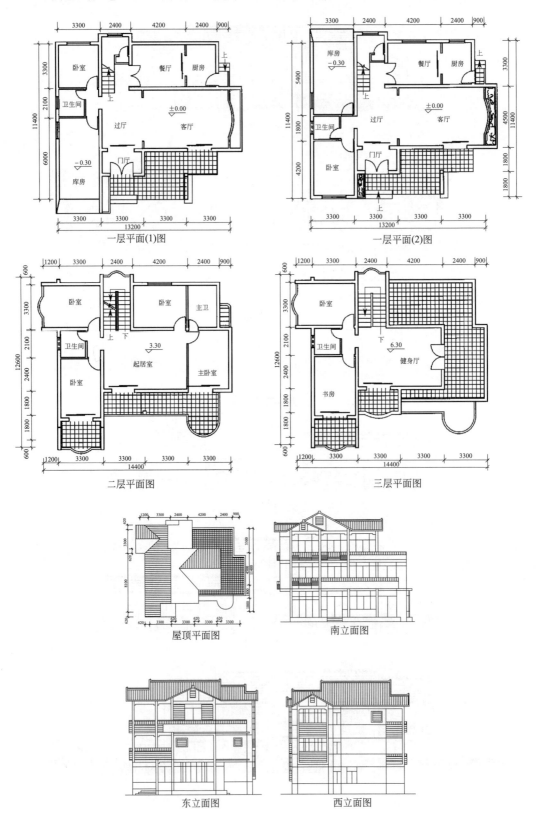

一层平面(1)图

一层平面(2)图

二层平面图

三层平面图

屋顶平面图

南立面图

东立面图

西立面图

北立面图

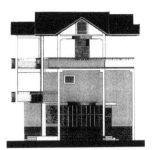

东立面图

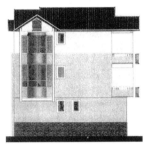

西立面图

南立面图

（8）独立式住宅（八）（设计：福建省龙岩市规划设计院 陈雄超；指导：骆中钊）

南立面图   东立面图

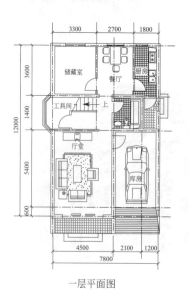

一层平面图

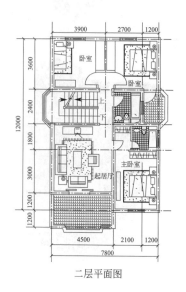

二层平面图

北立面图

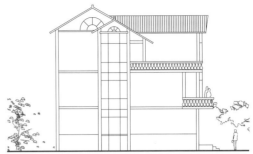

西立面图

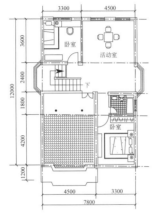

三层平面图

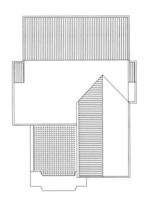

屋顶平面图

（9）独立式住宅（九）（设计：福建水立方建筑设计有限公司　蒋万东；指导：骆中钊）

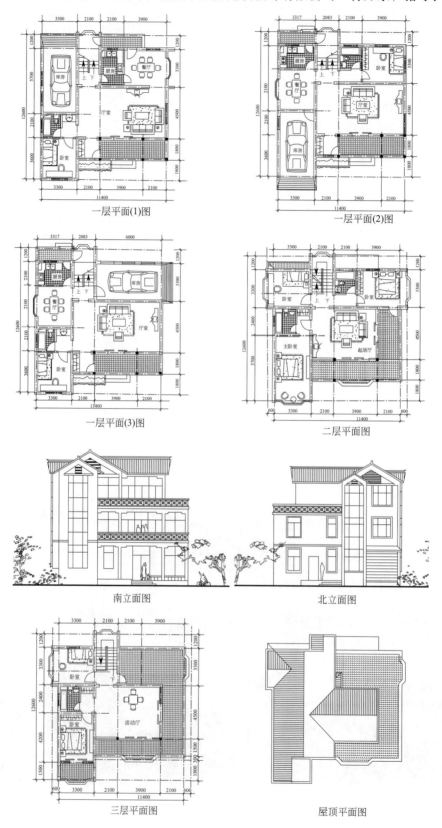

一层平面(1)图

一层平面(2)图

一层平面(3)图

二层平面图

南立面图

北立面图

三层平面图

屋顶平面图

（10）独立式住宅（十）（设计：福建市住宅设计院　王向晖；指导：骆中钊）

南立面图　　　　　　　　　东立面图

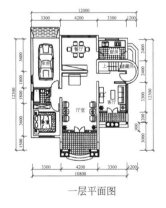

一层平面图

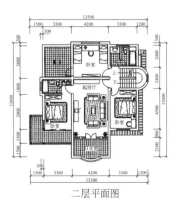

二层平面图

注：当库房需放在南面时，可把一层库房与
　　南面的卧室、卫生间对调。

西立面图

北立面图

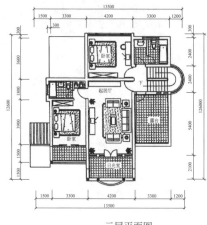

三层平面图

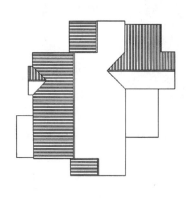

屋顶平面图

9.1.6 并联式住宅

（1）并联式住宅（一）（设计：柳州市建筑设计研究院 沙土金等）

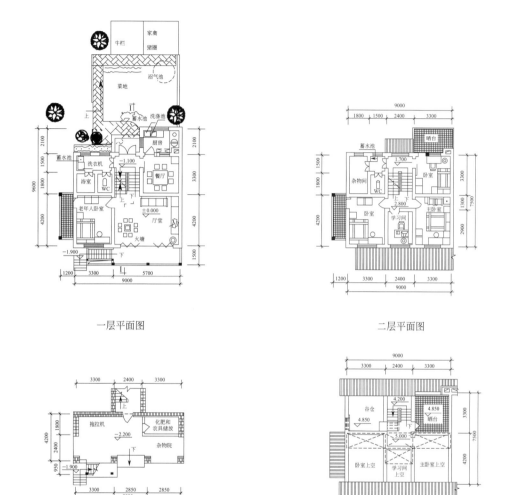

一层平面图 二层平面图

架空层平面图 阁楼平面图

并联式正立面图 I—I剖面图

并联式背立面图　　　　　　　　　　　　　　侧立面图

设计简介

本方案用于桂北农村山区，采用少数民族干阑民居的底层架空、宽敞、火塘、敞厅垂直功能分区等传统做法；用错半层及户内户外双出入流线，通过楼梯及平台联系各层房间，使静与动、污与洁、公与私、内与外分区明确；联系方便，并节约了户内交通面积。

技术经济指标

户　　型	建筑面积/m²	阳台面积/m²	使用面积/m²	平面利用系数/%
四室二厅	160.66		124.49	77.5

注：每户用地172m²；建筑占地102.6m²。

（2）并联式住宅（二）（设计：北京中建科工程设计研究中心）

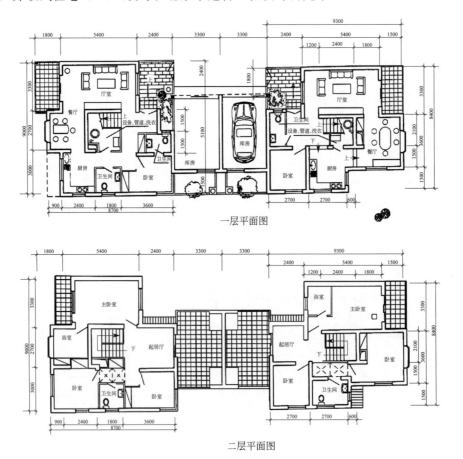

一层平面图

二层平面图

立面图

（3）并联式住宅（三）（设计：长兴县建筑勘察设计院　曹家友）

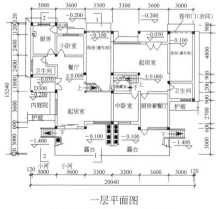

一层平面图
注:厨房、卫生间标高为-0.050m

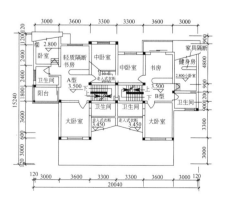

二层平面图
(A型+B型)注:阳台、卫生间标高为3.450m

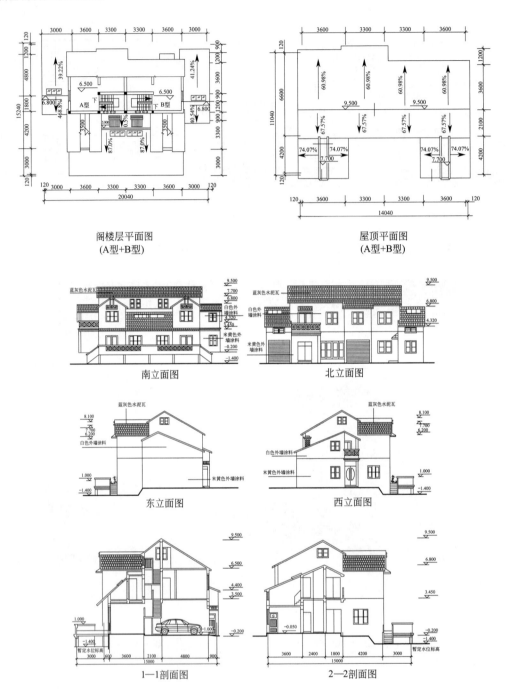

阁楼层平面图
(A型+B型)

屋顶平面图
(A型+B型)

南立面图

北立面图

东立面图

西立面图

1—1剖面图

2—2剖面图

设计简介

河港坡地，宜以偶数户相连为一栋建造 [A+B 或 A+2nB+A (n=1，2，…)]

工程概况

建筑名称	浙江省住宅竞赛联立式大户住宅	建筑等级	二级
建筑层数	二层	建筑耐火等级	二级
建筑面积	252m²	屋面防水等级	三级
使用年限	50 年	主要结构类型	砖混结构

（4）并联式住宅（四）（设计：上海市建工设计研究院有限公司 唐华臣）

出租型并联式住宅

- 自住部分具备单独出入口；
- 自住部分居室较宽大；

- 出租部分自成一体；
- 出租部分有较好设施，符合单身青年居住需求。

- 优点：将闲置改建房间出租给单身白领，缓解外来打工者缺少临时居所的社会问题的同时，提供家庭一定经济收入。

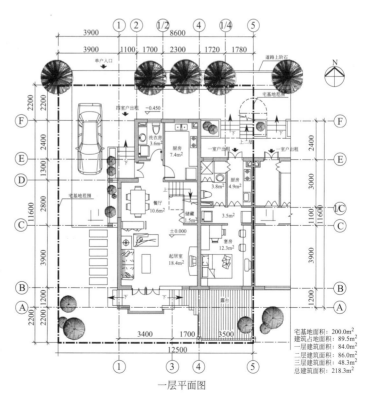

一层平面图

宅基地面积：200.0m²
建筑占地面积：89.5m²
一层建筑面积：84.0m²
二层建筑面积：86.0m²
三层建筑面积：48.3m²
总建筑面积：218.3m²

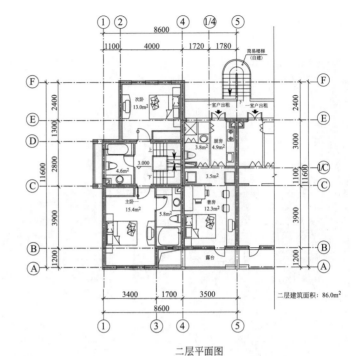

二层平面图

出租型并联式住宅

● 二层出租部分自建一简
易钢楼梯，就简洁地增
加出租面积，提高了经
济效益。

剖面图   南立面图

自住型并联式住宅

● 住宅结构与出租型完全
一致，住宅功能布置宽
敞合理，平面布置简洁，
通用性较好。

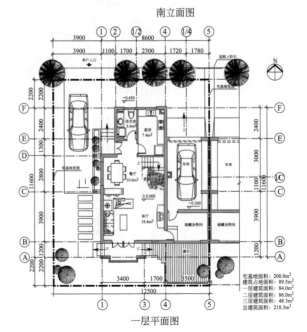

一层平面图

自住型并联式住宅

- 二层布置宽敞的家庭起居室满足家庭成员不同公共活动的需求。
- 二层主卧套房的布置，采用现在市场上业主较为喜欢的主卧布置方式。
- 二层主卧套房面宽采用3.5m的方式，为砖混结构较为合理的面宽。
- 三层主卧具有5.1m豪华面宽。

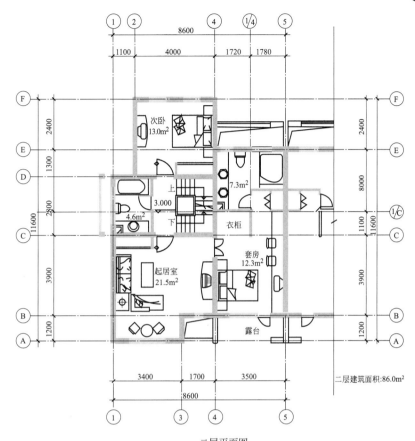

二层平面图

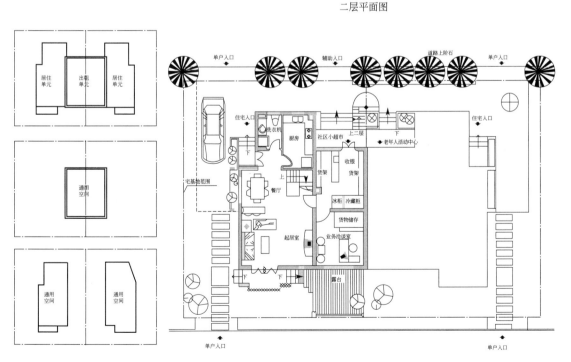

通用性探讨

服务用房一层平面图

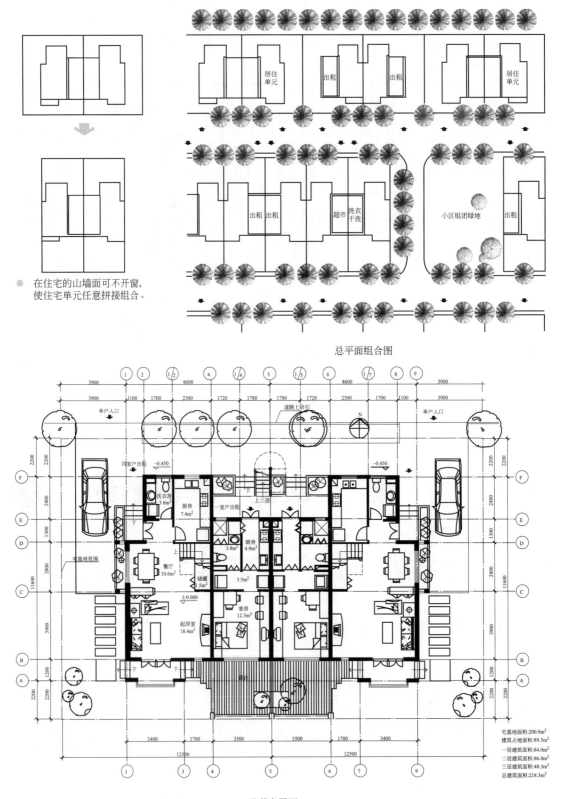

● 在住宅的山墙面可不开窗，
使住宅单元任意拼接组合。

居住单元　出租　出租　居住单元

出租　出租　超市　洗衣干洗　小区组团绿地　出租

总平面组合图

单户入口　四室户出租　−0.450　道路上阶石　N　−0.450　单户入口

洗衣房 3.6m²　厨房 7.4m²　一室户出租　上二层　下　厨房 3.8m²　4.9m²

宅基地范围　餐厅 10.6m²　储藏 1.5m²　3.5m²　±0.000

套房 12.3m²

起居室 18.4m²

宅基地面积:200.0m²
建筑占地面积:89.5m²
一层建筑面积:84.0m²
二层建筑面积:86.0m²
三层建筑面积:48.3m²
总建筑面积:218.3m²

院落布置图

（5）并联式住宅（五）（设计：同济大学建筑城规学院）

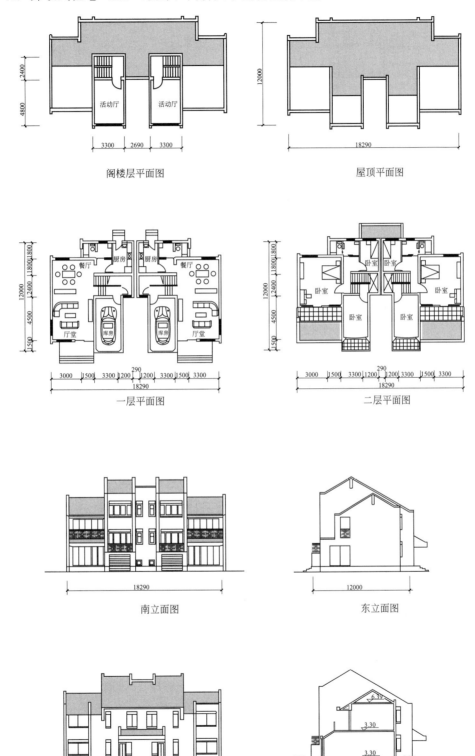

阁楼层平面图

屋顶平面图

一层平面图

二层平面图

南立面图

东立面图

北立面图

西立面图

（6）并联式住宅（六）（设计：同济大学建筑城规学院）

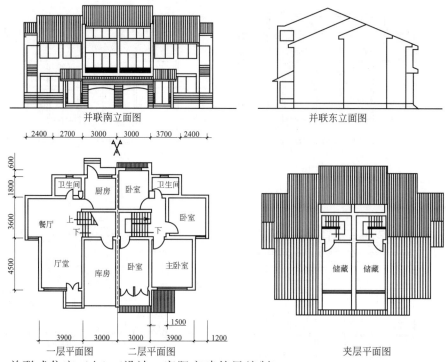

并联南立面图　　　　　　　　　　并联东立面图

一层平面图　　二层平面图　　　　　　夹层平面图

（7）并联式住宅（七）（设计：富阳市建筑局编制）

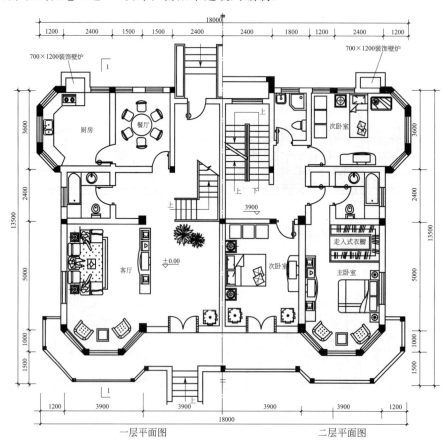

一层平面图　　　　　　　　　　二层平面图

左侧立面图

背立面图

屋顶平面图

正立面图

（8）并联式住宅（八）（设计：北方工业大学 宋效巍，中国建筑技术研究院 梁咏华；指导：骆中钊）

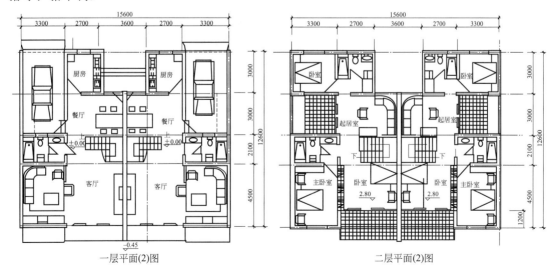

一层平面(2)图

二层平面(2)图

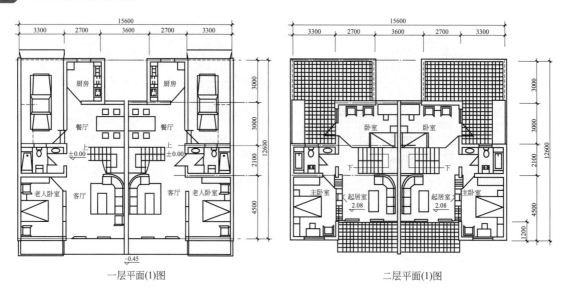

一层平面(1)图

二层平面(1)图

南立面(1)图

南立面(2)图

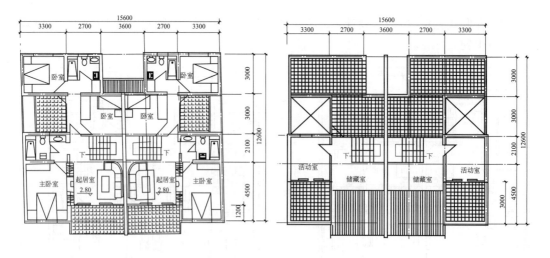

二层平面图(3)图

阁楼层平面图

（9）并联式住宅（九）（设计：福建省龙岩市春建工程咨询有限公司　洪勇强；指导：骆中钊）

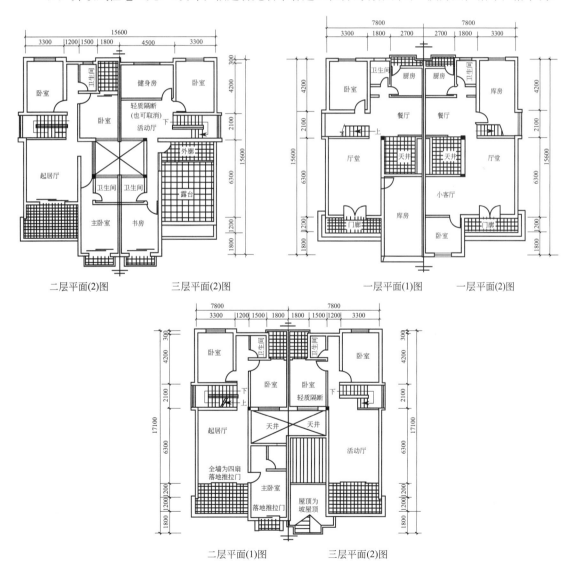

二层平面(2)图　　　三层平面(2)图　　　一层平面(1)图　　　一层平面(2)图

二层平面(1)图　　　三层平面(2)图

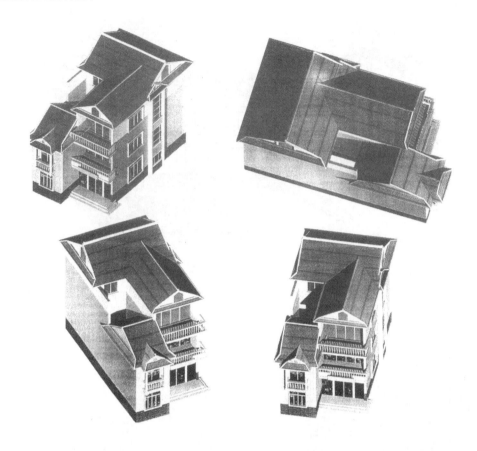

（10）并联式住宅（十）（设计：福建省建设厅　林琼华；指导：骆中钊）

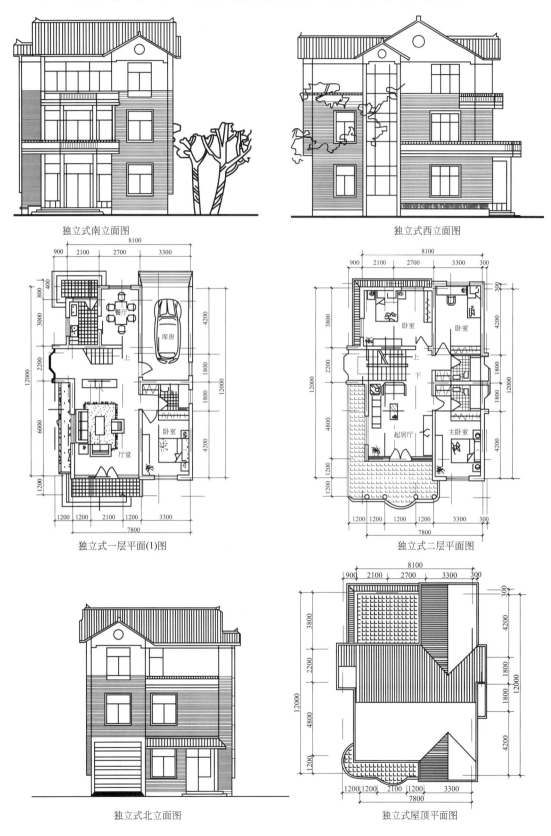

独立式南立面图

独立式西立面图

独立式一层平面(1)图

独立式二层平面图

独立式北立面图

独立式屋顶平面图

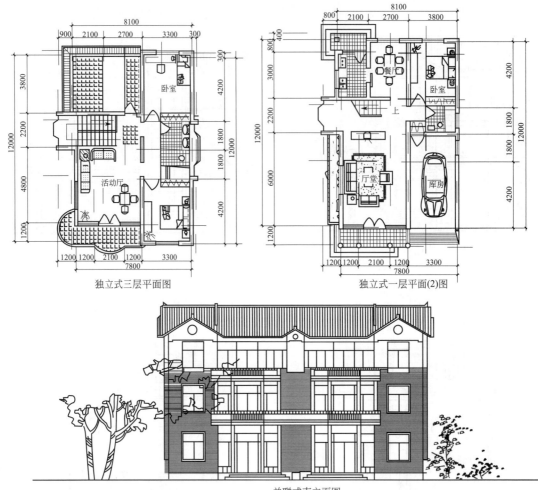

独立式三层平面图

独立式一层平面(2)图

并联式南立面图

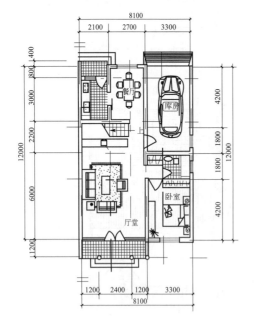

并联式一层平面(1)图

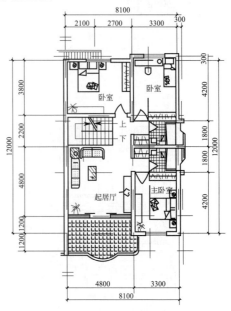

并联式二层平面图

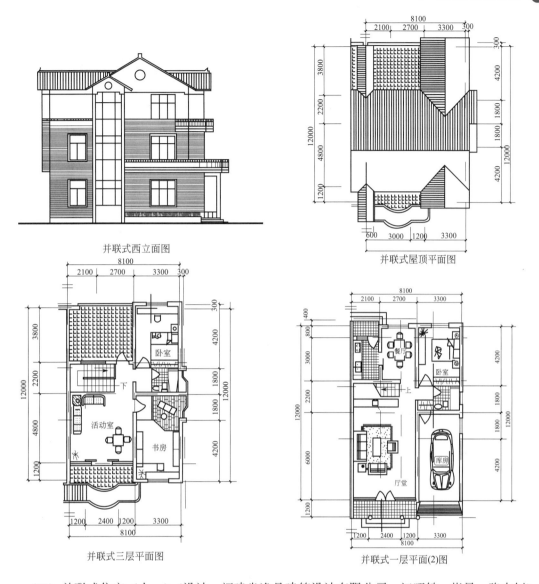

并联式西立面图

并联式屋顶平面图

并联式三层平面图

并联式一层平面(2)图

（11）并联式住宅（十一）（设计：福建省逸品建筑设计有限公司　江昭敏；指导：骆中钊）

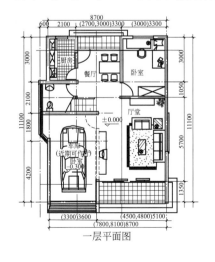

一层平面图

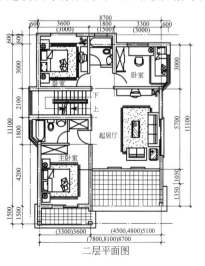

二层平面图

三层平面图

屋顶平面图

南立面(1)图

东立面(1)图

南立面(2)图

东立面(2)图

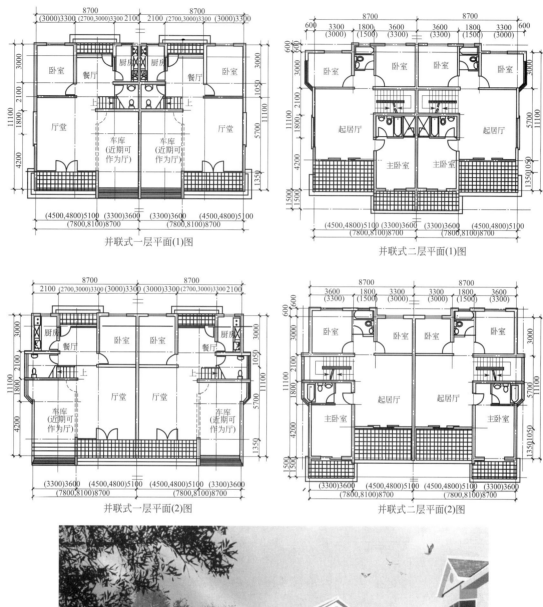

并联式一层平面(1)图

并联式二层平面(1)图

并联式一层平面(2)图

并联式二层平面(2)图

（12）并联式住宅（十二）（设计：福建省国防工业设计院 李兴；指导：骆中钊）

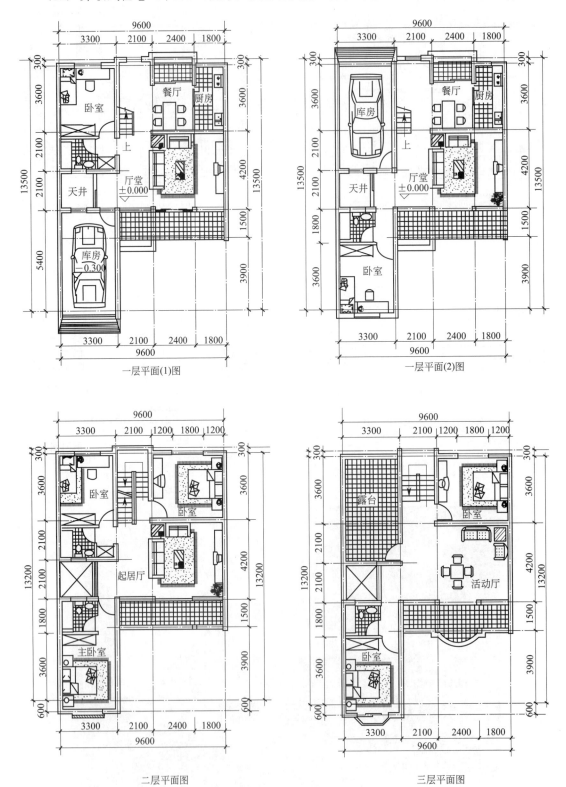

一层平面(1)图

一层平面(2)图

二层平面图

三层平面图

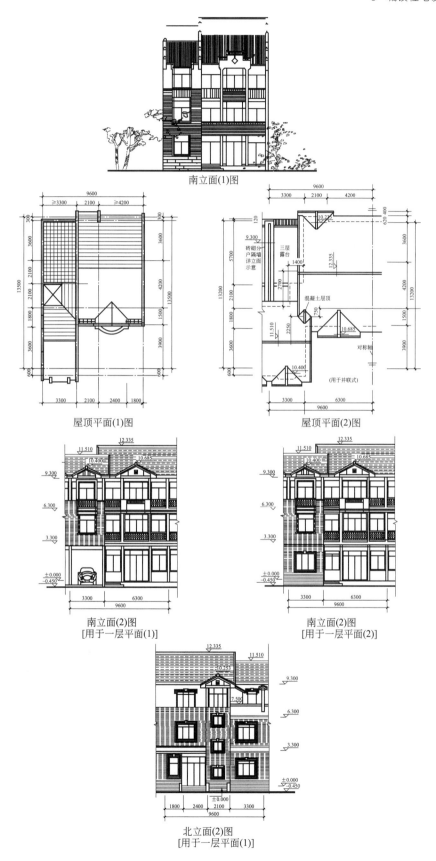

南立面(1)图

屋顶平面(1)图

屋顶平面(2)图

南立面(2)图
[用于一层平面(1)]

南立面(2)图
[用于一层平面(2)]

北立面(2)图
[用于一层平面(1)]

北立面(2)图

[用于一层平面(2)]

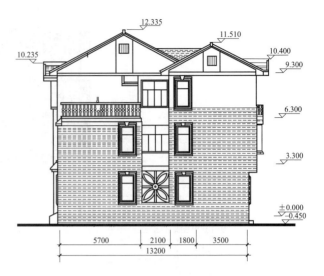

西立面(2)图

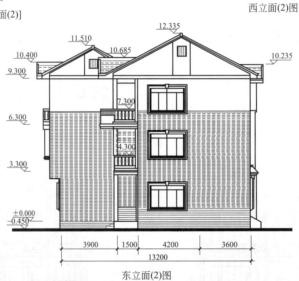

东立面(2)图

（13）并联式住宅（十三）（设计：福建省国防工业设计院　李兴；指导：骆中钊）

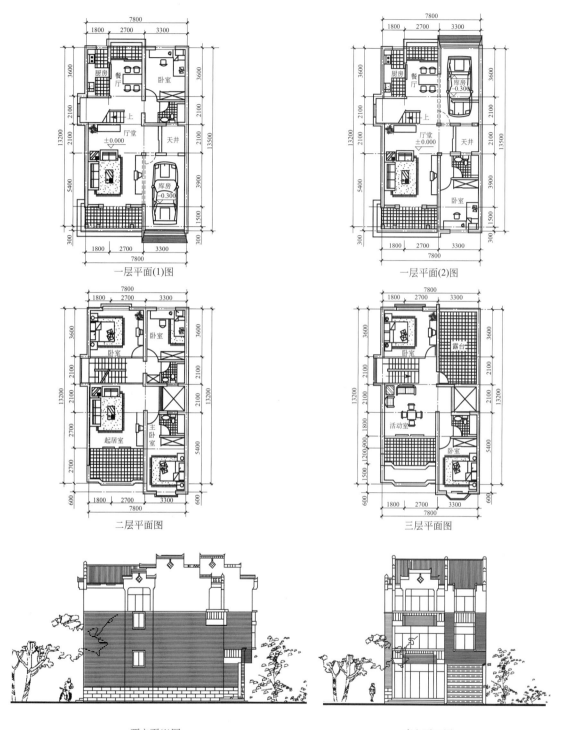

一层平面(1)图

一层平面(2)图

二层平面图

三层平面图

西立面(1)图

南立面(1)图

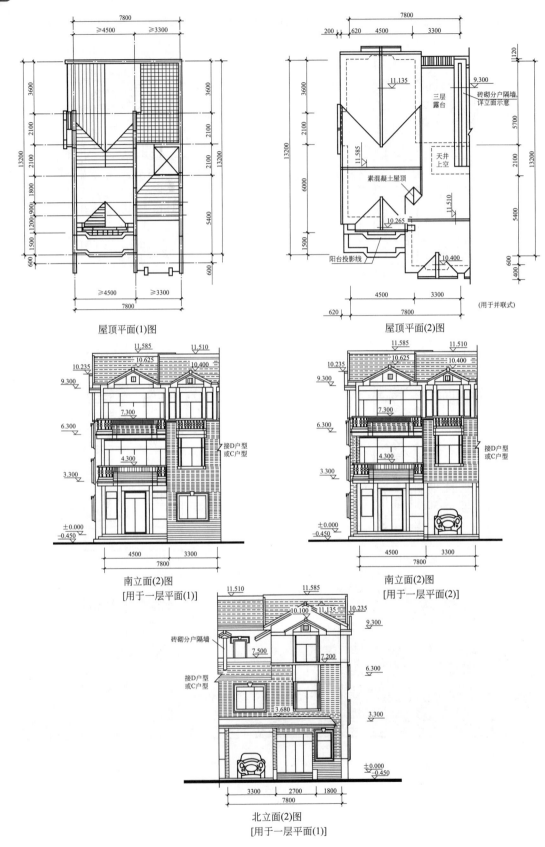

屋顶平面(1)图

屋顶平面(2)图

(用于并联式)

南立面(2)图
[用于一层平面(1)]

南立面(2)图
[用于一层平面(2)]

北立面(2)图
[用于一层平面(1)]

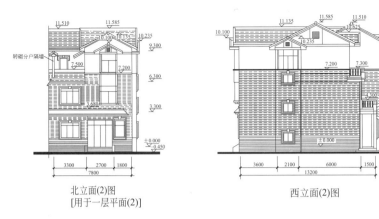

北立面(2)图
[用于一层平面(2)]

西立面(2)图

东立面(2)图

（14）并联式住宅（十四）

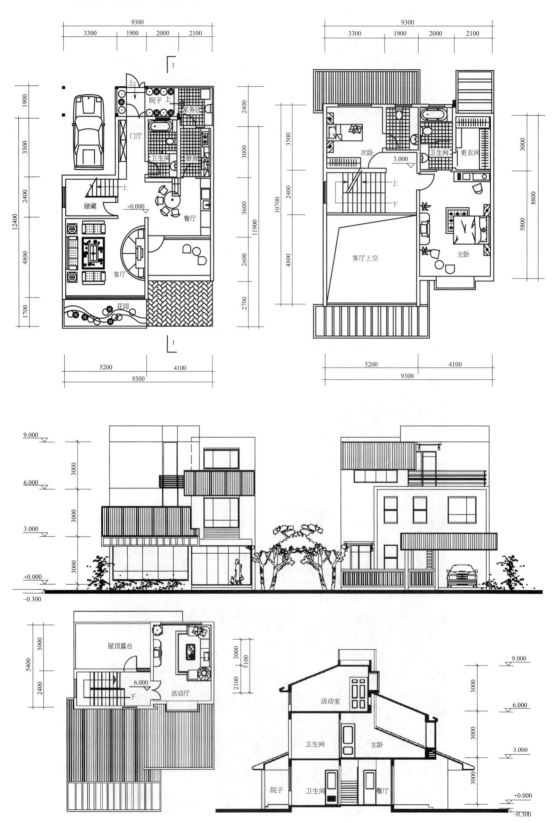

9.1.7 联排式住宅

（1）联排式住宅（一）（设计：湖州市城市规划研究院）

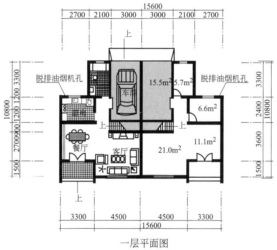

一层平面图

二层平面图

（2）联排式住宅（二）（设计：清华城市规划设计研究院）

一层平面图　　　　　　　　二层平面图　　　　　　　　屋顶平面图

西立面图　　　　　　　　　　南立面图

联排别墅型农宅2
宅基地面积:178m²
建筑面积:203m²

（3）联排式住宅（三）（设计：北京中建科工程设计研究中心）

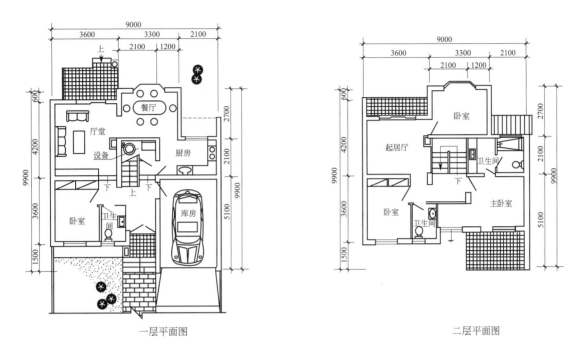

一层平面图　　　　　　　　　　　　　二层平面图

南立面图

（4）联排式住宅（四）（设计：清华城市规划设计研究院）

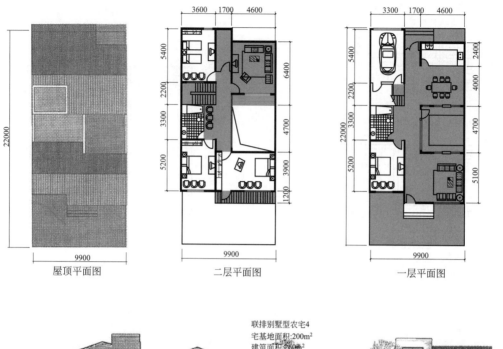

屋顶平面图　　　二层平面图　　　一层平面图

联排别墅型农宅4
宅基地面积:200m²
建筑面积:260m²

西立面图　　　　　南立面图

（5）联排式住宅（五）（设计：浙江大学建筑系 宋绍杭，谢榕，潘丽春）

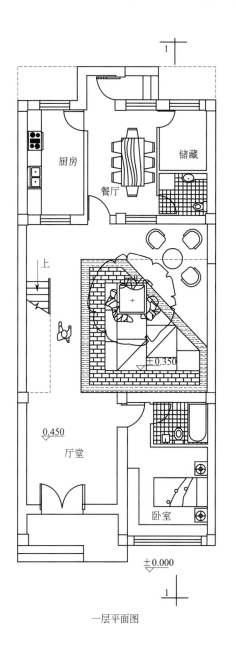

一层平面图

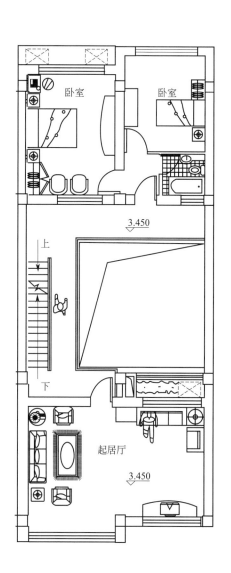

二层平面图

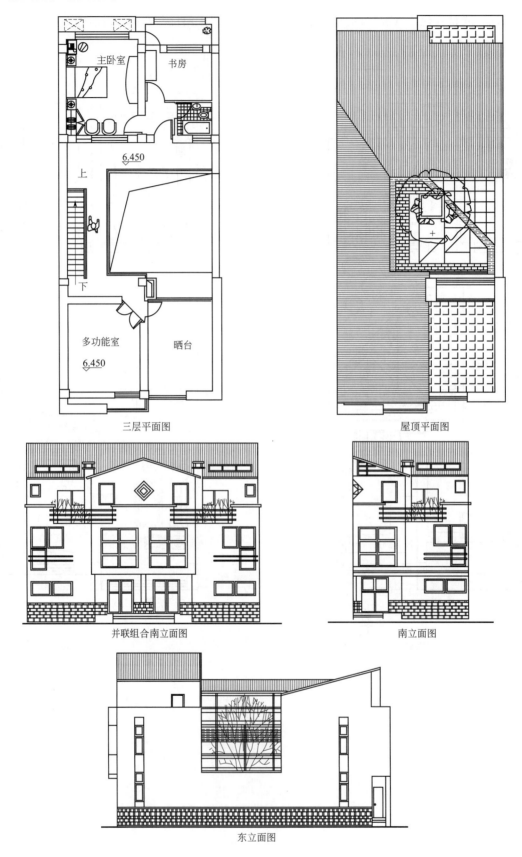

主卧室

书房

6.450

上

下

多功能室

6.450

晒台

三层平面图

屋顶平面图

并联组合南立面图

南立面图

东立面图

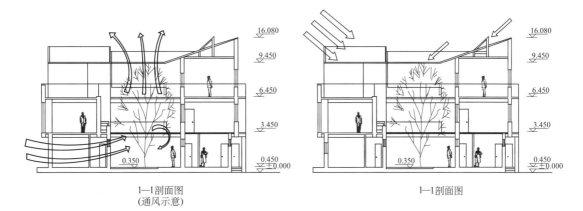

1—1剖面图	1—1剖面图
(通风示意)	

联排式组合南立面图

（6）联排式住宅（六）（设计：湖州市建筑设计研究院）

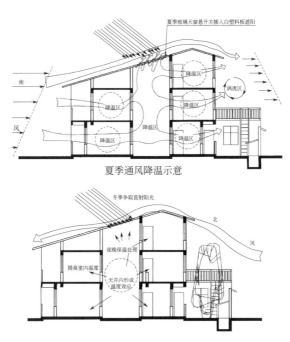

夏季通风降温示意

冬季遮挡北风示意

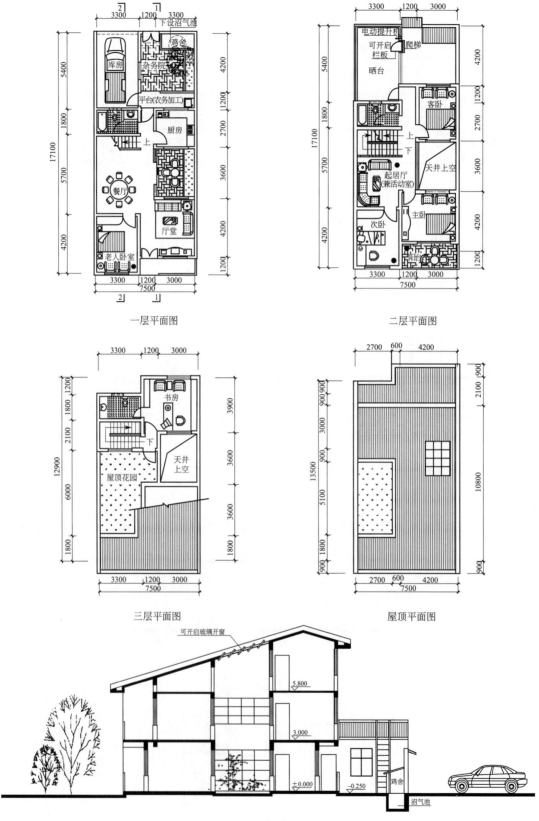

一层平面图

二层平面图

三层平面图

屋顶平面图

1—1剖面图

2—2剖面图　　　　　　　　　　　南立面图

（7）联排式住宅（七）（设计：浙江省城乡规划设计研究院）

三层平面图　　　　　　　　　　　北立面图

一层平面图　　　　　　　　　　　二层平面图

（8）联排式住宅（八）（设计：华新工程顾问国际有限公司　康菁；指导：骆中钊）

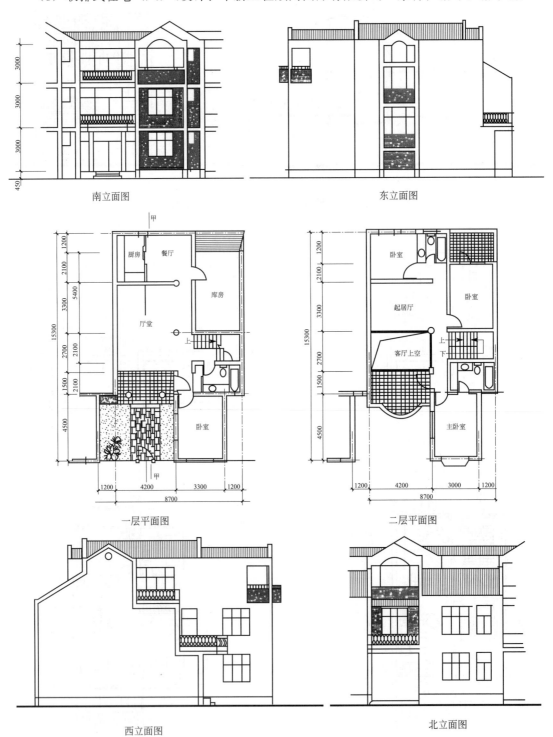

南立面图

东立面图

一层平面图

二层平面图

西立面图

北立面图

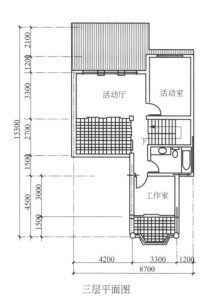

三层平面图

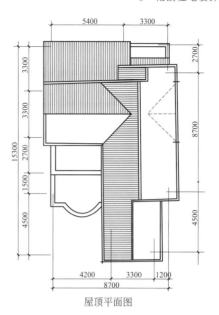

屋顶平面图

（9）联排式住宅（九）（设计：湖南省城乡规划设计咨询中心）

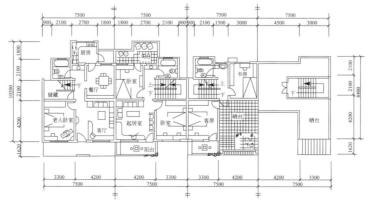

一层平面(A)图 一层平面(A、B)图 三层平面(A、B)图 顶层平面(A、B)图

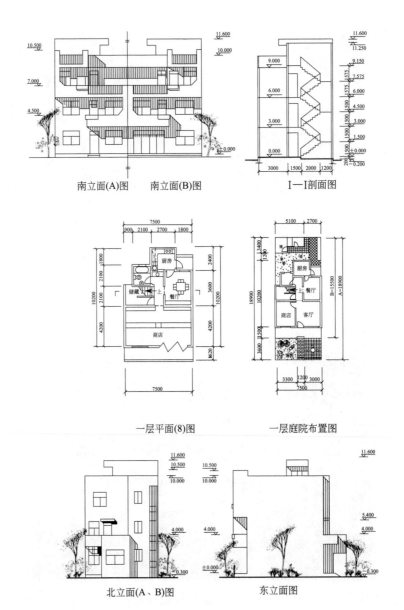

南立面(A)图　　南立面(B)图　　　　Ⅰ—Ⅰ剖面图

一层平面(8)图　　　　　一层庭院布置图

北立面(A、B)图　　　　东立面图

（10）联排式住宅（十）（设计：中环联股份有限公司　天津大学建筑系）

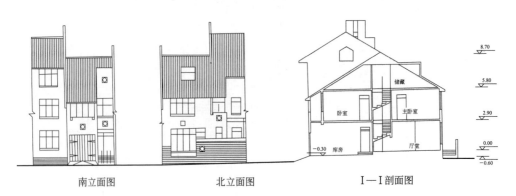

南立面图　　　　　　北立面图　　　　　Ⅰ—Ⅰ剖面图

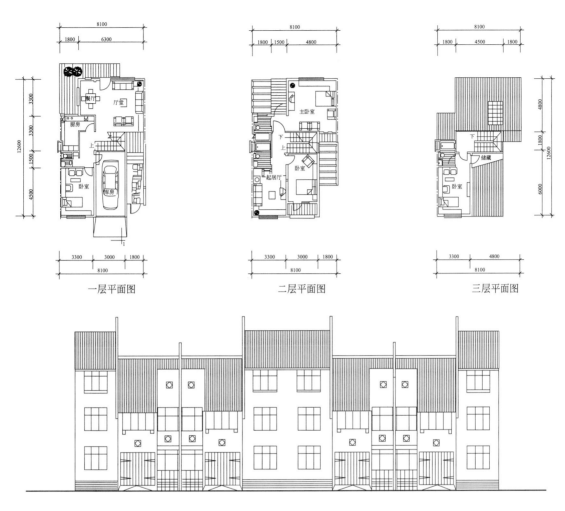

一层平面图　　二层平面图　　三层平面图

组合南立面图

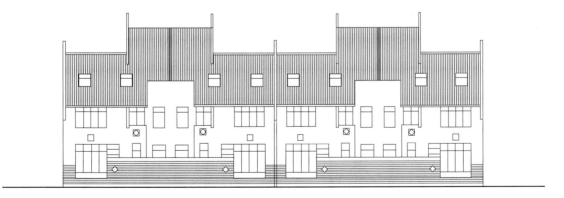

组合北立面图

（11）联排式住宅（十一）（设计：浙江省城乡规划设计研究院）

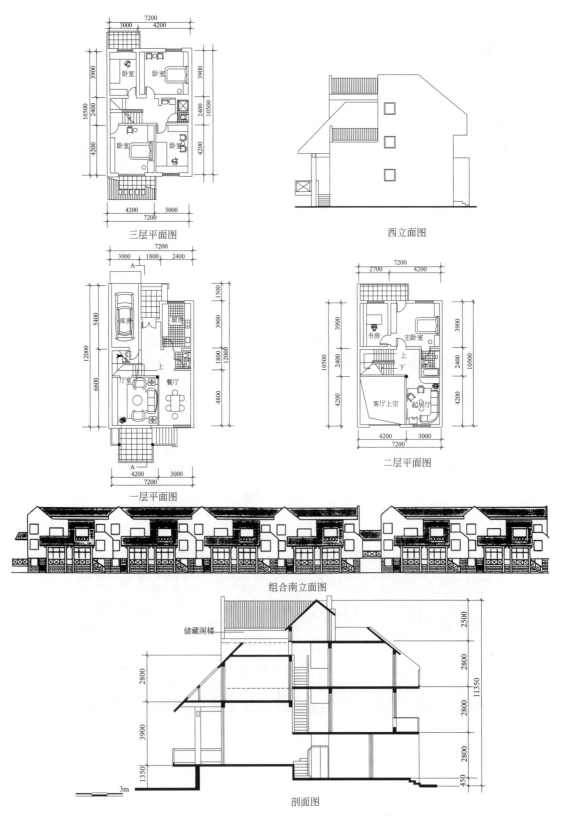

三层平面图　　　　　　　　西立面图

一层平面图　　　　　　　　二层平面图

组合南立面图

剖面图

9.2 多层住宅(4~6层)

9.2.1 底商住宅

（1）底商住宅（一）（设计：福建省村镇建设发展中心　范琴；指导：骆中钊）

占地面积:112m²
建筑面积:481m²

(A型为垂直划分上、下四层的底商住宅)

A型 一层平面图

A型 二层平面图

A型 三层平面

A型 四层平面图

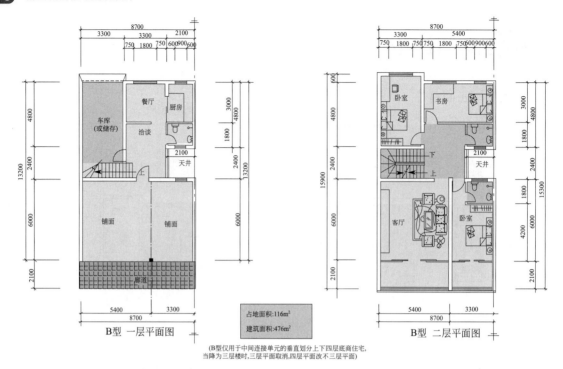

B型 一层平面图

占地面积:116m²

建筑面积:476m²

(B型仅用于中间连接单元的垂直划分上下四层底商住宅,
当降为三层楼时,三层平面取消,四层平面改不三层平面)

B型 二层平面图

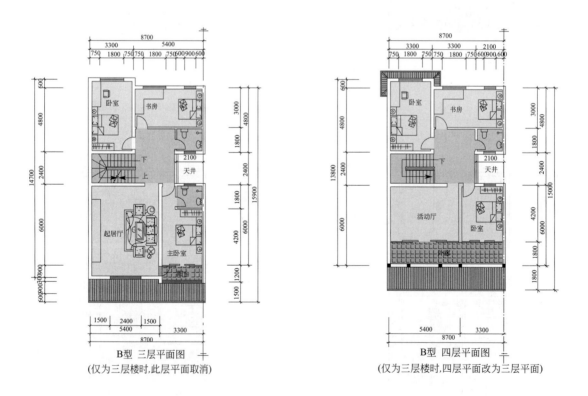

B型 三层平面图
(仅为三层楼时,此层平面取消)

B型 四层平面图
(仅为三层楼时,四层平面改为三层平面)

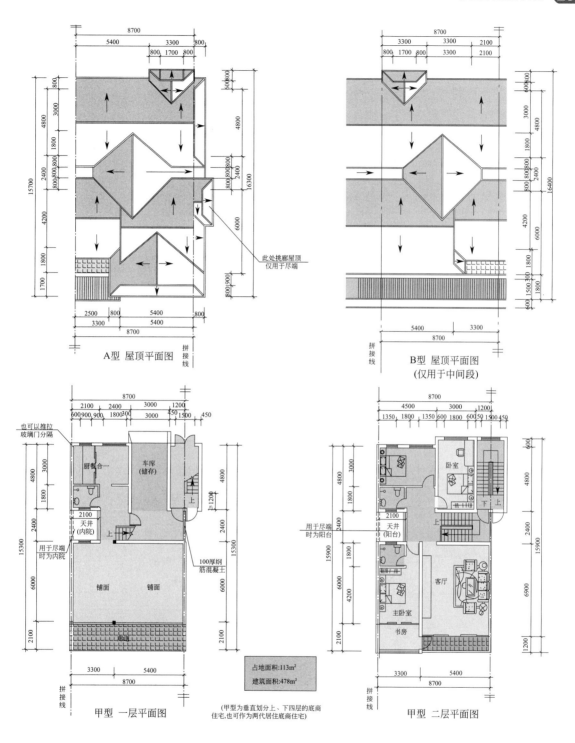

A型 屋顶平面图

B型 屋顶平面图
(仅用于中间段)

甲型 一层平面图

占地面积:113m²
建筑面积:478m²

(甲型为垂直划分上、下四层的底商
住宅,也可作为两代居住底商住宅)

甲型 二层平面图

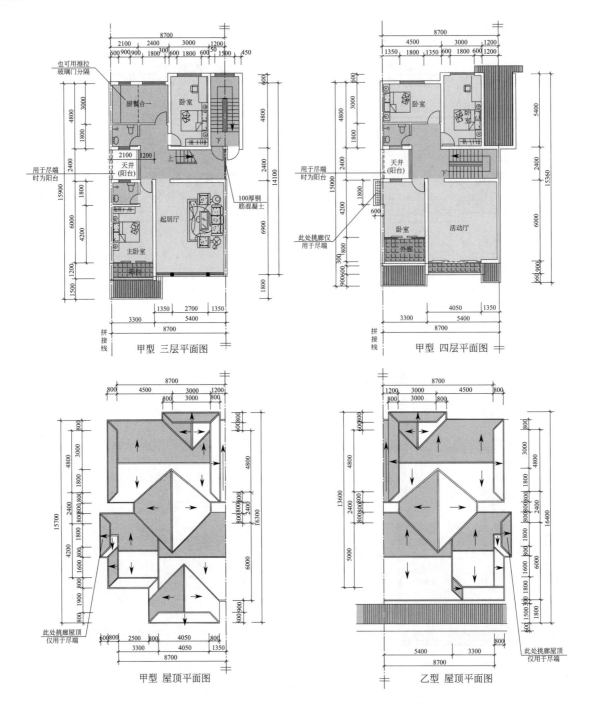

甲型 三层平面图

甲型 四层平面图

甲型 屋顶平面图

乙型 屋顶平面图

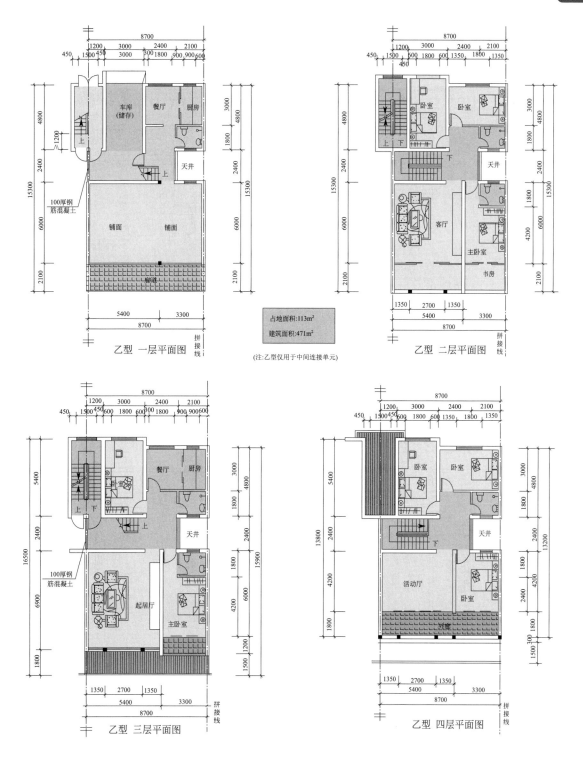

占地面积:113m²
建筑面积:471m²

(注:乙型仅用于中间连接单元)

乙型 一层平面图

乙型 二层平面图

乙型 三层平面图

乙型 四层平面图

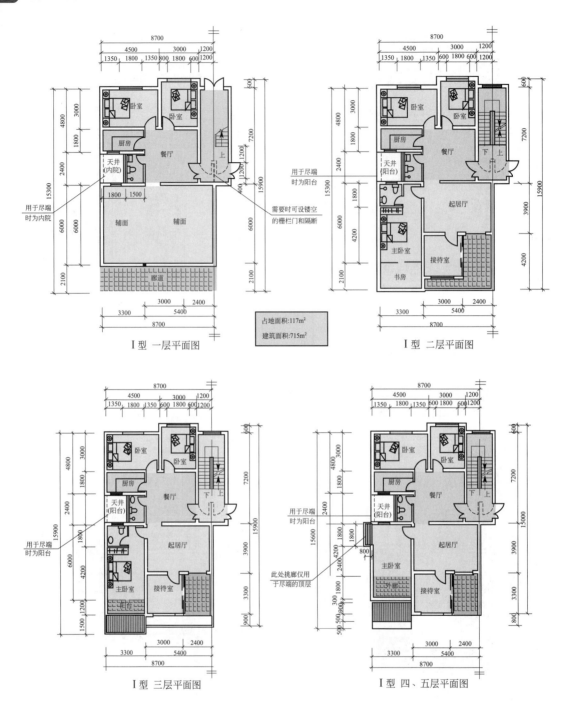

Ⅰ型 一层平面图

Ⅰ型 二层平面图

Ⅰ型 三层平面图

Ⅰ型 四、五层平面图

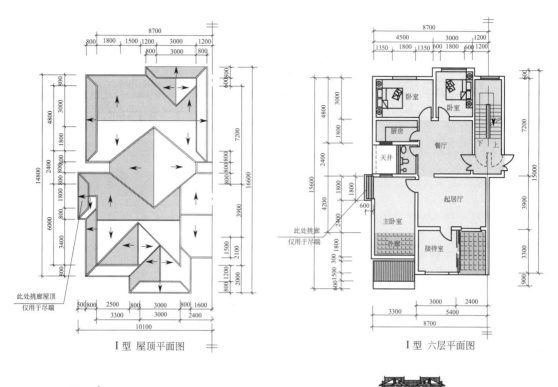

I 型 屋顶平面图

I 型 六层平面图

此处挑廊屋顶仅用于尽端

此处挑廊仅用于尽端

卧室　卧室　厨房　餐厅　天井　起居厅　主卧室　外廊　接待室

I 型侧立面　甲型　甲反型　B型　B反型　A反型　A型　乙反型　乙型　甲型　甲反型　I 型　I 反型　甲型　甲反型

民俗街西北街段南立面图

I 型　II 反型　甲型　甲反型　B型　B反型　A反型　A型　乙反型　乙型　甲型　甲反型　I 型侧立面

民俗街西南街段北立面图

A反型　A型　甲型　甲反型　乙反型　乙型　I 型　I 反型　甲型　甲反型

民俗街东北街段南立面图

I型 I反型 甲型 甲反型 A反型A型 B型 B反型 甲型 甲反型 I型 I反型 A型侧立面

民俗街东南街段北立面图

（2）底商住宅（二）（设计：福州市住宅设计院 王向晖；指导：骆中钊）

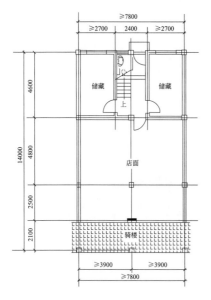

A型一层平面图

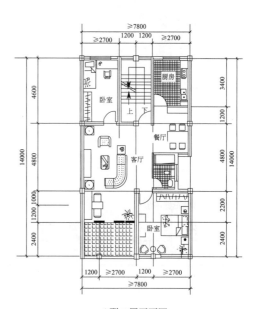

A型二层平面图

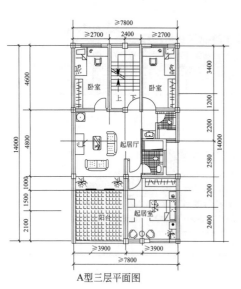

A型三层平面图

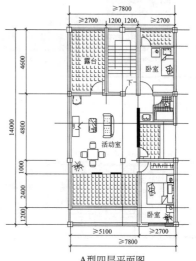

A型四层平面图

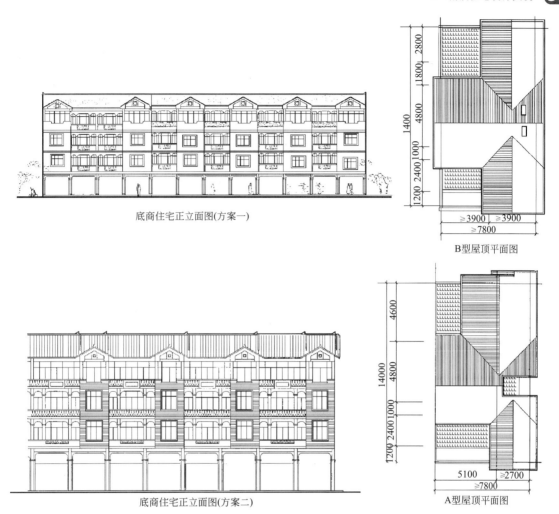

底商住宅正立面图(方案一)

B型屋顶平面图

底商住宅正立面图(方案二)

A型屋顶平面图

（3）底商住宅（三）（设计：福建省泰宁县建设局 郑继；指导：骆中钊）

底商住宅正立面图(方案二)

顶层平面图

屋顶平面图

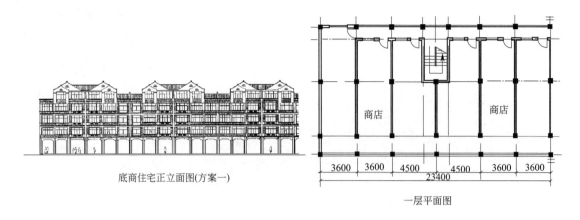

底商住宅正立面图(方案一)

一层平面图

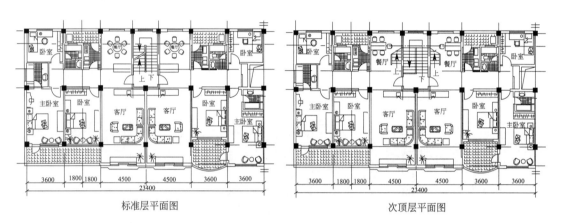

标准层平面图

次顶层平面图

9.2.2 公寓住宅

（1）公寓住宅（一）

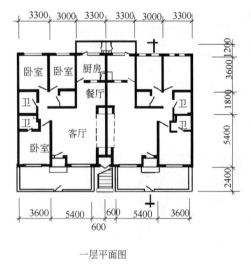

一层平面图

北

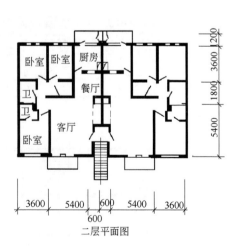

二层平面图

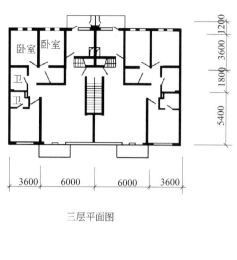

三层平面图

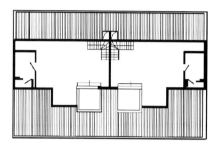

屋顶层平面图

剖面图

组合体南立面图

（2）公寓住宅（二）（设计：华新工程国际顾问有限公司　王征智；指导：骆中钊）

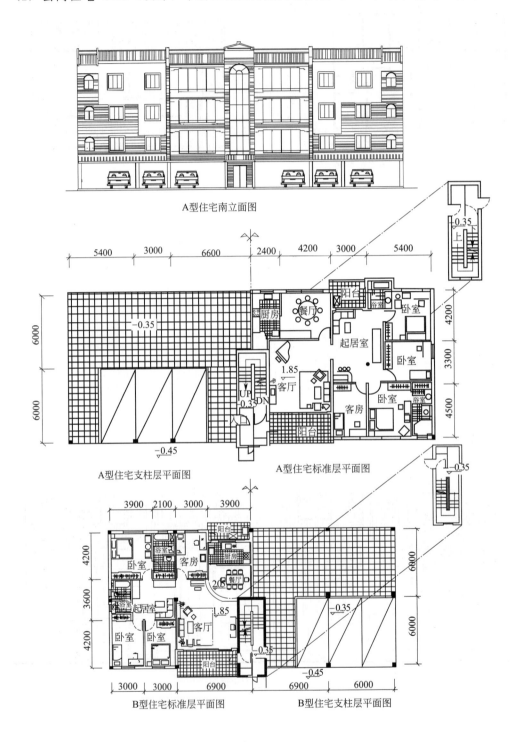

A型住宅南立面图

A型住宅支柱层平面图

A型住宅标准层平面图

B型住宅标准层平面图

B型住宅支柱层平面图

（3）公寓住宅（三）（设计：北方工业大学　宋效巍，中国建筑技术研究院　梁永华；指导：骆中钊）

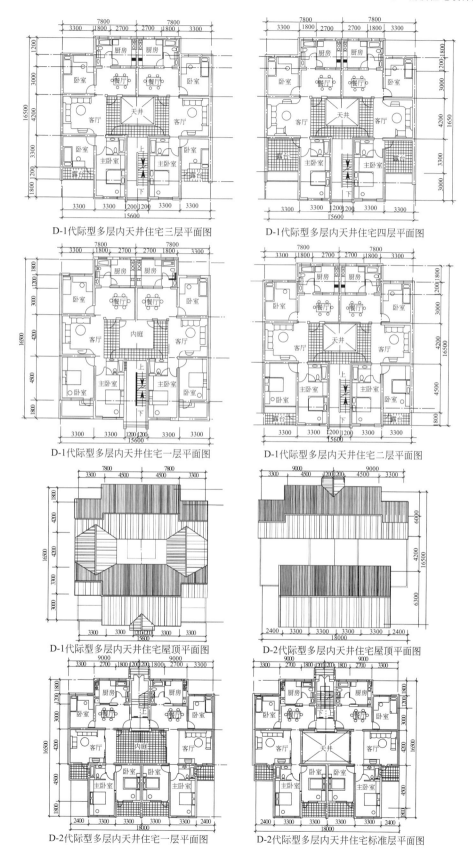

D-1代际型多层内天井住宅三层平面图

D-1代际型多层内天井住宅四层平面图

D-1代际型多层内天井住宅一层平面图

D-1代际型多层内天井住宅二层平面图

D-1代际型多层内天井住宅屋顶平面图

D-2代际型多层内天井住宅屋顶平面图

D-2代际型多层内天井住宅一层平面图

D-2代际型多层内天井住宅标准层平面图

D代际型多层内天井住宅正立面图(方案一)

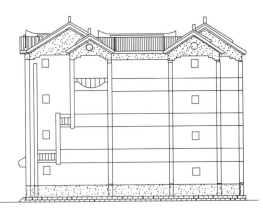

D代际型多层内天井住宅侧立面图(方案一)

D代际型多层内天井住宅正立面图(方案二)

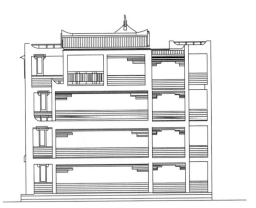

D代际型多层内天井住宅侧立面图(方案二)

9.2.3 跃层住宅

（1）跃层住宅（一）（设计：华新工程国际顾问有限公司；指导：骆中钊）

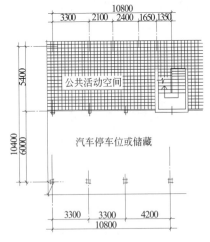

公寓式住宅甲型 底层平面图

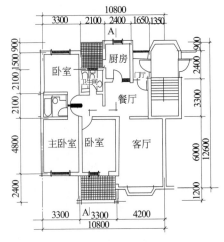

公寓式住宅甲型 标准层平面图

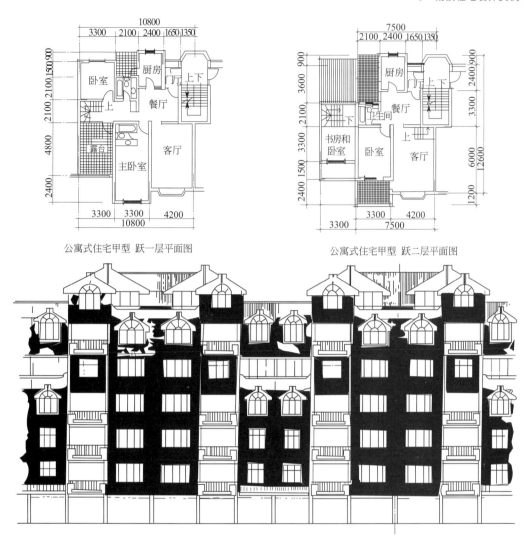

公寓式住宅甲型　跃一层平面图　　　　公寓式住宅甲型　跃二层平面图

公寓式住宅甲型　南立面图

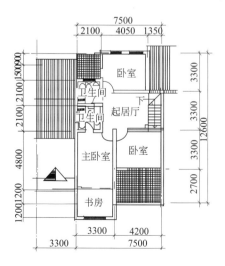

公寓式住宅甲型　顶层平面图

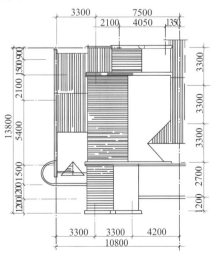

公寓式住宅甲型　屋顶平面图

（2）跃层住宅（二）（设计：华新工程国际顾问有限公司；指导：骆中钊）

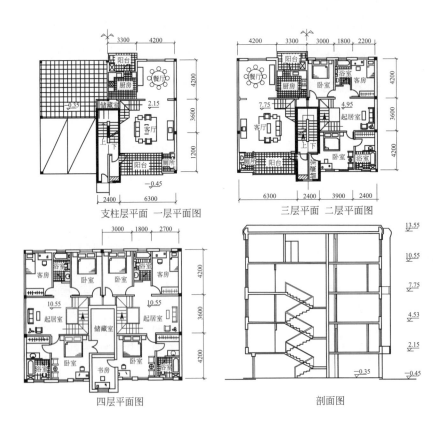

支柱层平面 一层平面图　　　三层平面 二层平面图

四层平面图　　　剖面图

（3）跃层住宅（三）（设计：中环联股份有限公司 天津大学建筑系）

D1型住宅三层平面图　D1型住宅四层平面图　D1型住宅五层平面图

D1型住宅首层平面图　　　D1型住宅二层平面图

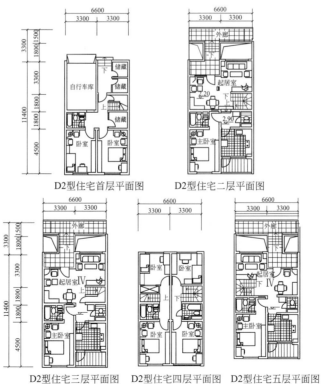

D2型住宅首层平面图　　　D2型住宅二层平面图

D2型住宅三层平面图　D2型住宅四层平面图　D2型住宅五层平面图

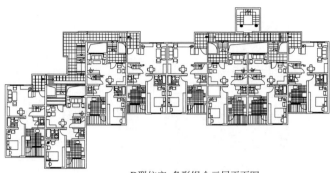

D型住宅 条形组合三层平面图

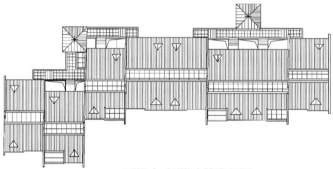

D型住宅 条形组合屋顶平面图

D型住宅 条形组合南立面图

D型住宅 条形组合北立面图

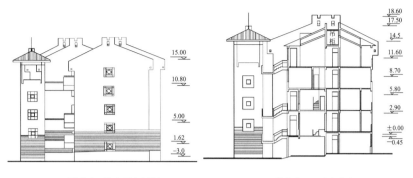

D型住宅 组合西立面图

D型住宅 I—I剖面图

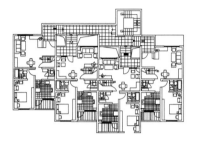

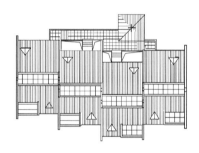

D型住宅 点式组合三层面图

D型住宅 点式组合屋顶平面图

（4）跃层住宅（四）（设计：浙江平阳县规划建筑设计院）

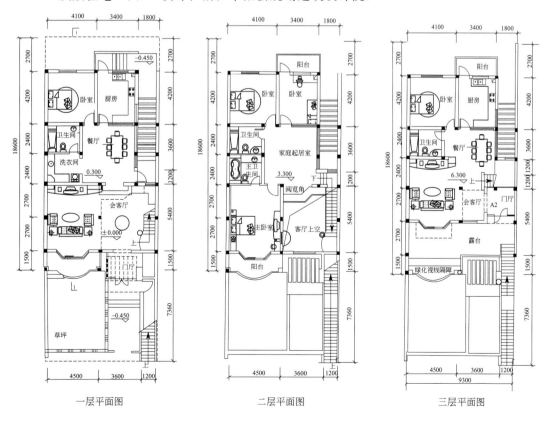

一层平面图

二层平面图

三层平面图

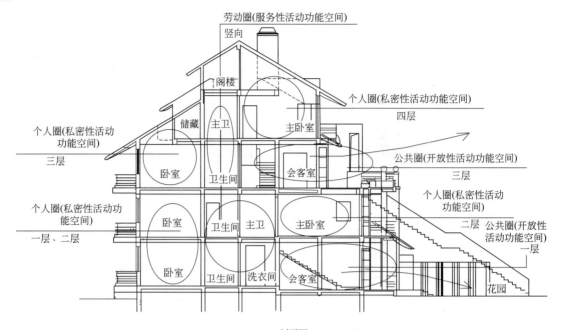

劳动圈(服务性活动功能空间)

竖向

阁楼

储藏　主卫　主卧室

个人圈(私密性活动功能空间)

四层

个人圈(私密性活动功能空间)

三层

卧室　卫生间　会客室

公共圈(开放性活动功能空间)

三层

个人圈(私密性活动功能空间)

个人圈(私密性活动功能空间)

一层、二层

卧室　卫生间　主卫　主卧室

二层　公共圈(开放性活动功能空间)

一层

卧室　卫生间　洗衣间　会客室

花园

剖面图

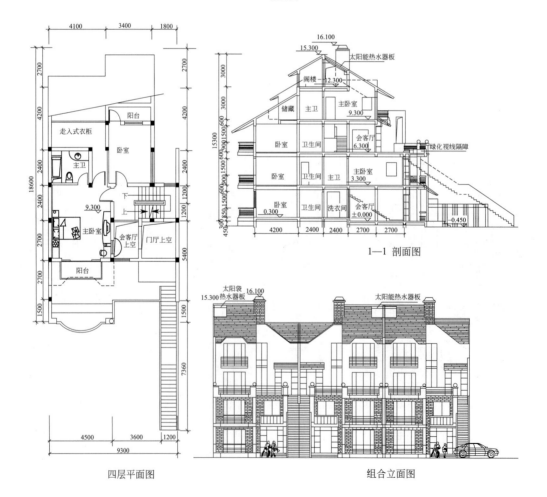

四层平面图

1—1 剖面图

组合立面图

（5）跃层住宅（五）（设计：浙江大学建筑设计研究院　丁珊）

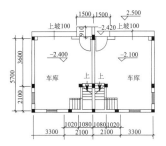

A型 车库层平面图
(29.2m²)

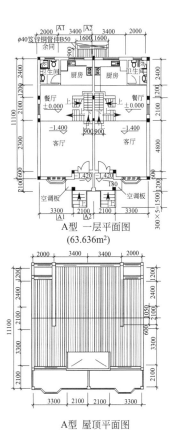

A型 一层平面图
(63.636m²)

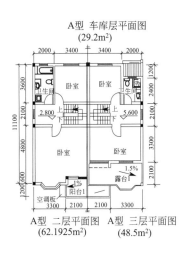

A型 二层平面图　A型 三层平面图
(62.1925m²)　　(48.5m²)

A型 屋顶平面图

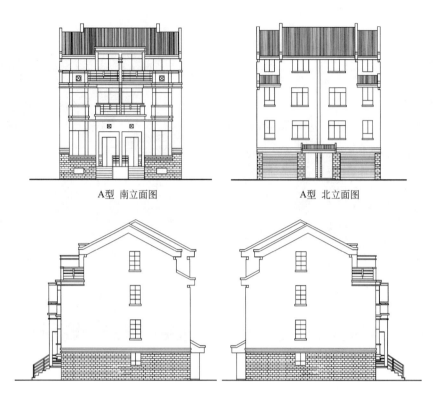

A型 南立面图

A型 北立面图

A型 东立面图

A型 西立面图

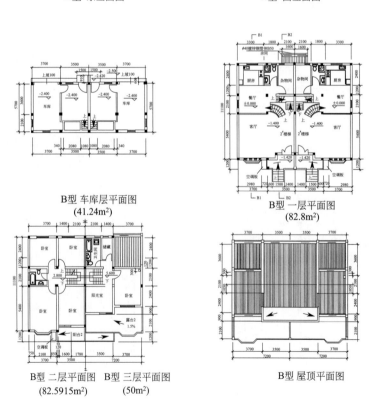

B型 车库层平面图
(41.24m²)

B型 一层平面图
(82.8m²)

B型 二层平面图　B型 三层平面图
(82.5915m²)　　　(50m²)

B型 屋顶平面图

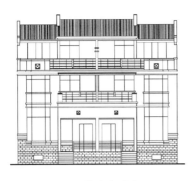

B型 南立面图

B型 北立面图

B型 东立面图

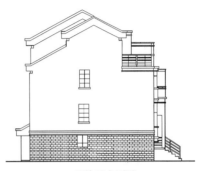

B型 西立面图

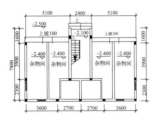

C型 车库层平面图
(30.2m²)

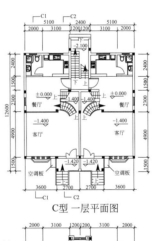

C型 一层平面图

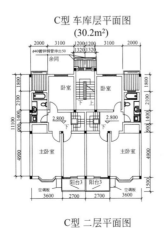

C型 二层平面图

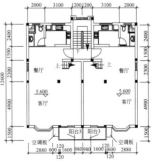

C型 三层平面图

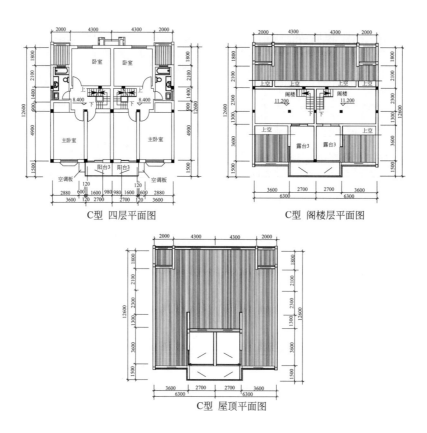

C型 四层平面图

C型 阁楼层平面图

C型 屋顶平面图

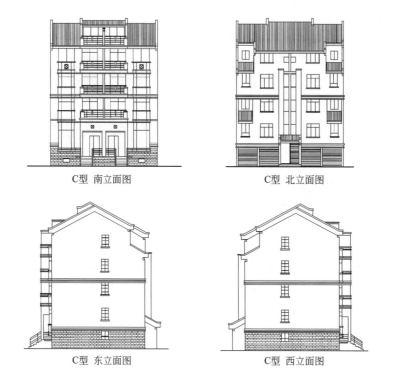

C型 南立面图

C型 北立面图

C型 东立面图

C型 西立面图

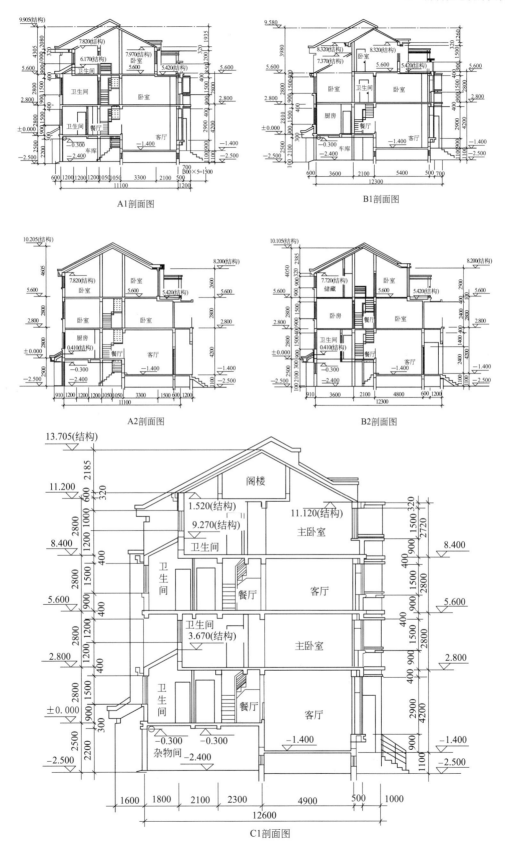

A1剖面图

B1剖面图

A2剖面图

B2剖面图

C1剖面图

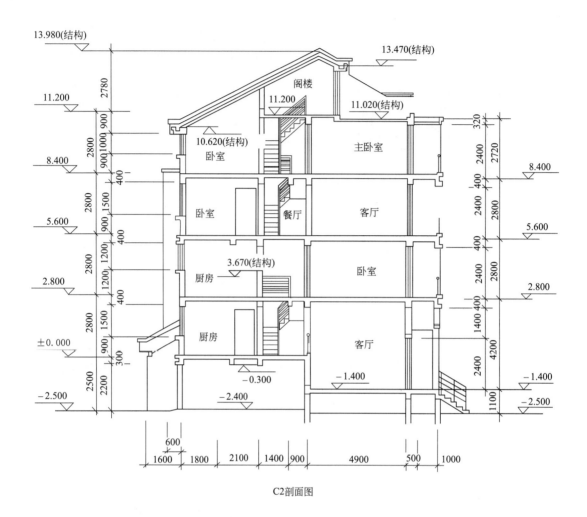

C2剖面图

（6）跃层住宅（六）（设计：无锡市建筑设计研究院　王桂芬，董珂）

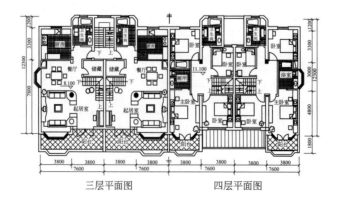

三层平面图　　　　四层平面图

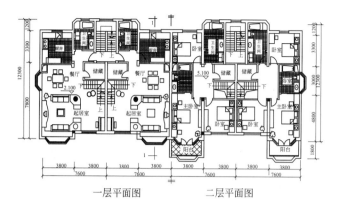

一层平面图　　　　　二层平面图

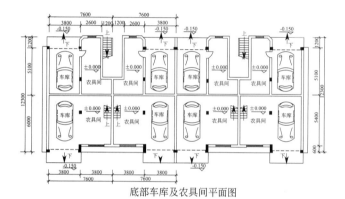

底部车库及农具间平面图

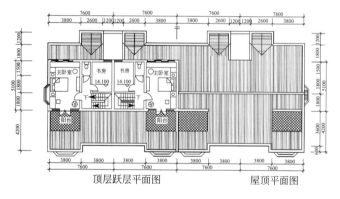

顶层跃层平面图　　　　　屋顶平面图

组合体北立面图

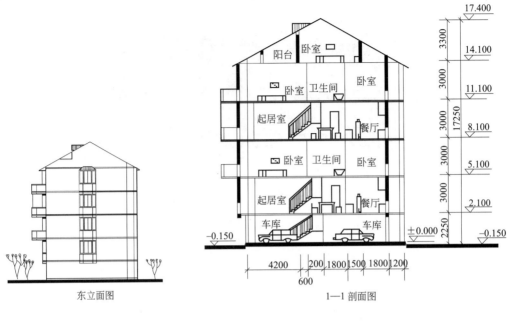

东立面图

1—1 剖面图

组合体南立面图

（7）跃层住宅（七）（设计：上海同济城市规划设计研究院）

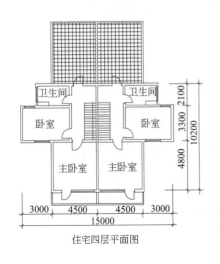

住宅四层平面图

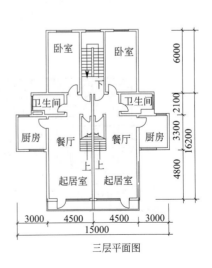

三层平面图

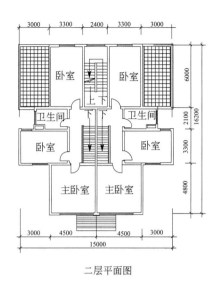

二层平面图

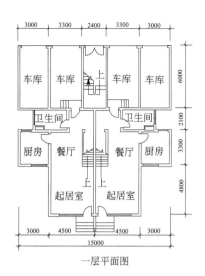

一层平面图

公寓2型跃层住宅南立面图

公寓2型跃层住宅北立面图

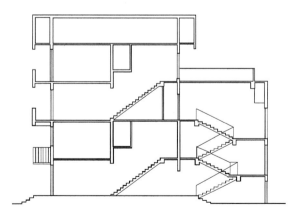

公寓2型跃层住宅剖面图

（8）跃层住宅（八）（设计：北京中建科工程设计研究中心）

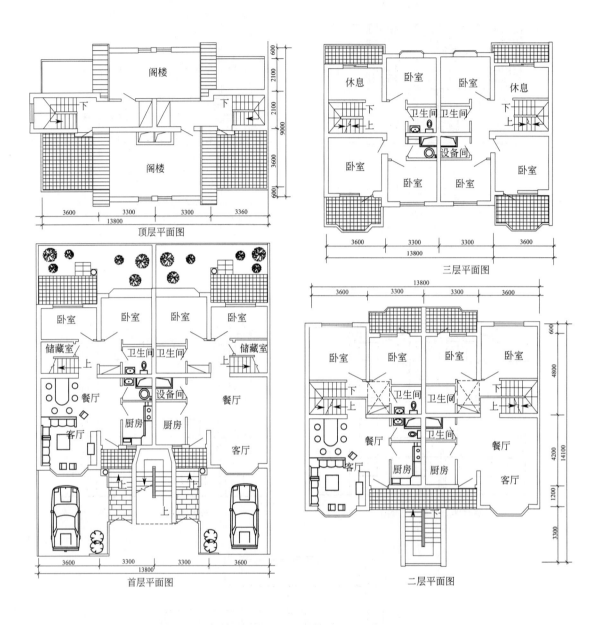

顶层平面图

三层平面图

首层平面图

二层平面图

A型住宅南立面图

A型住宅北立面图

9.2.4 单元式住宅

（1）一梯两户（北梯）

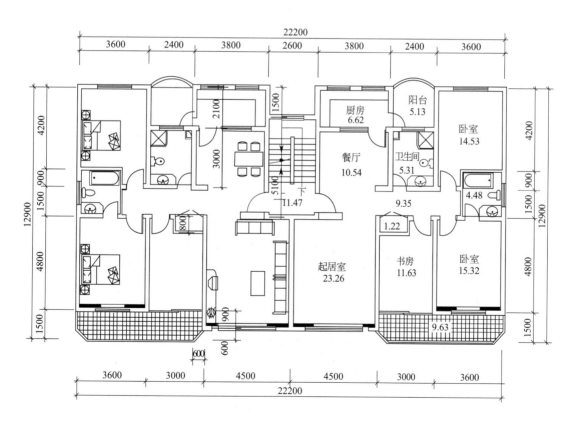

户型平面图 建筑面积：134m²

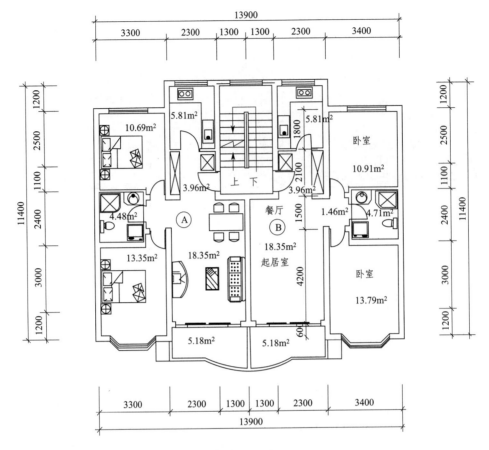

户型平面图　建筑面积：79m²

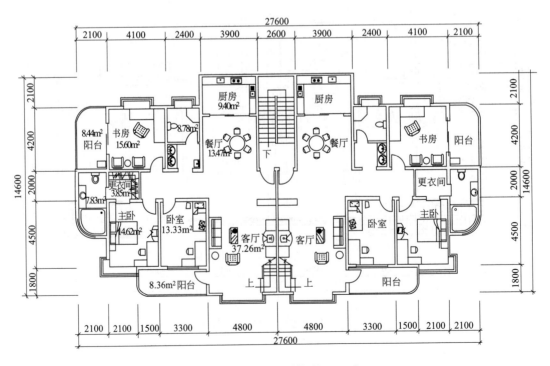

户型平面图　建筑面积：185m²

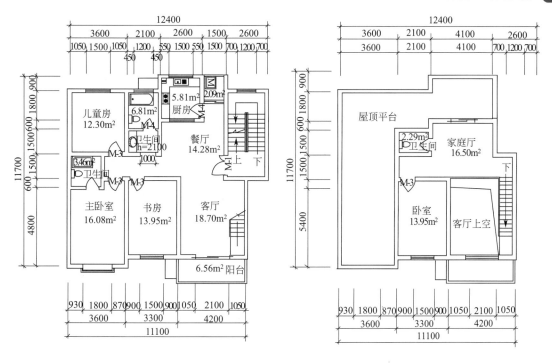

户型平面图　建筑面积：170m²(跃层)

（2）一梯两户（南梯）

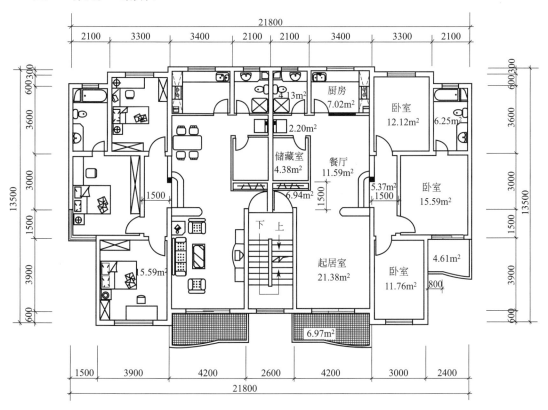

户型平面图　建筑面积：134m²(左);138m²(右)

（3）错层

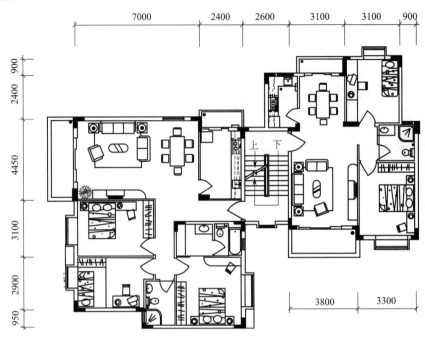

户型平面图　建筑面积：115m²(左)；80m²(右)

（4）一梯四户

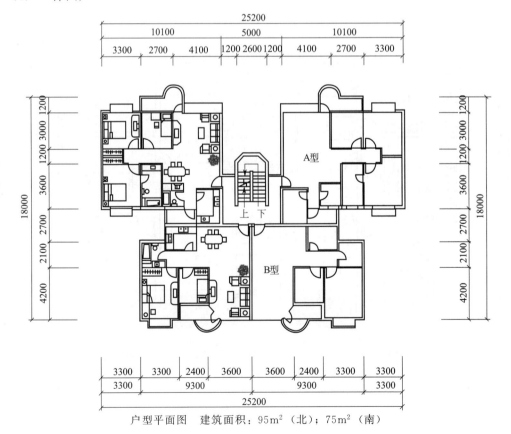

户型平面图　建筑面积：95m²（北）；75m²（南）

（5）楼梯空间布局的改进建议

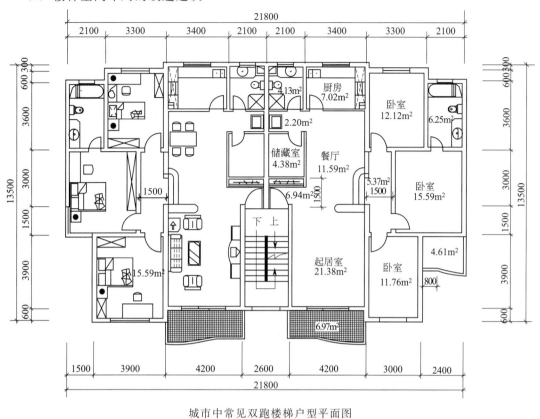

城市中常见双跑楼梯户型平面图

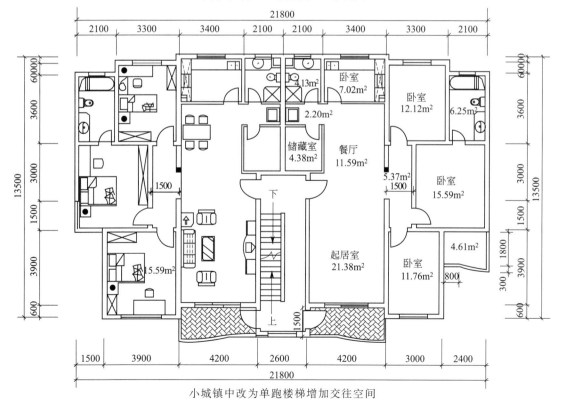

小城镇中改为单跑楼梯增加交往空间

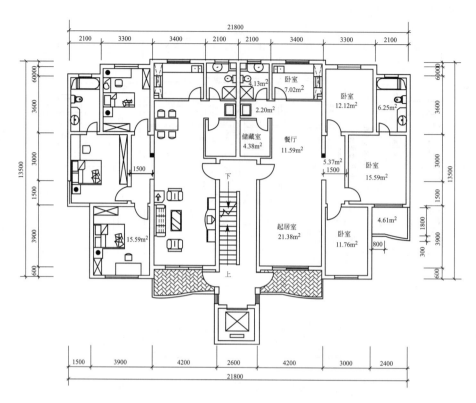

增加电梯改造为无障碍设计

（6）跃层式花园楼房

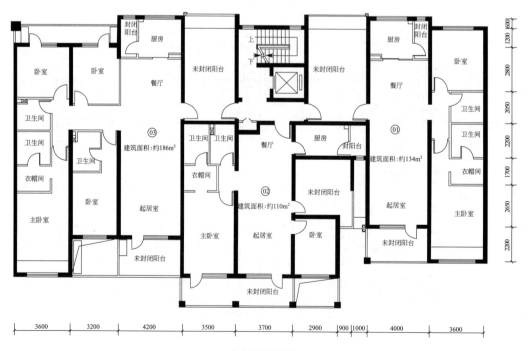

入户层平面图

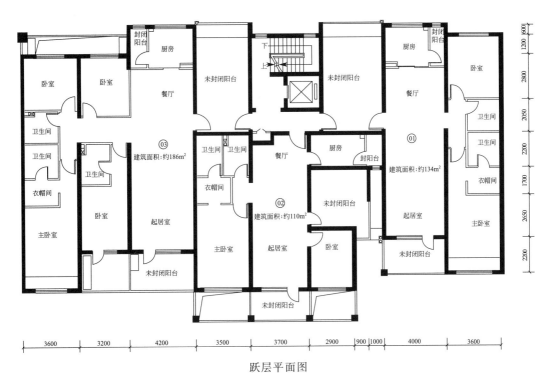

跃层平面图

（7）台阶式：以北京延庆八达岭营城子村为例（设计：中国建筑设计研究院城镇规划院　方明等）

八达岭镇位于北京八达岭长城脚下，延庆县南端，是市区和昌平区进入延庆的南大门，距市区德胜门约60km，距离延庆县城约12km。

主要户型设计为联排三层两户住宅和多层花园退台式住宅，不仅提供给农民完善的居住功能，同时把住宅的生产功能和生活习惯也融入其中，从物质空间和居住的经济性两个层面满足农民的生活。

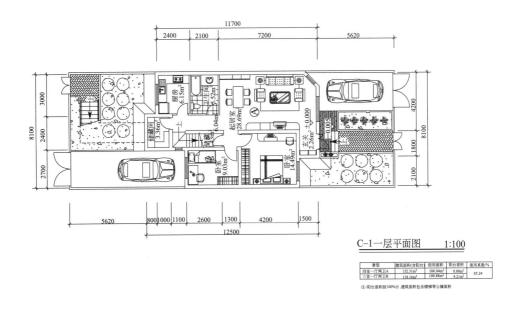

C-1一层平面图　　1:100

套型	建筑面积(含阳台)	使用面积	阳台面积	使用系数/%
四室一厅两卫A	132.31m²	106.84m²	0.00m²	85.24
三室一厅两卫B	118.16m²	100.88m²	4.21m²	

注：阳台面积按100%计，建筑面积包含楼梯等公摊面积

为适应当地气候特点和村民生活习惯，住宅尽量布置成南北向，进深控制在 9.7～12.5m，起居室、卧室及厨房均有自然采光，房内空气南北对流，自然通风良好，起居室以朝南居多，并且每户至少有一个卧室朝南。联排三层两户住宅南北各设院落；多层花园退台式住宅每层设院落或露台。

① 联排三层两户住宅设计　三层两户，分别拥有南向和北向的独立庭院；设计有独立对外的生产用房，用于家庭生产或农具、粮食等的存放；户型面积为 118～132m²；适合对独立庭院有要求的，从事部分农业生产的住户，造价相对较高。

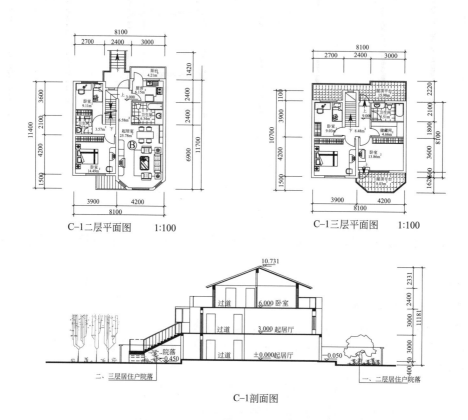

C-1二层平面图　1:100　　　　C-1三层平面图　1:100

C-1剖面图

1）建筑形式。住宅采用坡屋顶形式，结合八达岭镇民居特色，吸收现代处理手法，利用坡顶的大小不同，长短变化或互相穿插的组合以及退台等形式，错落有致地勾勒出丰富的"天际轮廓线"。

2）对住宅建筑的细部，如对凸窗、阳台和露台进行艺术处理，使其与长城风貌相协调。强调住宅群体的整体性，并赋予其韵律感，同时重点处理檐口、腰线等部位，丰富整体，使人备感亲切。屋顶造型延续传统建筑风貌。

3）形式与功能的统一。坡屋顶利于隔热、保温、排水，坡顶增加了使用面积。

② 多层花园式退台住宅设计　多层花园退台式住宅的露台既适应村民的生活习惯，可以用来晾晒、种植绿化或进行户外活动，又具有丰富的造型变化。引入传统院子理念，或利用底层院落，或利用屋顶平台，为每户提供一个室外庭院，使农民原有的生活习惯和庭院的部分功能得以保留；一层设有花园，二、三、四层设有较大露台；户均面积 $130\sim180\mathrm{m}^2$，一层花园面积约为 $30\mathrm{m}^2$，露台面积均为 $10\mathrm{m}^2$ 左右；适合脱离农业生产，从事第二、三产业的村民的生活需求，造价相对较低。

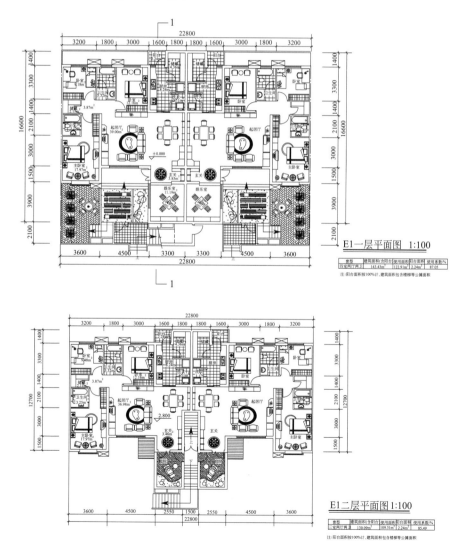

E1一层平面图　1:100

套型	建筑面积(含阳台)	使用面积	阳台面积	使用系数%
四室两厅两卫	143.43m²	122.91m²	2.24m²	87.05

注:阳台面积按100%计,建筑面积包含楼梯等公摊面积

E1二层平面图 1:100

套型	建筑面积(含阳台)	使用面积	阳台面积	使用系数%
三室两厅两卫	130.09m²	109.31m²	2.24m²	85.49

注:阳台面积按100%计,建筑面积包含楼梯等公摊面积

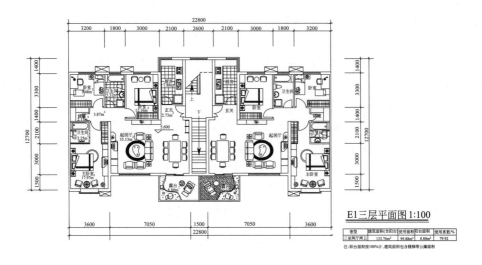

E1三层平面图 1:100

套型	建筑面积(含阳台)	使用面积	阳台面积	使用系数/%
三室两厅两卫	133.76m²	99.88m²	8.80m²	79.92

注:阳台面积按100%计,建筑面积包含楼梯等公摊面积

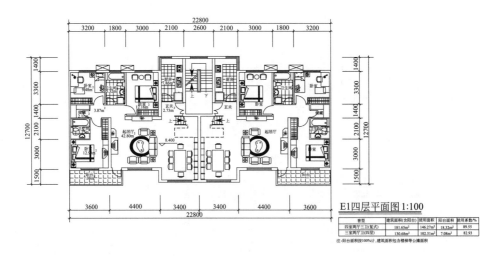

E1四层平面图 1:100

套型	建筑面积(含阳台)	使用面积	阳台面积	使用系数/%
四室两厅三卫(复式)	181.65m²	146.27m²	18.32m²	89.55
三室两厅卫(四层)	130.68m²	102.51m²	7.08m²	82.93

注:阳台面积按100%计,建筑面积包含楼梯等公摊面积

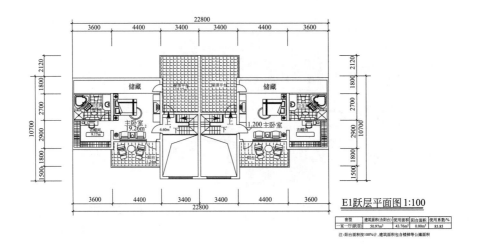

E1跃层平面图 1:100

套型	建筑面积(含阳台)	使用面积	阳台面积	使用系数/%
一室一厅(跃层)	50.97m²	43.76m²	0.00m²	85.85

注:阳台面积按100%计,建筑面积包含楼梯等公摊面积

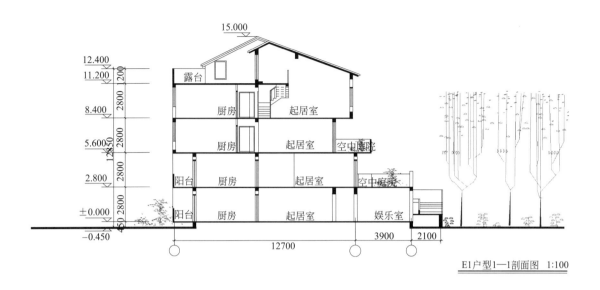

E1户型1—1剖面图 1:100

E1户型南立面图   1:100

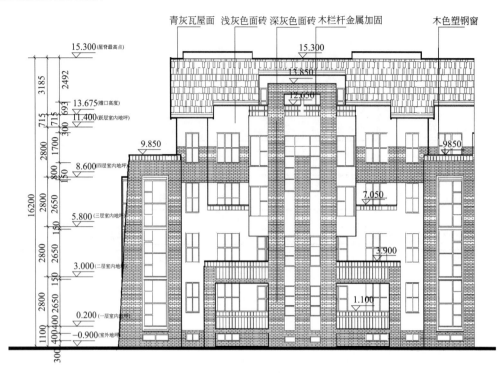

青灰瓦屋面　浅灰色面砖　深灰色面砖　木栏杆金属加固　　木色塑钢窗

E1户型北立面图　　　1:100

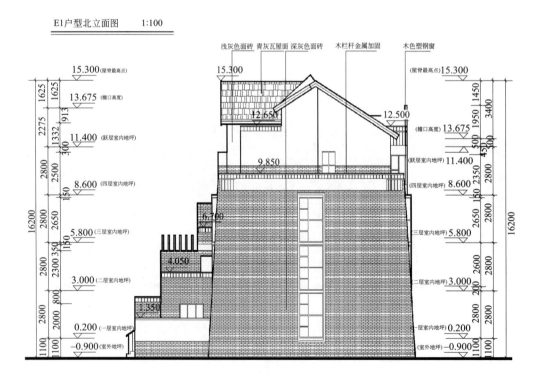

浅灰色面砖　青灰瓦屋面　深灰色面砖　　木栏杆金属加固　　木色塑钢窗

E1户型侧立面图　　　1:100

9.3 中高层住宅(7～11层)

（1）一梯两户（北梯）

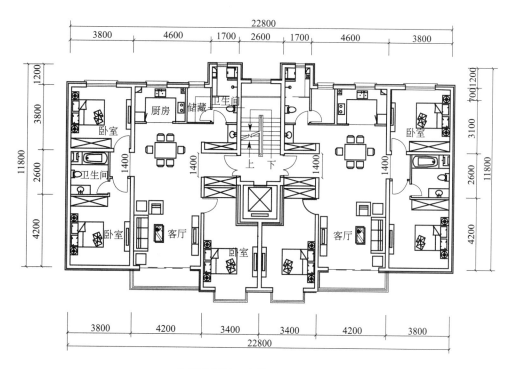

户型平面图 建筑面积：135m²

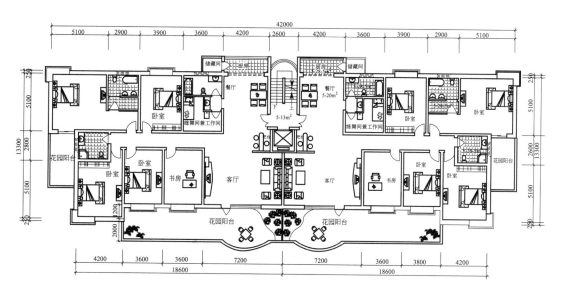

户型平面图 建筑面积：240m²

（2）一梯两户（南梯）

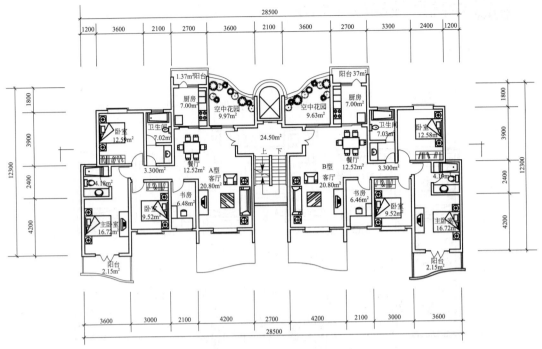

户型平面图　建筑面积：135m²

（3）跃层住宅

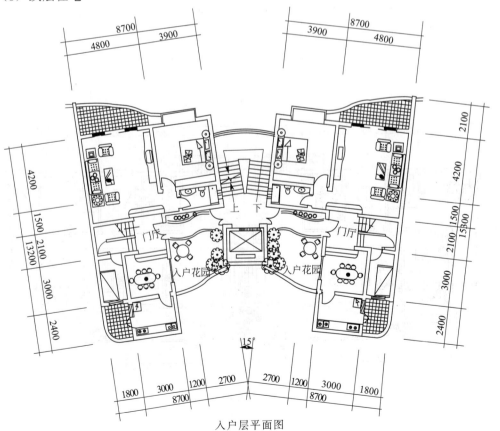

入户层平面图

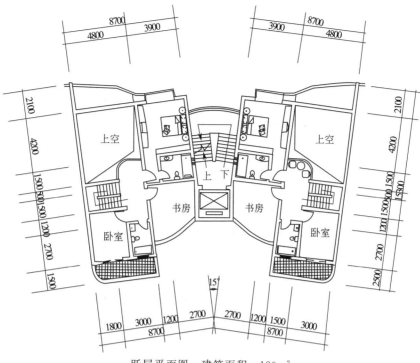

跃层平面图　建筑面积：180m²

9.4 高层住宅(12层以上)

（1）一梯两户（一）

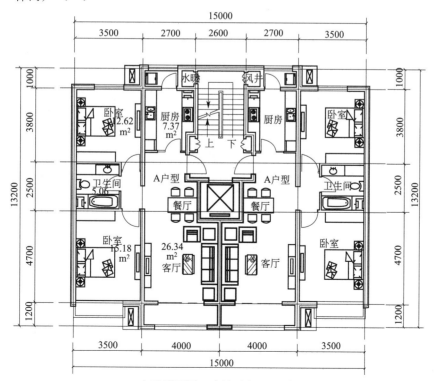

户型平面图　建筑面积：90m²

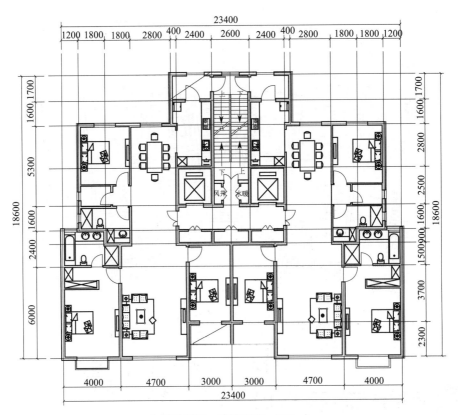

户型平面图　建筑面积：152m²

（2）一梯三户

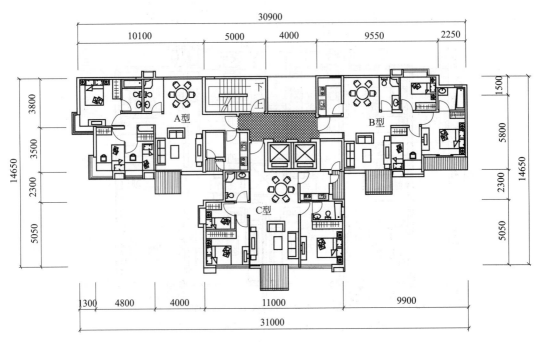

户型平面图　建筑面积：103m²（边）；93m²（中）

（3）一梯四户（一）

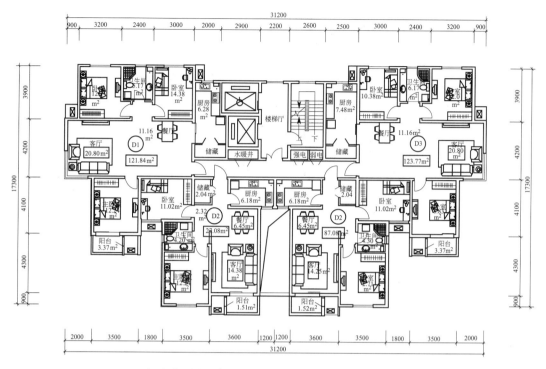

户型平面图　建筑面积：122m²（北）；87m²（南）

（4）一梯四户（二）

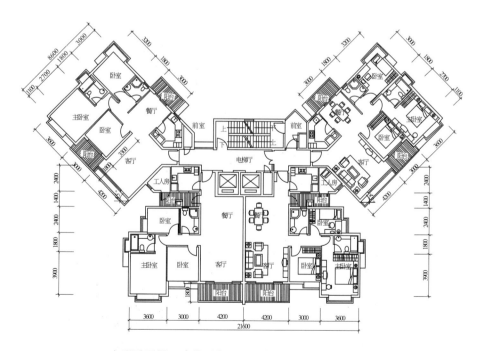

户型平面图　建筑面积：115m²（北）；120m²（南）

（5）一梯四户（三）

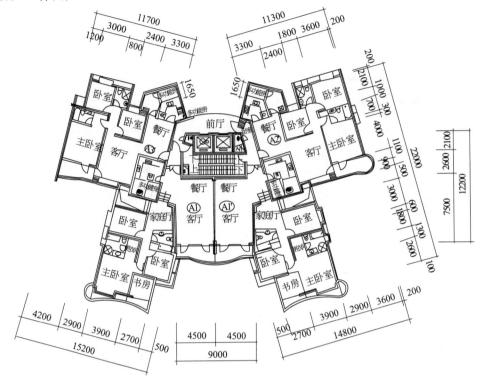

户型平面图　建筑面积：115m² （北）；120m² （南）

（6）一梯四户带入户花园

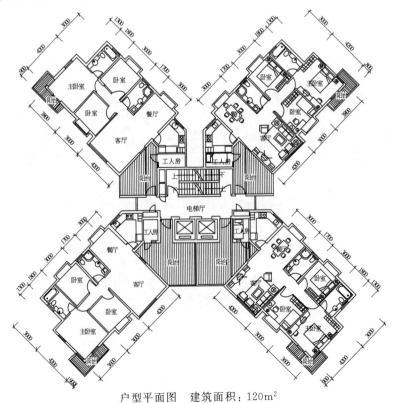

户型平面图　建筑面积：120m²

（7）一梯多户

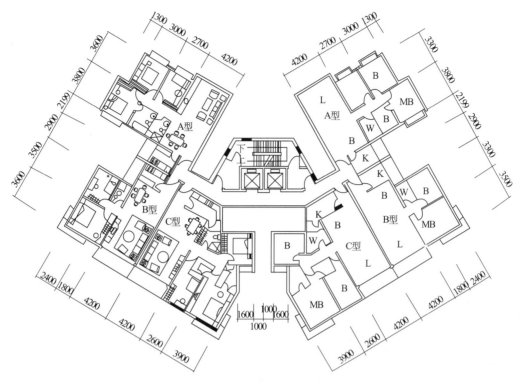

户型平面图　建筑面积：107m² （A）；86m² （B）；123m² （C）

（8）福建省龙岩市白沙镇营岐新村高层住宅（设计：福建省龙岩市第二建筑设计研究院　雷翔、李宏盛）

项目位于福建省龙岩市新罗区白沙镇，沿河南北向展开，北区为一栋 16 层高层住宅和一栋 6 层多层住宅，南区为三栋 6 层的多层住宅。

设计整体效果图

　　北区高层为 1 梯四户，分为 134m² 和 143m² 两种户型，户内动静分明，洁污分区，空间完整，利用率高，且均为"明厨明卫"设计，每个单元设两部电梯。多层 1 梯 2 户，共四种户型，面积为 106～126m²。

　　建筑风格尊重地域环境及文化传统，协调好与周边建筑的群体关系。建筑立面风格采用现代手法，通过墙面颜色变化，使立面更加活泼；屋面女儿墙及构架的处理，形成丰富的建筑天际线，并通过适宜的尺度处理力求创造一种典雅、宁静、安详的人居环境。立面外观材料以浅色墙面为主，墙体外饰高级弹性涂料，局部配以石材；所有外露金属栏杆及门窗框料均为深灰色外表，门窗玻璃均为净透玻璃，整个立面造型端庄、简洁，体现现代建筑的时代气息。

高层 F 栋图纸

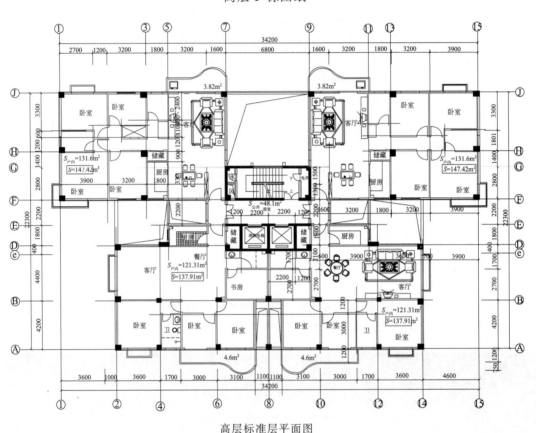

高层标准层平面图

　　（9）广东省惠州市三新村高层住宅（设计：深圳市新城市规划建筑设计有限公司　聂小刚等）

　　三新村坐落在惠州城区行政、文化、娱乐中心——江北片区的中部，属于我国华南地区。区位优势和交通条件十分优越。2004 年总人口 5006 人，其中户籍人口 2137 人，暂住人口 2869 人。工农业生产总值 1000 万元，规划总面积 4.31km²。

　　该村住宅单体设计的小高层户型为大面积，小深度，一梯二户带一部电梯的户型设计，适合于经济较发达、经济水平较富裕的地区。使用上更为舒适，居住视野更好。

　　本方案荣获 2005 年度广东省优秀城乡规划设计项目（村镇规划类）一等奖；2005 年度建设部城乡规划设计项目（村镇规划类）三等奖（一等奖空缺）。

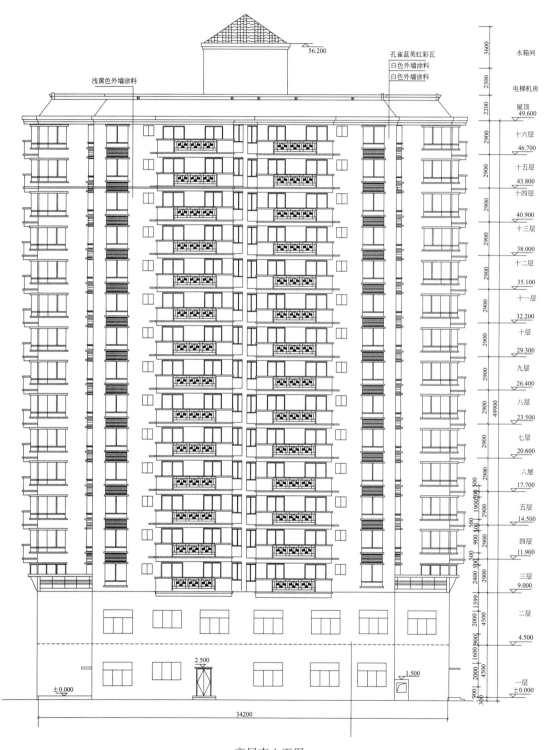

浅黄色外墙涂料

孔雀蓝英红彩瓦
白色外墙涂料
白色外墙涂料

56.200

3600	水箱间
2300	电梯机房
2200	屋顶 49.600
2900	十六层 46.700
2900	十五层 43.800
2900	十四层 40.900
2900	十三层 38.000
2900	十二层 35.100
2900	十一层 32.200
2900	十层 29.300
2900	九层 26.400
2900	八层 23.500
2900	七层 20.600
2900	六层 17.700
2900	五层 14.500
2900	四层 11.900
2900	三层 9.000
4500	二层 4.500
4500	一层 ±0.000

49900

2.500

1.500

±0.000

34200

高层南立面图

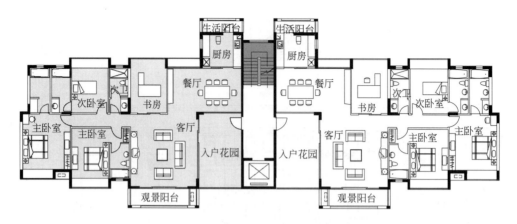

标准层平面图(A)

南立面图 (A)

A户型，四室两厅，一梯两户，十二层带电梯的花园洋房设计。
建筑面积为 167m²。每户设置南向入户花园，明厨明卫明厅明卧，
南向观景阳台与北向生活阳台兼备，功能明确

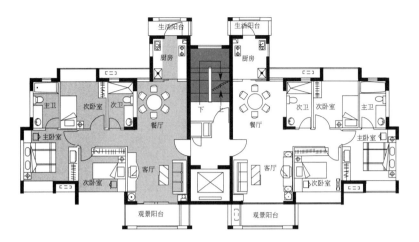

标准层平面图(B)

南立面图 (B)

B户型，三室两厅两卫，一梯两户，十二层带电梯的花园洋房设计。建筑面积为 76.3m²。
餐厅与客厅关系完整，入户后视野开阔，空间更敞亮。该房型设计特点鲜明，内部布局紧凑，
兼有南向观景阳台与北向生活阳台，分区合理。

（10）中高层跃层住宅

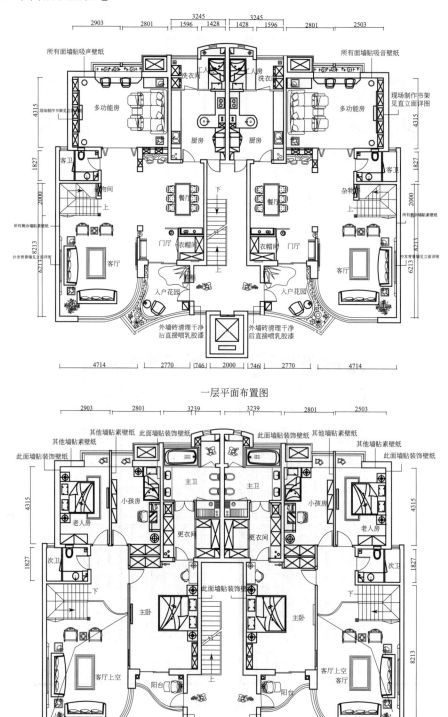

一层平面布置图

二层平面布置图

入户花园假山

门厅入口

参 考 文 献

[1] 冯华. 20 世纪热点——发展小城镇 推进城镇化. 北京：科学出版社，2001.
[2] 乐嘉藻. 中国建筑史. 北京：团结出版社，2005.
[3] 崔世昌. 现代建筑与民族文化. 天津：天津大学出版，2000.
[4] 李长杰. 中国传统民居与文化（三）. 北京：中国建筑工业出版社，1995.
[5] 彭一刚. 传统村镇聚落景观分析. 北京：中国建筑工业出版社，1992.
[6] 高潮. 中国历史文化城镇保护与民居研究. 北京：研究出版社，2002.
[7] 骆中钊. 风水学与现代家居. 北京：中国城市出版社，2006.
[8] 单德启. 小城镇公共建筑与住区设计. 北京：中国建筑工业出版，2004.
[9] 朱建达. 小城镇住宅区规划与居住环境设计. 南京：东南大学出版社，2001.
[10] 国家住宅与居住环境工程中心. 健康住宅建筑技术要点. 北京：中国建筑工业出版社，2004.
[11] 江苏省建设厅. 新世纪村镇康居——2002 年度江苏省村镇优秀设计方案图集. 南京：江苏科学技术出版社，2003.
[12] 骆中钊. 现代村镇住宅图集. 北京：中国电力出版社，2001.
[13] 骆中钊. 小城镇现代住宅设计. 北京：中国电力出版社，2006.
[14] 骆中钊，骆伟，陈雄超. 小城镇住宅小区规划设计案例. 北京：化学工业出版社，2005..
[15] 骆中钊，刘泉全. 破土而出的瑰丽家园. 福州：海潮摄影艺术出版社，2003.
[16] 骆中钊，郑克强，许朝文. 秦宁——汉唐古镇 两宋名城. 北京：中国致公出版社，2003.
[17] 高轸明，王乃香，陈瑜. 福建民居. 北京：中国建筑工业出版社，1987.
[18] 程武，孙素简，杨成. 现代住宅建筑外观设计（1）、（2）. 南昌：江西科学技术出版社，1995.
[19] 王其钧. 中国民居. 上海：上海人民美术出版社，1997.
[20] 刘殿华. 村镇建筑设计. 南京：东南大学出版社，1999.
[21] 陆翔，王其明. 北京四合院. 北京：中国建筑工业出版社，1996.
[22] 贾珺. 北京四合院. 北京：清华大学出版社，2009.
[23] 刘军，刘玉军，白芳. 新农村住宅图集精选. 北京：中国社会出版社，2006.
[24] 张靖静. 村镇小康住宅设计图集（一）. 南京：东南大学出版社，1999.
[25] 胡凤庆. 村镇小康住宅设计图集（二）. 南京：东南大学出版社，1999.
[26] 骆中钊，纪江海，王广和. 小城镇建筑设计. 北京：化学工业出版社，2005.
[27] 骆中钊. 小城镇住宅区规划与住宅设计. 北京：机械工业出版社，2011.
[28] 骆中钊，胡燕，宋效巍. 小城镇住宅建筑设计. 北京：化学工业出版社，2012.
[29] 骆中钊. 中华建筑文化. 北京：中国城市出版社，2014.
[30] 骆中钊. 乡村公园建设理念与实践. 北京：化学工业出版社，2014.